图解建筑结构入门

[日]原口秀昭 著
刘 洋 杨建英 译

江苏凤凰科学技术出版社 · 南京

江苏省版权局著作权合同登记号　图字：10-2018-113

图书在版编目 (CIP) 数据

图解建筑结构入门 / (日) 原口秀昭著 ; 刘洋 , 杨建英译 . — 南京 : 江苏凤凰科学技术出版社 , 2020.6（2023.3 重印）
ISBN 978-7-5537-9765-6

Ⅰ . ①图… Ⅱ . ①原… ②刘… ③杨… Ⅲ . ①建筑结构—图解 Ⅳ . ① TU3-64

中国版本图书馆 CIP 数据核字 (2018) 第 239844 号

图解建筑结构入门

著　　者	[日本] 原口秀昭
译　　者	刘　洋　杨建英
项目策划	凤凰空间 / 杨　易
责任编辑	刘屹立　赵　研
特约编辑	杨　易
出版发行	江苏凤凰科学技术出版社
出版社地址	南京市湖南路 1 号 A 楼　邮编：210009
出版社网址	http://www.pspress.cn
总　经　销	天津凤凰空间文化传媒有限公司
总经销网址	http://www.ifengspace.cn
印　　刷	河北京平诚乾印刷有限公司
开　　本	889mm×1194mm　1/32
印　　张	10
字　　数	296 000
版　　次	2020 年 6 月第 1 版
印　　次	2023 年 3 月第 5 次印刷
标准书号	ISBN 978-7-5537-9765-6
定　　价	68.00 元

图书如有印装质量问题，可随时向销售部调换（电话：022-87893668）。

前言

“结构的课程，好无聊啊……”

这是笔者学生时代的事情了。总是在上结构课的时候偷懒，或者说是几乎不去上课，老是喜欢呆在制图室里愉快地做设计。考试前就是靠复印同学的笔记，建筑师考试则是向学结构的学弟学妹请教，等等。不管是在学生时代还是现在，东京大学的建筑系都是人才济济，真的让我受益良多。

笔者因为喜欢绘图选择了建筑，但是一直到毕业之后才发现，这不是一个只有绘图的领域。再这样下去是不行的，于是笔者买了许多关于不同技术领域的入门书籍来研读，但是这类书籍实在很少，特别是结构的入门书更是没有起到入门指导的作用。看完这些入门书籍之后，开始研读大学教授的著作，书中充满了一种“这种程度的东西你早该明白，连这都不懂的话真的是个笨蛋！”的气氛。结果，我只能看无数遍，以自己的方式去理解内容，像乌龟一样慢慢地读下去。

本书作为入门书和参考书，为了对初学者有所助益，并多多少少可以留在读者的记忆中，在内容上下了许多功夫。这里说的初学者是指笔者任教的女子大学学生，以及喜欢设计但是讨厌结构的学生等。一开始在博客（http://plaza.rakuten.co.jp/mikao/）分享漫画和相关解说，是为了让学生可以每天来阅读。如此从博客集结出版的书籍，这已经是第九本了，在韩国、中国大陆及台湾地区也都出版了翻译本。通过书中性格鲜明的人物——稍有自信的“草食系”男子，以及脚蹬高跟鞋的“肉食系”女子，来解说有关结构的知识。

要是突如其来地就进入力学的范围，没有显示出结构的有趣性，就会落得跟笔者学生时代一样的下场。因此本书会以结构为中心，先提及许多相关的历史事例，再从中说明结构的重点。

若是说出“体重为 500N”“1km^2 有 200N 的力”等的话，应该大部分的人都会觉得很迷茫吧。笔者认为如果要以国际单位制（SI）单位统一说明，体重也应该以国际单位制单位表示。在本书中，为了让读者对牛顿或重量等有实感，笔者下了许多的功夫。

“内力、应力是什么？”，有时学生听了好几次还是不懂。由于这是结构中最重要的概念，所以在本书中将不厌其烦地一再出现。另外，还有弹性模量 E、截面二次矩 I 的定义和单位、σ–ε 图，以及令学生感到棘手的莫尔圆、倾角变位法的基本公式等，都会一再重复。与塑性铰、屈曲、挠度、水平力等有关的框架结构、地震荷载等都有数页予以说明，另外也有针对建筑师考试的对策等。反之，有关力学的计算及各种结构，则是碍于页数的关系予以省略，有机会再与大家分享。

每页以问答（Q&A）的形式，配合简单的解说及图解构成。第一次请以 3 分钟的频率快速阅读。像是莫尔圆或倾角变位法公式等较困难的章节，请粗略阅读并继续往后。只要重复阅读数次，就会慢慢深植脑海。对结构束手无策，搞不懂什么是力矩、向量的读者，强力推荐您连同拙作《漫画结构力学入门》一起阅读，加强理解。

本书较少涉及公式的推导或微积分的理论等，这些内容在拙作《结构力学超级解法技巧》《建筑的数学与物理教室》中，已有详细的说明。土壤、钢筋混凝土、钢材等的相关施工内容，请参考同系列的《图解建筑施工入门》。关于钢筋混凝土结构、钢结构、木结构等的构造、设计等，请参考同系列的《图解钢筋混凝土结构建筑入门》《图解钢结构建筑入门》《图解木结构建筑入门》等。

有好几次笔者都想把图解丢到一边（这是真的！），幸好身边有支持了近十年、超级有耐性的彰国社编辑部的中神和彦先生，以及同在编辑部进行文章校正、指出内容不完善的地方、处理版面构成等复杂事物的尾关惠小姐，还有其他教导我的专家学者们、专业书的作者们、博客的读者们，以及提出许多基本问题的学生们，再次表示衷心的感谢。如果没有大家的帮忙，就没有本书的诞生。真的非常感谢大家。

原口秀昭

目录

8　静不定结构（框架结构）

9　倾角变位法

10　建筑中的其他外力

11　结构计算

Q 什么是叉手、合掌?

A 以长木材等组成三角形的一种结构方式。

将原木或木材以三角形方式相交而成叉手（合掌），为房屋的原始结构之一。直接靠在树干或岩壁边，就能形成简单的遮蔽所（shelter：遮风避雨的小屋），是棒状木轴所能组成的最单纯、简易的结构。

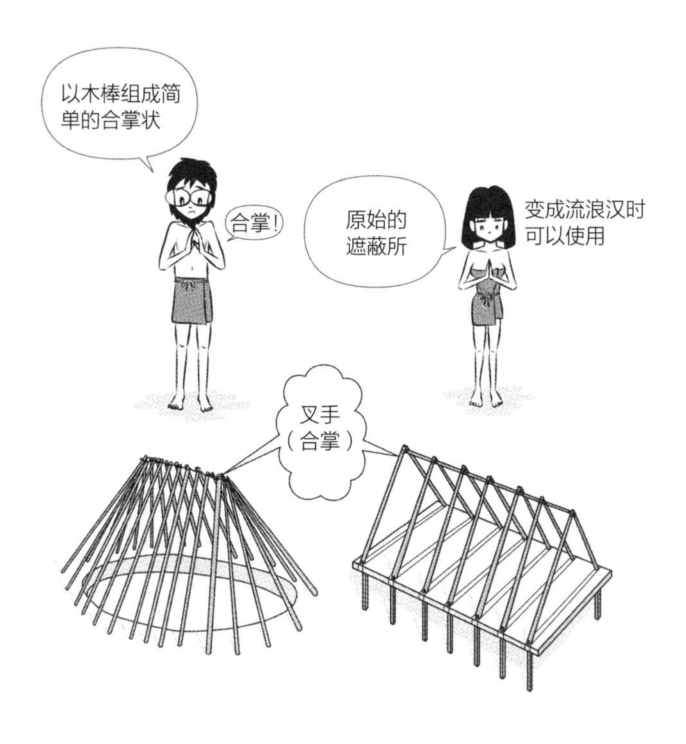

- 日本的竖穴式住居也是使用三角形的屋顶，立好柱之后，上方用木棒以斜向方式加以组装。或是挖洞制作墙壁，然后再架设屋顶的简朴结构。墙壁上方架设大型合掌组成的民宅、地板抬高的仓库及神社等，屋顶都是以叉手的方式来建造的。

Q 如何避免山形叉手的两端向外扩张？

▼

A 通常会将木棒埋进土里，或是以绳索拉住根基。

叉手上方若是堆置树皮或土等，其重量会让根基产生向外扩张的力（thrust：推力）。为了压制这个力，必须在内侧有一个向内拉的力。我们的祖先不是依据结构计算的结果，而是以试误法领悟出这样的结构形式。

- 石材或砖材堆砌而成的拱（arch）、拱顶（vault）、圆顶（dome）等，都深受向外扩张的推力之苦，也因而衍生出许多解决方法（参见 R018）。细构件以三角形方式组合而成桁架（truss），作为抵抗三角形开裂的构件，也受拉力作用。

Q 什么是固定支承、铰支承、滚动支承?

▼

A 支撑结构物的支点种类中，有不能转动或移动的固定支承、可转动但不能移动的铰支承，以及既可转动又可移动的滚动支承。

固定支承的英文是 fix support，铰支承的英文是 pin or hinge support，滚动支承的英文是 roller support。直接将柱埋进土中的形式是固定支承。但木材埋在土中容易腐烂，因此先铺上石块，再将柱立在石块上就成为滚动支承。为了不让柱产生横向移动，改成中央向下凹陷的石块来固定柱的位置，就形成了铰支承。

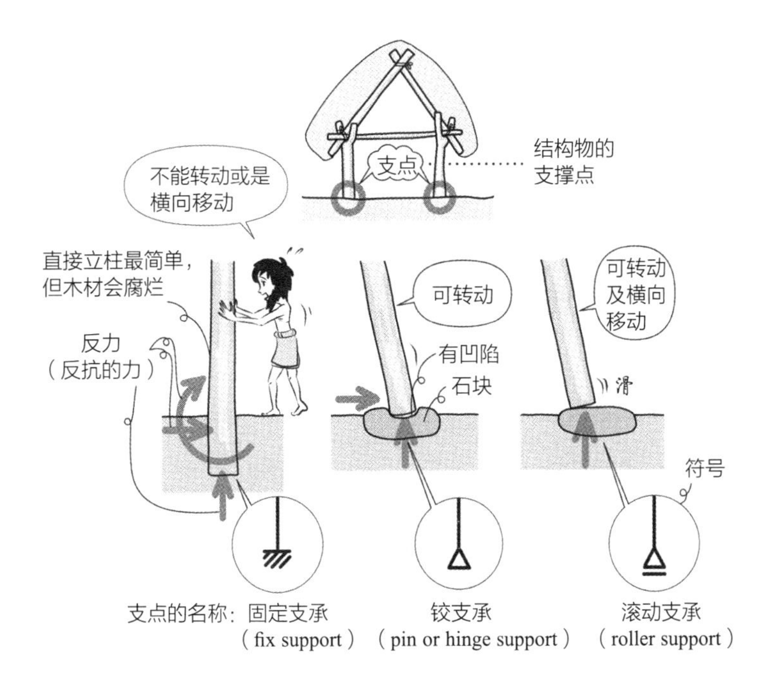

- 为了避免横向移动，一般都是在石材和柱之间插入暗榫。
- “fix”有固定的意思，避免玻璃裂开而进行固定、封死等的行为也可称为 fix。

Q 什么是简支梁?

▼

A 一边支点为铰支承，另一边支点为滚动支承的梁。

最简单的梁的形式，以平衡方程（地面的支撑力与内部的作用力）就可求解，因此称为简支梁。如图所示，将树木横倒架设在河川上的独木桥，就是一边以树根拉住，单边无法横向移动的简支梁。

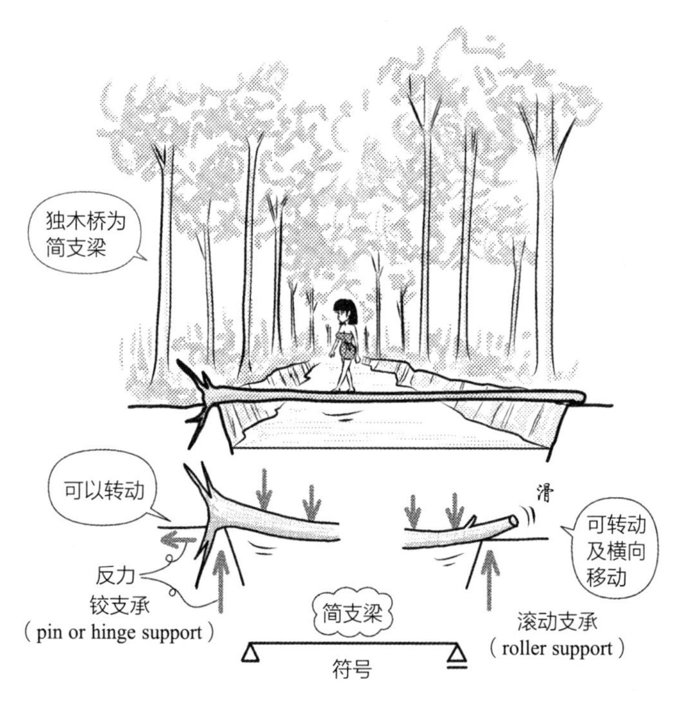

- 像发夹一样的金属制细棒称为 pin。铰支承的 pin 是从芯棒的概念而来。
- 像蝴蝶的翅膀般开合作为门的铰链，称为 hinge。铰支承的 hinge 就由此而来。如门的铰链般转动，不受转动力（力矩）的影响。
- roller 则跟溜冰鞋（roller skate）一样，附有轮子可以横向移动，也有可以旋转的支点。就算没有轮子，可横向移动者亦称为 roller。在桥的端部经常可以看到这种支承形式。

Q 什么是铰接点、刚接点?

▼

A 构件之间的接合点称为节点，以接合种类分为可转动的铰接点，以及不可转动的刚接点。

构件之间的接合点、关节点，称为节点。如人类关节般可转动的为铰接点，与铰支承一样称为 pin、hinge。完全不能转动的节点则为刚接点。

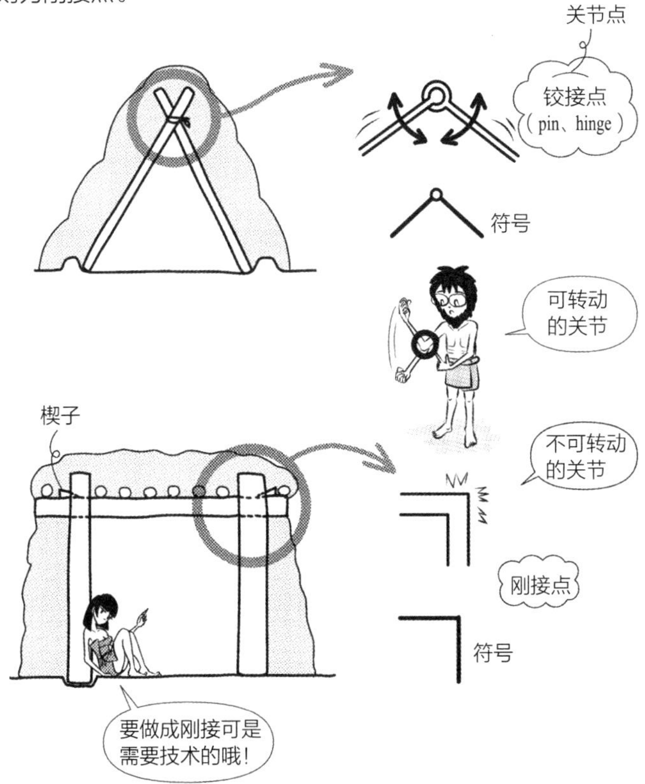

- 以绳索捆绑木棒所形成的节点可以转动，因此为铰接点。在粗的柱上开孔插入木棒，在打入楔子之后，就形成不可转动的刚接点。
- 支点是作为支撑的点，节点则为关节的点。不管是支点还是节点，可动方向都是不受力作用的，可转动的铰接点就不受其转动方向的力（力矩）的作用。转动时接合部位会跟着旋转，力无法传递过去。

Q 木结构有刚接的吗?

A 在大截面的柱上插入横向构件，并使用特殊接合形式，就能做出刚接。

在东大寺南大门（奈良，1199 年），其圆柱就有插入称为贯木的水平木材，另外还有称为插肘木的木材作为贯木的支撑。在柱的顶部有大型梁，柱的中间则有许多以 x、y 方向插入的水平木材，每个节点都是刚接点，如此才能维持巨大结构物的稳定性。

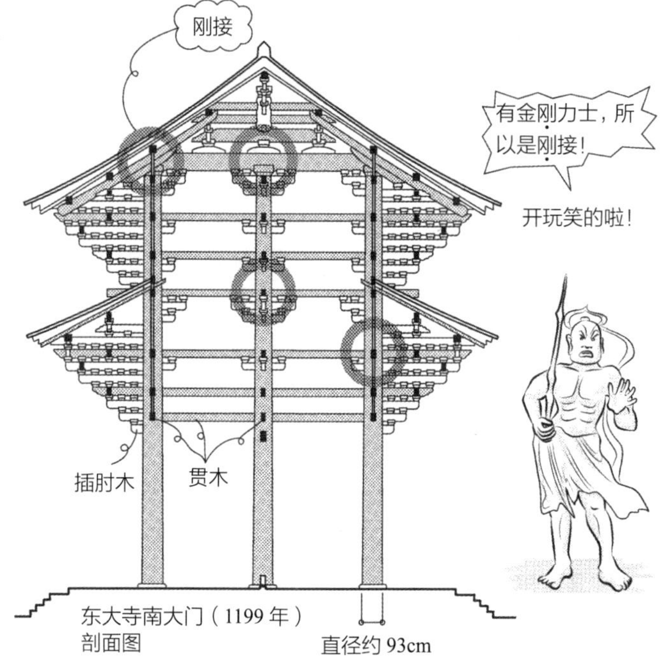

东大寺南大门（1199 年）剖面图

- 经过现场测量，柱下端的圆周直径约为 93cm。共有 6 根 ×3 列 =18 根（桁行为 5 间，梁间为 3 间）的巨型柱，排列成大型的木结构。（译注：桁行、梁间皆为日文名称，桁行特指较长边的跨距，梁间则是指一般跨距。“间”是指该跨距以下的空间，因此 6 根柱可以隔出 5 个空间。）
- 这种柱与横材的组合方式，是俊乘坊重源（1121—1206 年）从中国引入的，称之为大佛样或天竺样。位于兵库的净土寺净土堂（1192 年）也是同一种样式。请务必前往参观，感受充满生命力的内部结构体。

Q 长押（译注：日文名称，上门框上的装饰用横木）可以防止柱倾倒吗？

▼

A 若确实设置粗木材，就可以达到防止倾倒的效果。

一开始的长押和柱是接近刚接的设置形式，有其结构上的意义，现在则完全变成装饰材料了。

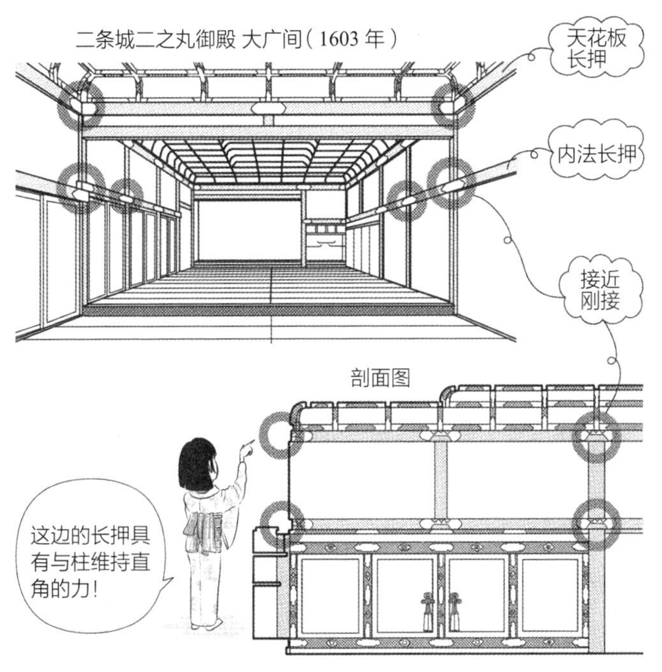

- 作为书院造代表的二条城二之丸御殿（京都，1603 年），经过笔者实际测量，大广间的柱约为 26cm 见方，黑书院的柱约为 23cm 见方，白书院的柱则约为 19cm 见方。二条城的长押是颇有厚度的材料，设置在墙壁的中间与天花板下方等两处。如今传承自书院造的木结构原有构建方法，柱大多是 10cm 见方，长押变成薄薄的装饰材料。若不能做出坚固的墙壁，柱很容易倾倒。
- 在 1177 年的平安时代末期，以京都、奈良为中心，发生了一场大地震，许多建筑物都已损坏。藤原定家的日记《明月记》中，记下了自宅的持佛堂倒塌理由为“没有设置长押”（藤原治著，《日本建筑史》，共立出版，2003 年，第 103 页）。因此在镰仓时代，为了抵抗水平力，在长押和贯木上面下了许多功夫。

Q 10cm 见方的木结构柱可以做出刚接吗?

A 不可以。

10cm 见方的柱要与梁接合时，若仅是靠该接合部分维持直角，则柱会折断。因此，书院造（译注：16—17 世纪武士豪绅府邸）会以薄板的贯木通过柱，加上编织竹片等做成墙壁，防止柱倾倒。现在则是会在墙壁中加入斜撑或者压合板，以墙壁来维持直角。

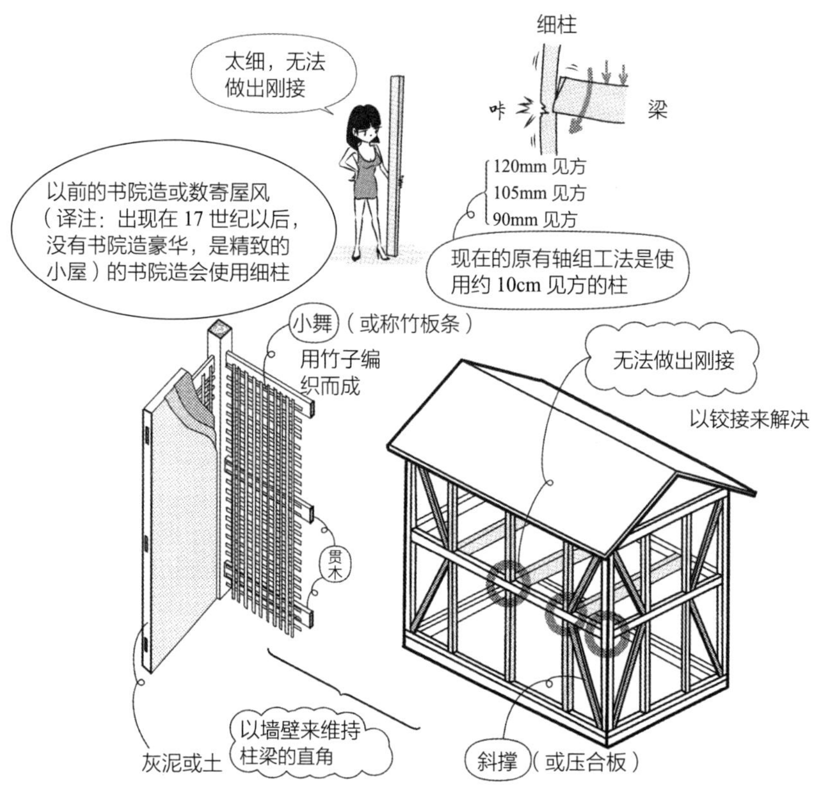

- 常听到学生这么问道:“木结构的柱为什么不像钢筋混凝土或钢结构的柱一样，只要设置在房屋的四个角落就好，而是需要在墙壁之间设置好几处呢?”答案是因为柱太细了。木结构若使用较粗的柱，并在柱梁的接合部使用金属构件，就可以做出刚接的结构。

Q 什么是和式屋架、西式屋架？

▼

A 在梁的上方以短柱支撑屋顶的结构为和式屋架，以三角形轴组作为支撑屋顶的结构则为西式屋架。

将书本半开做成山形的样子，以短棒作为支撑的就是和式屋架的结构原理，以线拉住的就是西式屋架的结构原理。以三角形组合而成的结构称为桁架，西方从古至今皆使用此种结构。

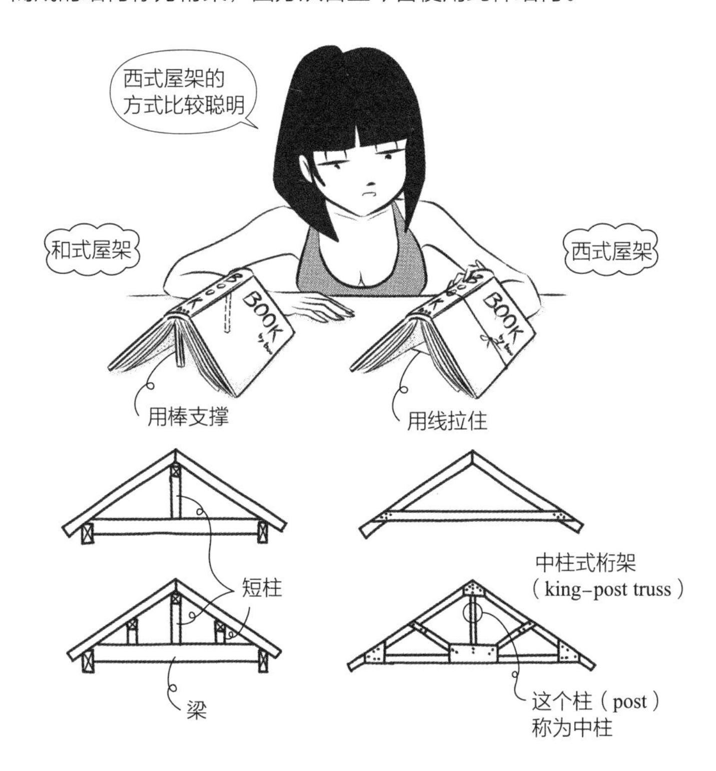

- 唐招提寺金堂（8 世纪下半叶）的屋架组合，创建时是在梁中央的上方承载叉手，元禄时期的修建改成和式屋架，屋顶的高度增加了 2m 左右。明治时期的修建变成中柱式桁架的西式屋架，平成时期则是在中柱式桁架的下方，以直交方式加入桁架的梁。唐招提寺内放置了结构模型，请仔细观察。还记得第一次看到模型时，笔者被设有二段桁架这件事吓了一大跳呢。平衡的屋顶瓦上有桁架！心情好复杂啊。

Q 前述的中柱式桁架的中央短柱，作用在中柱上的力是压力还是拉力？

A 拉力。

桁架的特征是各个构件承受来自轴方向的力。桁架的接合部（节点）以圆形（铰接的符号）为标记，让作用在此点上的力平衡，就可以得知各个构件的作用力方向及大小。

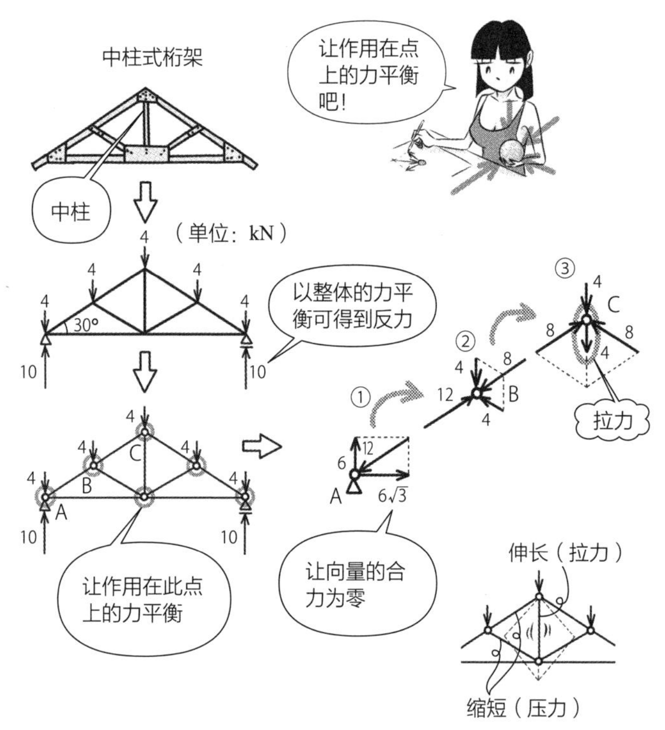

- 仅看桁架线材上的箭头方向（向量），比较不容易看出是拉力还是压力在作用，如果是观察作用在节点上的力，就会比较清楚了。
- 上述构件之间的接合部（节点）都是以可转动的铰接来表示，但实际上很难做出可转动的接合部，大多数都是刚接的形式。实际测量作用在中柱上的力时，有时也会出现不是拉力作用，而是压力作用的情况，此时的结构形态就不是桁架，而是和式屋架或张弦梁（参见 R027）。

Q 如何用弯曲的原木作为屋顶的梁?

A 以凸面向上的方式设置。

只除去树皮部分的弯曲原木难以作为二楼的楼板梁，但若是作为屋架梁（支撑屋顶组合的梁）使用，反而适得其所。梁要承受弯曲的力，本身若是弯曲的话，就可以减弱该作用力。天花板内部若是向上弯折的抬高形式，弯曲的梁也不会妨碍天花板的设置，可说是相当方便。

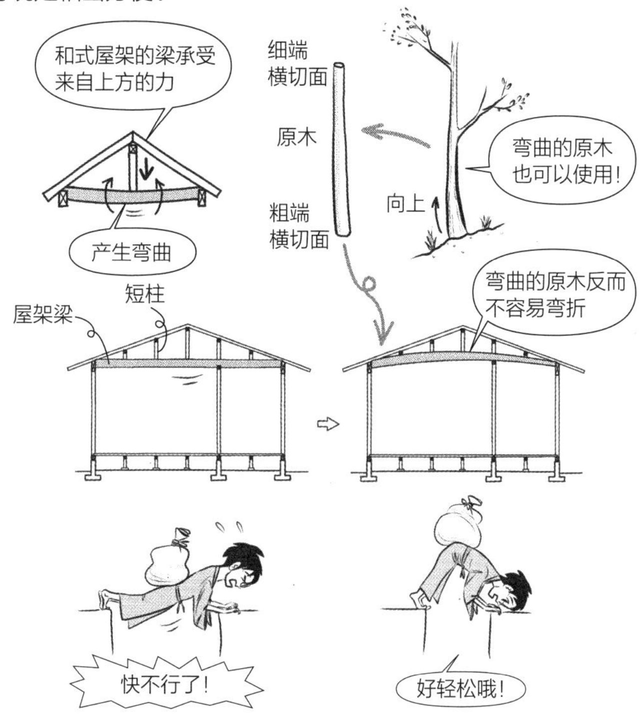

- 生长在山上的木材大多会呈现弯曲的状态，根部也比较粗。较粗的根部称为元口，较细的一端称为末口，也可指该原木的直径。现今的木结构屋架组合几乎都不使用原木了，大多改用合成材料做成直线形的梁。
- 神社、寺院所使用的原木柱、圆柱等，多是从大型木材上切割出来的垂直圆柱，只把皮除去的原木，可说是难得一见的上等木材。

Q 木结构的弱点是什么？

▼

A 可燃、易腐蚀、被虫蚀等。

东大寺大佛殿（金堂）在 753 年建成后，曾在 1180 年因战争被烧毁，在 1190 年重建后又因 1567 年的战争再度被大火吞噬。现存的是 1709 年江户时代重建的第三代建筑。

- 如此巨大的殿堂曾遭受两次火灾，除了了解到木结构的脆弱之外，历经三次重建，更能感受到相关建筑人士的热情。比起欧洲国家，日本古建筑的遗存数量较少，大多就是因为木结构的原因。由于雷击或战争等，大型的重要设施很容易被烧毁。近来有许多大规模的结构为木结构，也有人说木结构为日本带来具有独特性的建筑评价。木材的优点为轻巧且有一定的强度，但我们不能忘记东大寺大火所带来的教训。
- 东大寺大佛殿的巨大圆柱其实不是一根完整的木材，而是由数根木材以铁箍围束而成。若是现场测量圆周直径，根部大约有 120cm。南大门一根柱的直径大约 93cm。

Q 什么是砌体结构？

A 以石材、砖材、混凝土砖等堆砌而成的结构。

由堆砌组合而成的结构都可称为砌体结构。将石材以不易崩落的方式向上堆叠，再以原木架设屋顶，就是最原始的遮蔽所形式之一。架设二楼楼板时也是使用原木。若是没有适合的原石，可以利用经过太阳曝晒或烧制而成的黏土砖等，进行结构堆砌。现今笔者旅行至部分干燥地域时，还常看见利用原木排列而成的天花板形式。

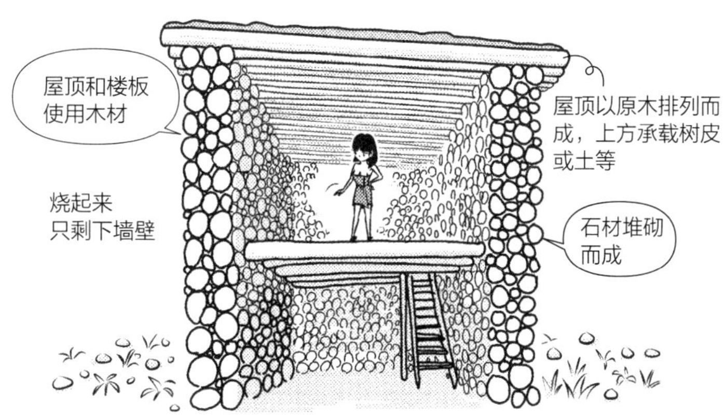

- 笔者曾乘车经由阿姆斯特丹、布鲁塞尔、拉昂（laon）、兰斯（Reims）到达巴黎。沿途从车窗看到的农家建筑物，绝大部分还是以砖材筑墙，用木材组成屋顶和二楼楼板，令笔者相当讶异。在这片鲜少山脉，木材、石材不易取得的平坦土地上，砖材是最便宜的材料，根本不会想到以木结构的方式来建造墙壁。
- 砖材或石材的重量较重，若是要朝水平方向架设较长的结构，需要有建造拱、拱顶、圆顶等的高超技术。因此，许多建筑物是只有屋顶和楼板的木结构形式。歌特式大教堂也一样，天花板部分为石制拱顶，屋顶则以木材架设而成。这样的建筑物在战争中烧毁后，只剩下墙壁部分，也因此有许多只剩下墙壁的废墟。

Q 石材之间要填充什么才能保持稳固?

▼

A 水泥砂浆(水泥 + 砂 + 水)。

以砾石或土填充容易掉落或被冲刷，以水泥填充才能固定石材或砖材。

- 与水反应就会硬固的水硬性水泥和砂混合制成的水泥砂浆，在五千年前的金字塔中就有它的踪迹了。在古代就是作为黏合剂、填充剂来使用的。若要让石材紧密接合，则需要高超的技术，但是使用水泥砂浆填充就简单多了。
- 水泥砂浆中加入砾石就称为混凝土，古罗马时代经常使用。当时会在两侧堆积砖材做成模板，再以混凝土填充缝隙，做成厚重的墙壁。至于在混凝土中加入钢筋，应该是 19 世纪中叶之后的事了。

Q 石材构造的柱梁结构施工时会有什么问题?

▼

A 需要较长的石材来制作梁。

柱可以使用切成圆片的石材重叠堆积起来，但梁可不能这样，必须一根到底才行。就是因为很难打造出水平梁的缘故，梁结构不适合使用砌体结构。

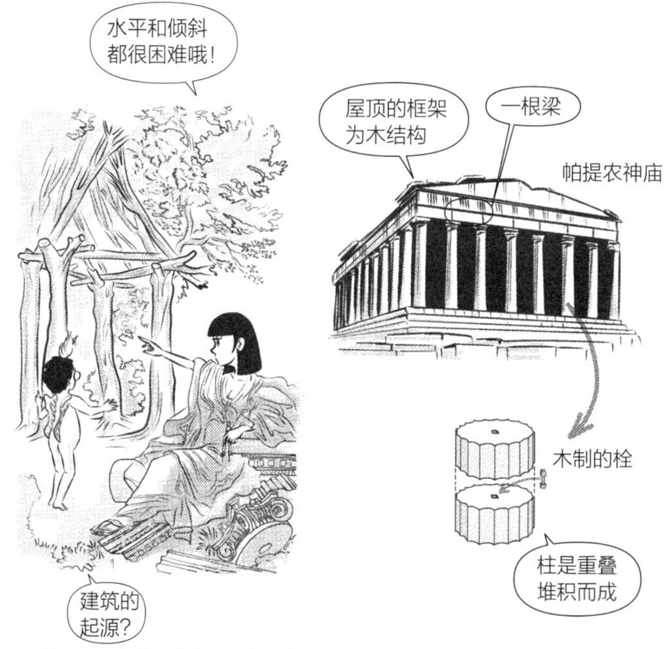

- 砌体结构原本就是指堆叠做成墙壁的结构方式。古希腊或古埃及的神殿，都是以砌体结构形成的巨大柱梁结构，比木结构的柱梁结构的历史更久远。实际上，支撑帕提农神庙屋顶的斜撑木材（椽木）即为木结构，上方再铺设薄的大理石屋瓦。
- 古希腊神殿发展出的柱式（圆柱及其上下的形式），起源就是木结构的梁柱结构。欧洲无数古典主义建筑（古希腊、古罗马式的建筑），就是柱式由砌石或砌砖而成，环绕成箱型墙壁的建筑形式。
- 上方左图为模仿洛吉耶（Marc-Antoine Laugier，1713—1769 年）所著的《建筑论文》(Es-sai sur I'Architecture,1755 年）中的扉页图解。作为建筑起源的象征，绘制出四根木材与上方的叉手（合掌）。古典主义原点的古希腊神殿，就是以此作为屋架形式的原型。

Q 如何处理砌体结构墙壁上的门扇或窗户的开口？

▼

A 在开口的上方放入过梁，或是架设拱。

过梁是指设置在开口部位上方的横梁，常以石材或坚固的木材制成，用以支撑来自上方的石材或砖材的重量。拱则是以圆弧状的石材或砖材构成，各构件克服弯曲的力，石材之间相互挤压，将重量往横向分散。

- 水平的过梁承受重量时，会产生使之弯曲的力。拱承受重量时，则是在各个石材之间产生挤压的力。就跟做俯卧撑一样，身体为水平时，会感受到腰部有一股向下弯曲的力。身体若为“へ”形，腰部弯曲的力就会减弱，反而需要往地面横压的力。
- 在木结构中放入开口上方的横梁也称为过梁，主要作为安装窗户及外墙材料的构造，不像砌体结构的过梁有如此重要的功能。

Q 为什么砌体结构的窗户以纵长型为主?

▼

A 主要有两个理由：①墙壁必须支撑整个建筑物的重量，因此要有一定的数量；②过梁或拱较长时，无法支撑来自上方的重量。

近代之前的欧洲窗户几乎以纵长为主，这是因为墙壁为砖材堆砌而成的缘故。如果要在砌体结构的墙壁设置大型窗户，必须往纵向发展。不管是古典主义还是歌特式建筑，窗户的设计基本都是纵长型的。

●欧洲许多建筑物是以砖材堆砌成墙壁，表面再铺设石材。只有部分使用又大又重的石材堆砌而成，如教堂等需要耗费大量成本及劳力的建筑物。大约在 19 世纪下半叶，由于钢结构及钢筋混凝土结构等的出现，才有横向长窗或整面玻璃等的设置。柯布西耶在“新建筑五点”中提出水平长条窗的概念（参见 R050），也是因为此前的窗户皆以纵长为主。

Q 如何抑制在拱的水平方向所产生的力?

▼

A 在拱的两侧设置厚重的墙壁，或是用金属棒拉住。

为了让拱不要向外崩坏，需要从拱的两侧往中央挤压，或是从正中央拉住。拱为连续设置时，拱之间的左右压力会互相平衡，所以只要最外两侧的墙壁厚一些就可以了。欧洲各处都可看到以铁棒拉住拱的设置形式。

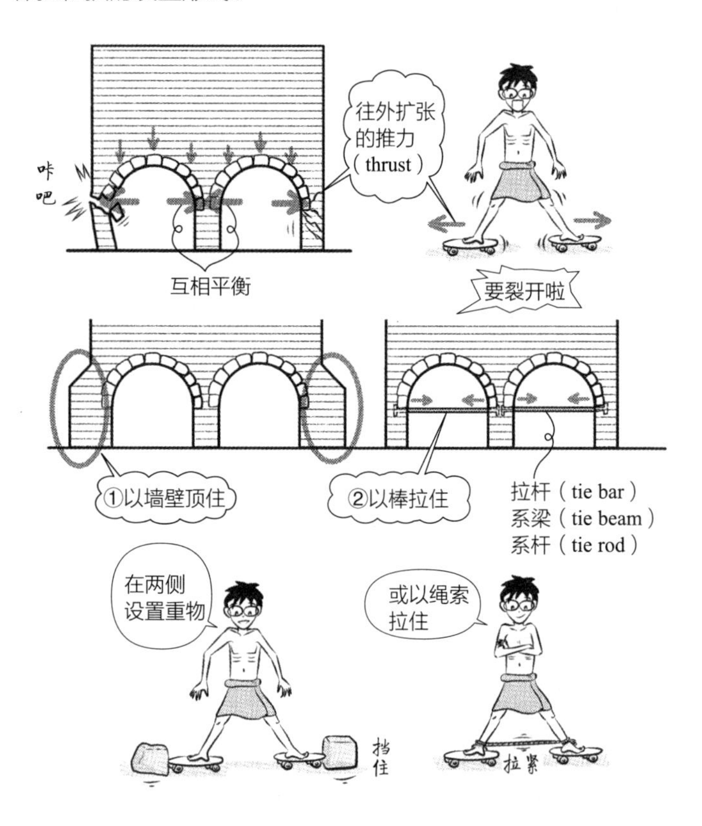

●往水平方向扩张的力称为推力（thrust）。防止扩张所设置的棒或梁称为拉杆（tie bar：紧缩棒）、系梁（tie beam：紧缩梁）、系杆（tie rod：紧缩杆）等。

Q 古罗马时代后的拱顶如何变化?

▼

A 从罗马的筒形拱顶（barrel vault）到罗马式的交叉拱顶（groin vault），还有装设肋的样式。为了避免对角线变扁平，歌特式变成尖拱（pointed arch）。

由于拱承受水平力作用，古罗马及罗马式有厚重的墙壁，歌特式的拱则设有抵抗水平力的扶壁（buttress），扶壁之间的空隙可以开放作为窗户使用。另外也开发出拱状的飞扶壁（flying buttress），可将力传递至扶壁。

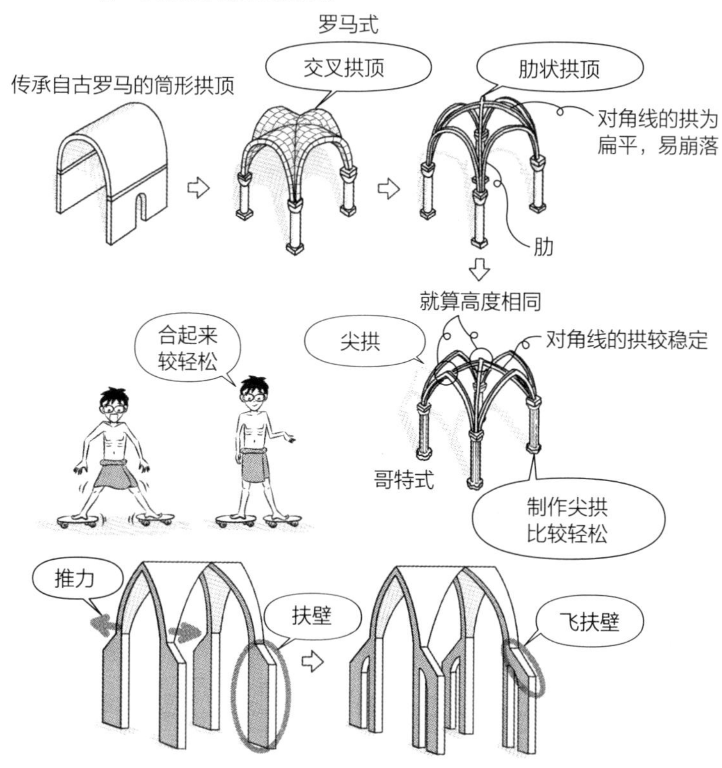

- Romanesque 为“罗马风”的意思，到了古罗马时代后期，成为早期基督教建筑的起源。哥特式（Gothic）一词有着“像哥特人一样野蛮”的意思，为罗马式进化的样式。

Q 为什么圆顶周围需要厚重的墙壁？

▼

A 为了抵抗让圆顶开裂的推力。

拱连续设置就会形成拱顶（vault），旋转则成圆顶。大量使用拱、拱顶、圆顶建造大空间的，正是古罗马人。古罗马的万神殿（Pantheon，128 年），圆顶越往下越厚，圆顶周围都是厚重的墙壁。

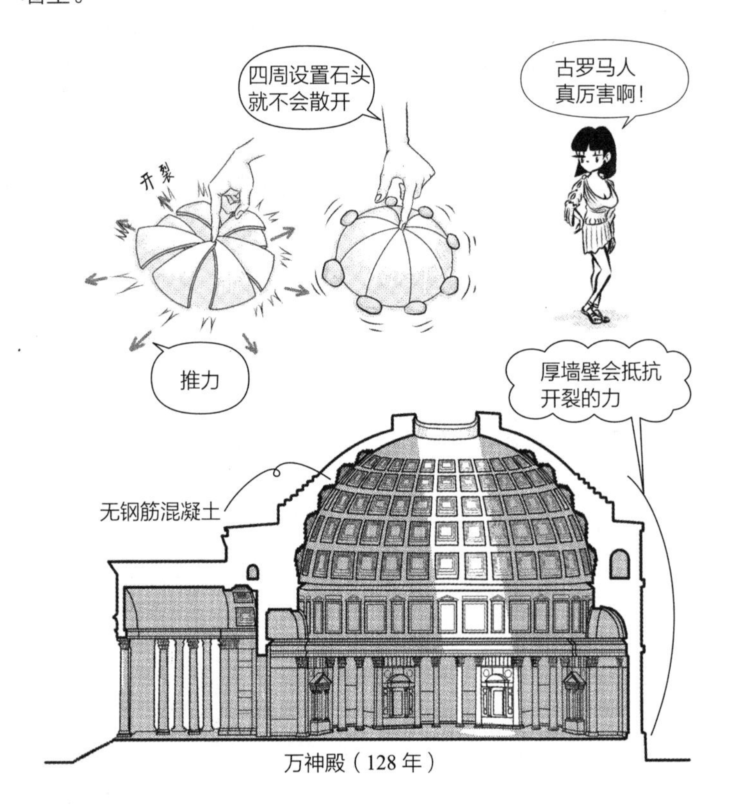

万神殿（128 年）

●以无钢筋混凝土打造的万神殿圆顶，绝大部分被直径为 43m 的半球所覆盖，顶部有圆形的开孔。圆顶表面为花格镶板（coffer：嵌板）打造的格天井。花格镶板为阶梯状，以由内而外的凹陷方式雕刻，除了可以减轻圆顶面的重量，同时可以增强以半球面覆盖整个空间的印象。

Q 为什么有双层的圆顶?

▼

A 1. 为了防止圆顶开裂，在双层圆顶之间的空间可以加入防止开裂的拉力材料、箍筋（hoop）等结构材料。
2. 为了让内侧和外侧有不同的视觉效果。

圣母百花大教堂（Cattedrale di Santa Maria del Fiore）的圆顶（1436 年）有肋、锁及木环等，隐藏在双层圆顶间的空隙中。文艺复兴后，圆顶以双层方式设置时，常在内侧放入钢或木锁、木环等，避免圆顶向外扩张。

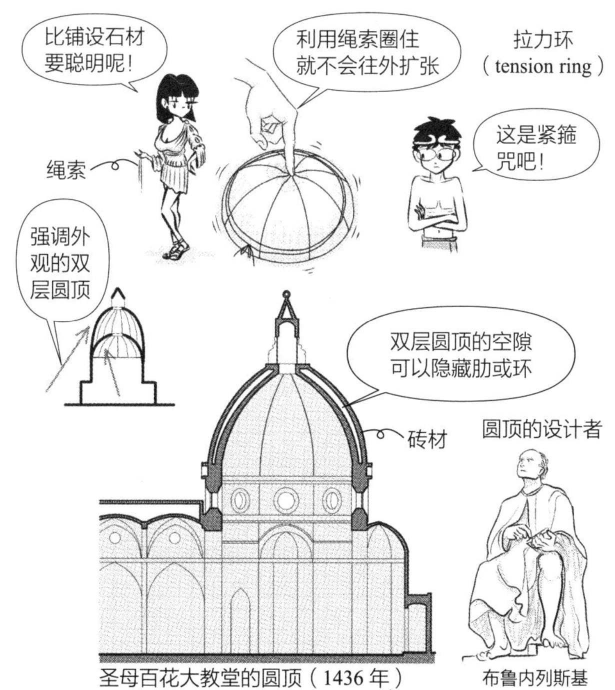

圣母百花大教堂的圆顶（1436 年）

布鲁内列斯基（Filippo Brunelleschi，1377—1446 年，文艺复兴建筑的先驱者）

●万神殿的圆顶无法从外部看到。文艺复兴后的圆顶，内侧比其他圆顶往上突出许多，外观也更引人注目。后期的巴洛克圆顶以木材组成，涂上灰泥（stucco）后进行装饰，也可以运用混凝纸（papier-mâché：纸塑、纸造模）。

Q 什么是悬垂曲线、悬垂拱？

▼

A 悬垂曲线（catenary curve）是指由线的自重悬垂而成的曲线，若是上下颠倒过来，就成为悬垂拱。

用双手拿着珍珠项链，会自然形成悬垂曲线。取出其中一颗珍珠来看，作用在其上的重力会和线的拉力达到平衡。上下颠倒以拱的形式来考虑的话，作用在每一个石材上的力只有重力，以及相邻石材之间的压力。如此一来，便形成以压力为主的拱结构。

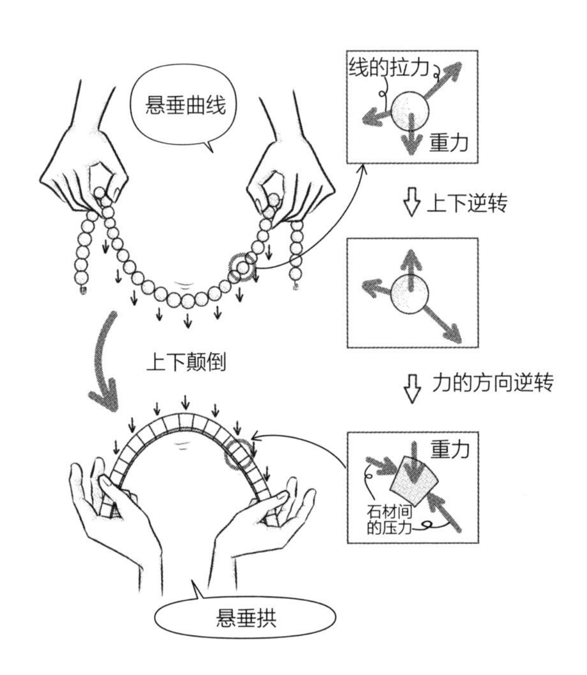

- 高迪（Antoni Gaudí，1852—1926 年）的奎尔教堂（Cripta de la Colònia Güell，1914 年）就是以悬垂拱打造，实验式地设计了从天花板悬垂而下的大型模型（只是设置在地下礼拜堂，地面层没能实现这项构想）。相较于哥特式的尖拱，悬垂拱或抛物线拱在结构上较稳定。高迪是近代著名建筑师之一，也是砌体结构发展前的最后一位建筑师。

Q 1. 在钢索的长度方向，以等间隔悬挂相同重量会形成什么曲线？
2. 在钢索的水平方向，以等间隔悬挂相同重量会形成什么曲线？

A 1. 悬垂曲线。
2. 抛物线。

因钢索自重而形成的曲线，就像珍珠项链一样是自然悬垂而成的，即为悬垂曲线。若像吊桥一样是在水平方向承受均布荷载，则形成抛物线，即二次函数曲线。

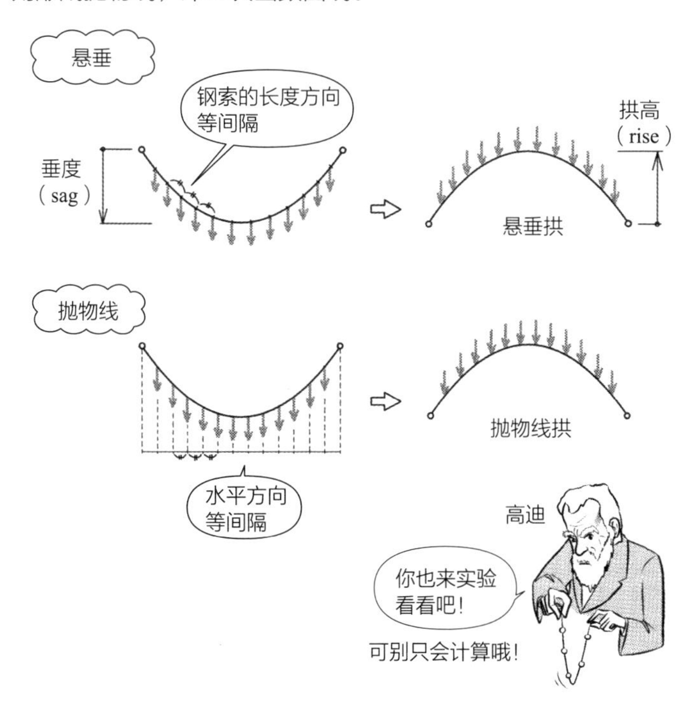

- 悬垂曲线和抛物线的形状很相近，不过悬垂曲线的斜度比较和缓。高迪所设计的悬垂拱、抛物线拱，是将这些曲线上下颠倒而成。高迪不断实验如何从天花板悬吊重物。
- 拱的高度称为拱高（rise），钢索的下垂长度为垂度（sag）。在相同荷载下，垂度越大则拉力越小，垂度越小则拉力越大。

Q 什么时候开始有钢结构物?

▼

A 18 世纪下半叶开始有钢结构物。

历史上第一座钢结构物是以铸铁组合而成的铁桥 [Ironbridge，1779 年，根据地名亦称为科尔布鲁克代尔铁桥（The Iron Bridge at Coalbrookdale）]，作为运输制铁厂生产的铁矿石及煤炭等之用。历经 240 多年依然屹立，并被列为世界遗产。

- 让我们回到文明发展的时代，谈谈铁的历史。以木炭熔化铁矿石的高背炉具即高炉，诞生于 14 世纪的德国莱茵河沿岸。18—19 世纪，在工业革命兴起地英国，使用炼焦煤（coking coal）提升高炉温度，因而能够大量生产铁。
- 铁桥用铸铁打造。铸铁的熔点比钢低，可以倒入模具中铸造。铸造而成的制品称为铸物（casting）。铸铁的英文是 cast iron，cast 为放入模具中制造，也就是铸造的意思。

Q 吊桥的支柱位置，为什么放在整体跨距 1：2：1 的地方比较好?

▼

A 因为这样才可以让支柱左右的重量达到平衡。

在河川的两侧设立支柱后，为了不让支柱倾倒，必须从后方拉住。于河川中 1：2：1 的位置设立支柱，才能取得重量的平衡。由于必须在河水中进行支柱工程，要特别注意水流等问题。

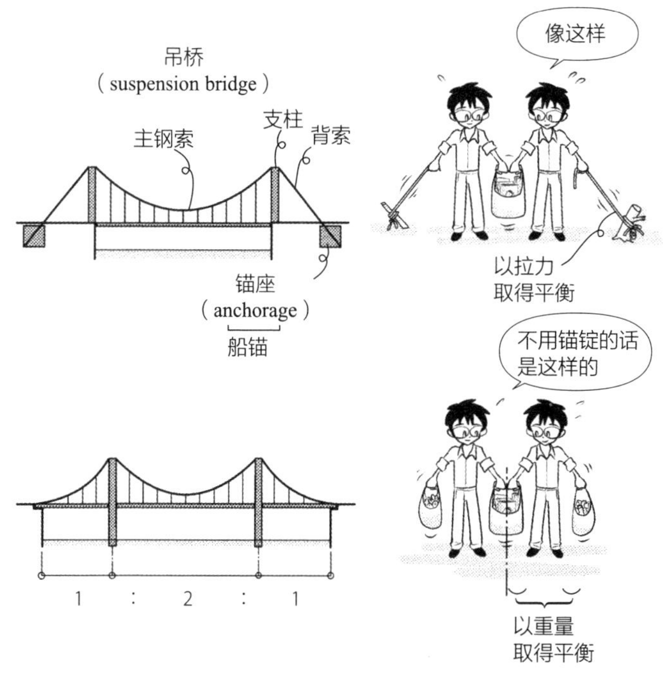

- 在地面设置用以拉住支柱的拉力钢索——背索（backstay，后方支撑材料、支撑钢索），用以埋设背索的混凝土重物——锚座（anchorage）。锚座即为锚锭的场所，也是美国阿拉斯加州最大城市安克拉治（Anchorage）的地名由来。
- 吊桥的起源相当古老，印度和中国以蔓草及藤打造吊桥，锁链的设计也始于中国。19 世纪后，出现在铁板上以螺栓来连接的锁链，19 世纪下半叶转变成高拉力钢筋做的钢索，20 世纪就能打造出既长又大的吊桥了。请务必造访布鲁克林大桥（Brooklyn Bridge，纽约，1883 年）和金门大桥（Golden Gate Bridge，旧金山，1937 年）。

Q 什么是斜张桥?

▼

A 从支柱拉出斜向钢索作为支撑的桥。

因斜向受力牵拉，所以被称为斜张桥。建筑中有从柱拉出支撑的屋顶形式，就是运用了斜张桥的原理。

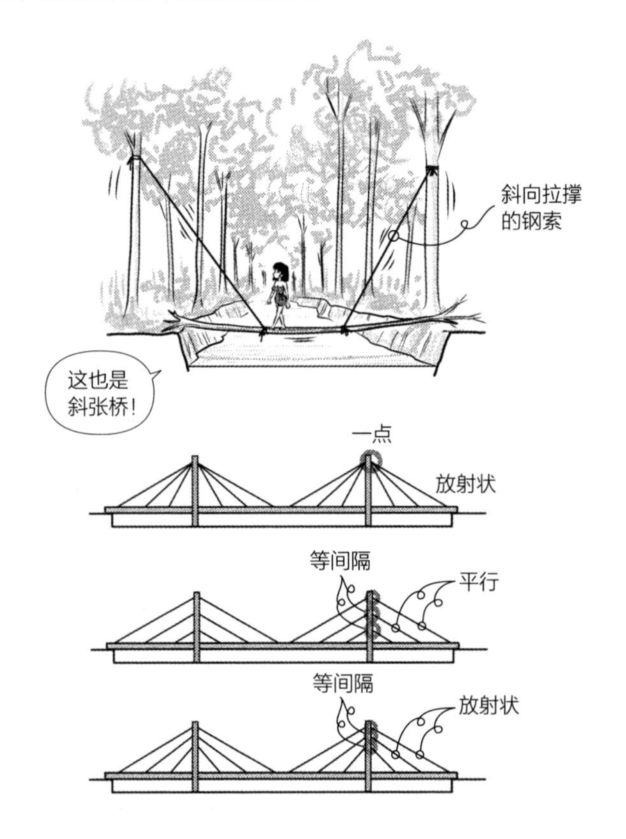

- 斜张桥出现于 17 世纪，但这种结构形式在 20 世纪下半叶才开始受到重视。近来日本的高速公路等也多是采用斜张桥的形式。
- 斜向拉撑的钢索有许多种不同的设置方式。有从一点开始的放射状、等间隔的平行式或等间隔的放射状等。为了让从主钢索垂直悬吊的普通吊桥保持稳定，有时会追加斜向钢索。布鲁克林大桥便加入了斜向钢索。

Q 斜张桥可以不设置支柱，而以钢索从桥下进行拉撑吗？

A 可以的。此时就会形成张弦桥。

在下方设置压力短柱，从柱的下方进行悬吊的结构方式。支柱不要太长。这是以弦从下方支撑的张弦梁形式。利用细梁就可以达到与粗梁相同的效果，现代建筑经常采用这种方式。

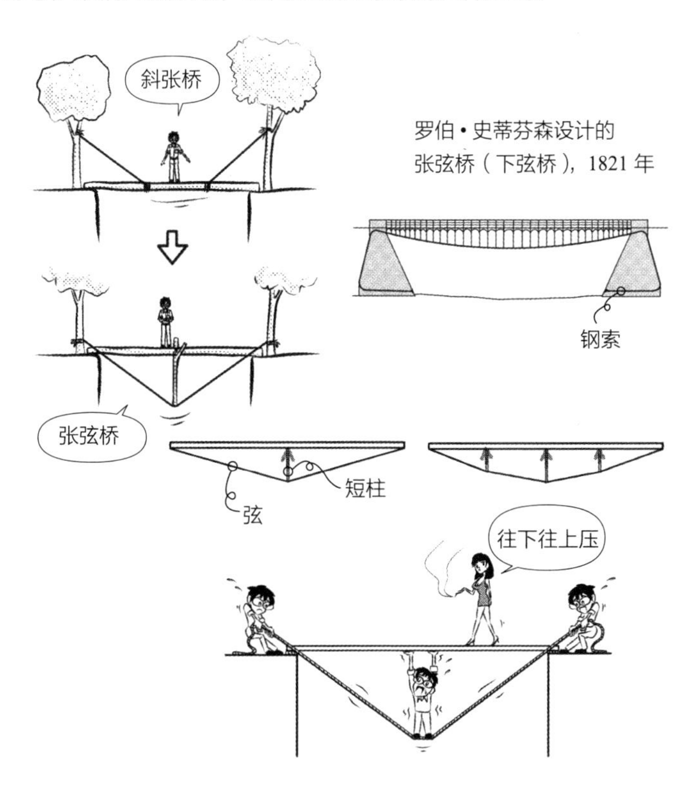

●英国铁道之父乔治·史蒂芬森（George Stephenson）之子罗伯·史蒂芬森（Robert Stephenson）为土木技术人员，约在 1821 年设计出利用张弦梁打造的桥梁。这种桥梁形式亦称下弦桥。20 世纪下半叶开始，这种结构才真正应用于建筑中。

※ 参考文献：藤本盛久编，《结构物的技术史》（市谷出版社，2001 年）。

Q 是从什么时候开始将桁架用于梁或桥的结构上的？

▼

A 16 世纪的文献资料中已有木结构的桁架桥、桁架梁的相关记载，进入 19 世纪后开始大量使用钢骨桁架。

帕拉第奥（Andrea Palladio，1508—1580 年）所著的《建筑四书》（Quattro Libri dell’Architettura，1570 年）中，在第三书第七章中描述了四种木结构桁架桥，并记载了以木结构桁架制作拱的圆面。此外，在同著作中，第二书第十章收录了埃及式大厅的截面图，其屋架组合为中柱式桁架。

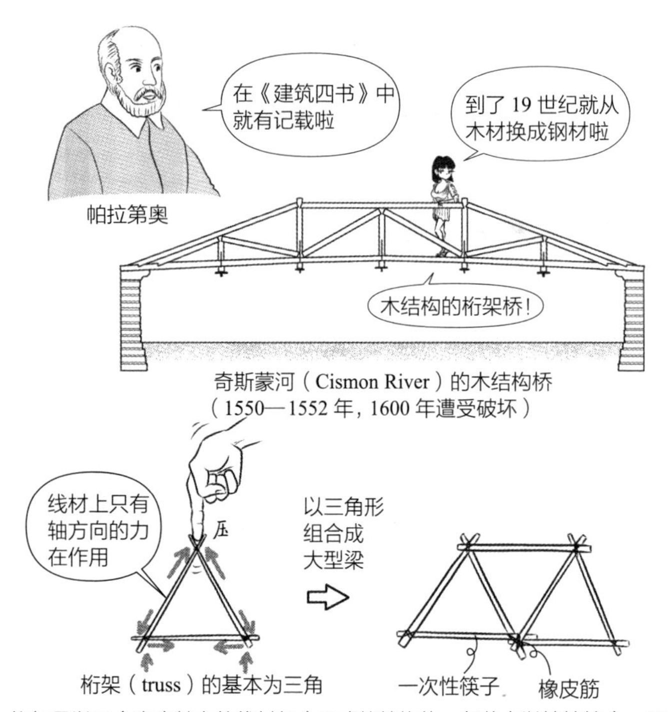

奇斯蒙河（Cismon River）的木结构桥（1550—1552 年，1600 年遭受破坏）

桁架（truss）的基本为三角

- 桁架是以只会产生轴力的线材组合而成的结构体。各节点以铰接接合，即各线材都是以承受轴方向的压力、拉力作用为前提。但实际上不可能有完美的铰接接合，还有剪力作用，因此需要考虑剪力的部分。

※ 参考文献：桐敷真次郎编著，《帕拉第奥“建筑四书”注解》（中央公论美术出版，1986 年）。

Q 有以悬臂梁打造的铁桥吗?

▼

A 福斯铁路桥(Forth Railway Bridge)就是以悬臂梁(cantilever)打造的巨大铁桥。

建造在福斯河上的福斯铁路桥[英国爱丁堡近郊,1890年,本杰明·贝克(Benjamin Baker)、约翰·富劳尔(John Fowler)等设计]是全长约1600m、高约100m的巨大铁桥。

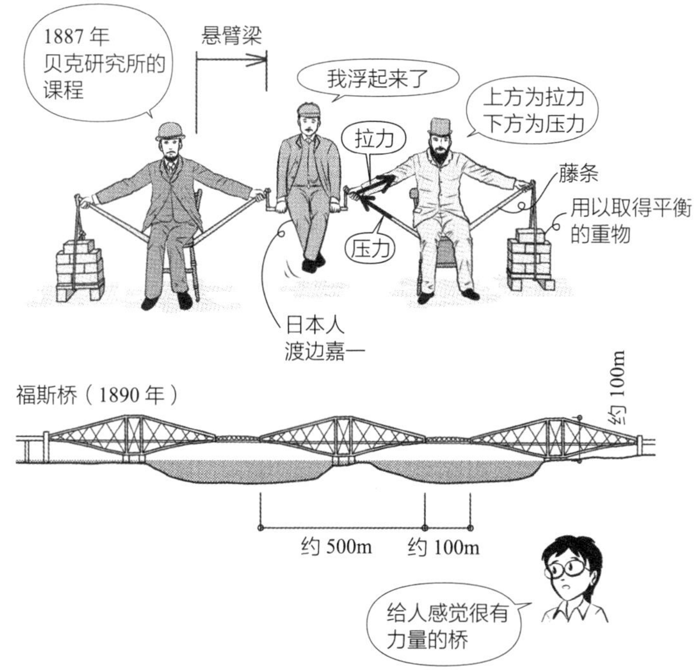

- 上面这张三个人坐着的图片非常有名,为1887年贝克研究所于课程中所拍摄的,中间坐着的是到英国学习的日本人渡边嘉一(《建筑文化》1997年1月号,第54页,播繁著)。
- 福斯桥为早期使用钢的实例。圣路易士市的伊兹桥[Eads Bridge,1874年,詹姆斯·伊兹(James Eads)设计]为最早使用钢材的桥梁。英国铁桥(1779年)使用铸铁打造。埃菲尔设计的加拉比特高架桥(Viaduc de Garabit,1884年)、埃菲尔铁塔(1889年)则用的是锻铁(又称熟铁)。埃菲尔不信任容易生锈的钢材,直至埃菲尔铁塔为止,都是使用锻铁。铸铁、锻铁、钢等依其制作方法及碳含量而有所不同。

Q 最早的钢与玻璃的建筑物是什么？

A 19 世纪中叶的英国温室。

近代建筑常使用钢与玻璃，其起源可追溯到 19 世纪中叶英国建造的温室。齐博宫［Kibble Palace，1860 年前后，格拉斯哥，1873 年移建，齐博（J. Kibble）设计］为上流社会建造的大型温室。

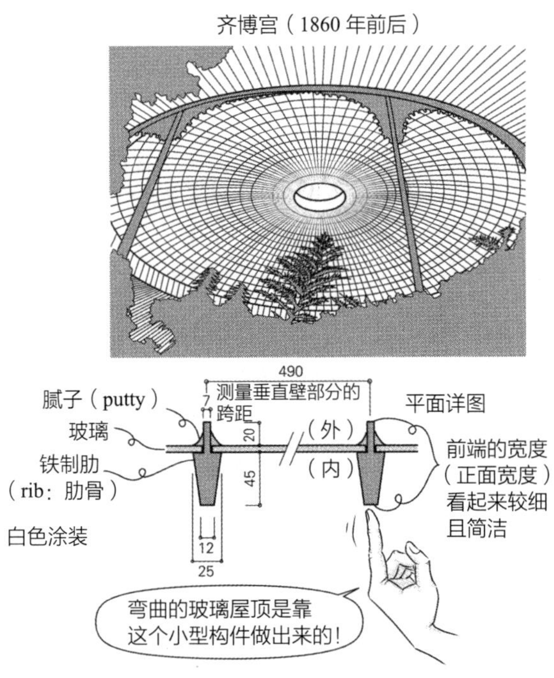

齐博宫（1860 年前后）

- 19 世纪中叶前后，维多利亚时代的英国大量生产钢与玻璃。由于从世界各地收集了许多植物，需要种植的场所，因而建造了为数众多的温室。位于伦敦近郊的英国皇家植物园（Kew Garden，1848 年），以种植椰子树的温室（1848 年）闻名，而笔者挑选了框架单纯的齐博宫，测量后试着绘制出来。这栋建筑物是细线材组合而成的壳体结构（shell structure，贝壳状曲面）。玻璃是非常重的材料（密度是水的 2.5 倍），但一点儿也感觉不出来。相邻之处也有以现代技术建造的建筑物，不过却是简陋的钢骨框架结构温室。以结构、设计、细节等而言，都是 150 年前的建筑物较气派，可以明显感受到维多利亚女王统治时期的大英帝国气势。

Q 如何在短时间内建造大规模的建筑物？

▼

A 先在工厂以规格化的方式大量生产构件，到了现场再以螺栓、铆钉等加以安装的预铸工法，可以有效缩短工期。

水晶宫［Crystal Palace，伦敦万国博览会，1851 年，派克斯顿（Joseph Paxton）设计］以规格化的约 7.3m（24ft）标准尺寸铸铁制镶板与柱纵横排列，横长约 564m，宽度约 124m，天花板高度约 20m，是用钢与玻璃（部分木结构）打造的巨大展示用建筑物，前后只花 4 个月就组合完成了。

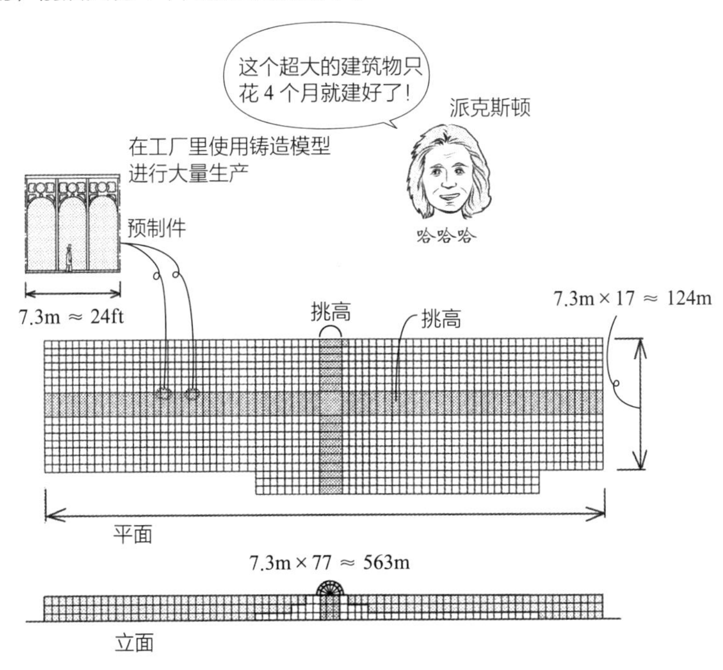

●派克斯顿（Joseph Paxton，1801—1865 年）是园艺技师，参与从温室的设计到这类以钢和玻璃打造的大规模建筑物。他的风格迥异于为了打造古代或中世纪样式而费尽心思的建筑师，也因此才能完成这样划时代的设计。

Q 大型建筑物为什么多是钢结构?

A 因为钢的强度佳。

钢的优势在于不像钢筋混凝土那么笨重，也不像木结构有火、水、虫蚀等问题，构件可以先在工厂生产，接合方式相当多元。自由女神像［纽约，1886 年，雕像由法国雕塑家巴特勒迪（Frédéric Auguste Bartholdi）设计］内部骨架、埃菲尔铁塔（巴黎万国博览会，1889 年），都是催生出钢的强度与各种接合法的埃菲尔（Alexandre Gustave Eiffel，1832—1923 年）及埃菲尔建设公司的作品。

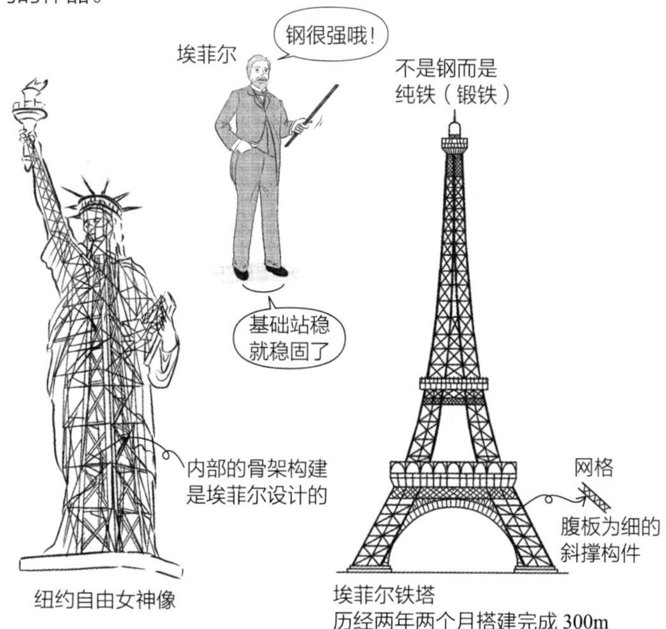

纽约自由女神像

埃菲尔铁塔
历经两年两个月搭建完成 300m

- 在相同容积下，钢比混凝土重，但强度比混凝土大，因此使用较细的钢材就能达到强度的要求，以结果来说还是比钢筋混凝土更轻。
- 现今可见的埃菲尔铁塔轴组，每一根构件并不是一整根钢骨，而是腹板部分为细钢骨制成的组合件（网格，lattice）。这个网格可以当作细部装饰的一部分，营造出“铁的花边细工”的纤细感。

Q 埃菲尔铁塔的钢材是如何接合的?

▼

A 以铆钉和螺栓进行接合。

铆钉（rivet）是先将其头部加热，以铁锤敲击使之接合，留下一个圆筒状的头部。铆钉敲击法是19世纪最广为使用的钢材接合法。

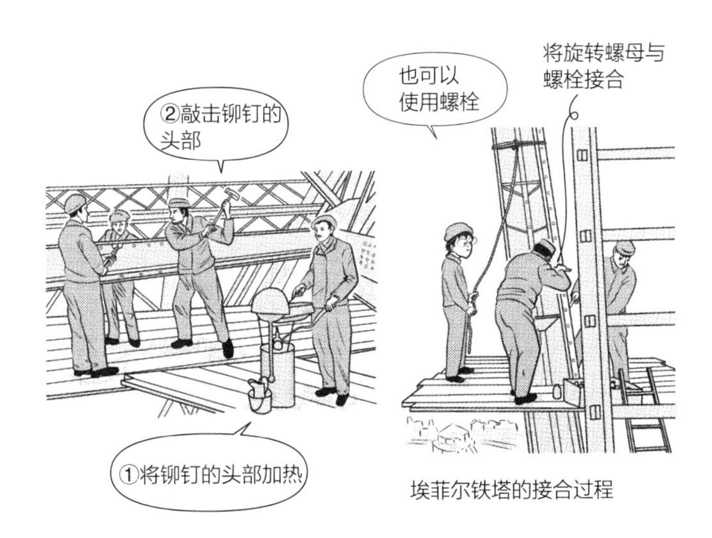

埃菲尔铁塔的接合过程

- 上面的插图是参考当时的画作绘制出来的。日本也经常使用铆钉，现今还可以看到从前的铁桥或蒸汽火车上，有排列整齐的半球形头部。现在一般是工厂完成构件的熔接之后，在现场以螺栓进行接合。
- 钢在高温下会像糖果一样熔化变形，而且需要定期涂装，防止锈蚀。虽然有这些缺点，19世纪后还是陆续出现许多大型钢结构建筑物、铁塔、铁桥、招牌等，因为钢仍有强度佳及容易进行加工、接合等优点。钢筋混凝土也需要加入钢筋，才能建造出大型建筑物。

Q 什么是三铰拱？

▼

A 两边支点及中间以铰接组成的拱。

巴黎万国博览会的机械馆［1889 年，都特（F.Dutert）和康塔明（Victor Contamin）设计］，就是以钢制桁架的三铰拱（three-hinged arch）成功实现的大空间设计。

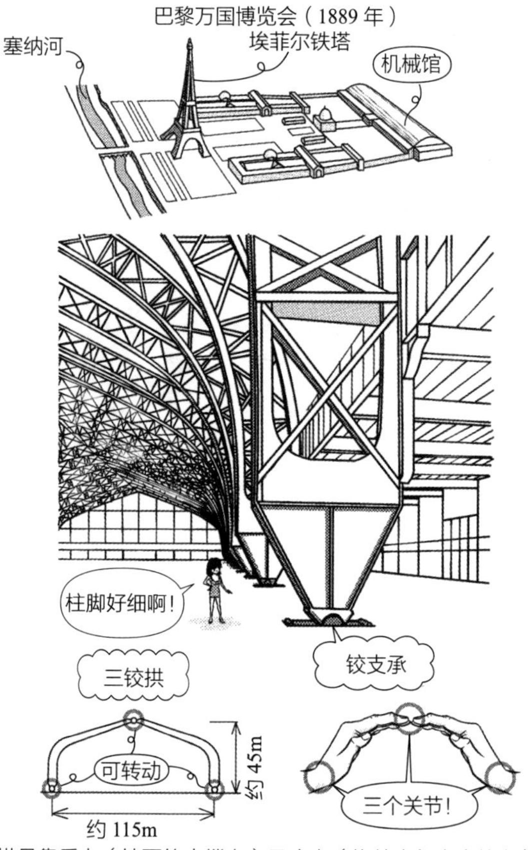

- 三铰拱是靠反力（地面的支撑力）及内力（构件内部产生的力），以力平衡维持稳定的静定结构（参见 R216）。基础的移动及因温度产生的热胀冷缩，都可以借由铰接的转动得到一定程度的缓解，形成不易受外力影响的结构形式。

Q 巴黎万国博览会机械馆的铰支承有受到弯矩的反力吗?

▼

A 可转动，因此不受弯矩作用。

反力是指地面的反作用力，为支撑结构物的力。就像是“推动布帘”一样，可动方向不会有反力作用。即转动方向不承受反力。若从地面有反力要使柱弯曲，也会因为可转动的关系而将力抵消掉。

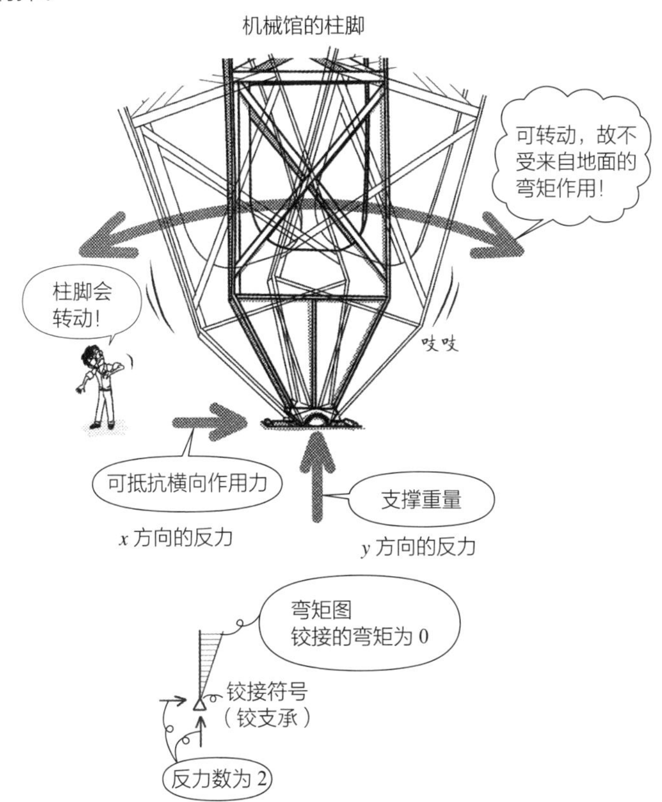

- y 方向为支撑荷载的作用力，x 方向为抵抗横向移动的作用力，合计受到两个反力作用。用判别式（参见 R215）即可计算出反力数为 2。
- 一般来说，柱的基础形式都是很粗或稳固的基座形式。像这样以铰接呈现轻巧感的支承方式，可说是极为划时代的设计。

Q 为什么长跨距（柱之间的距离）多是以钢桁架设置？

▼

A 因为混凝土梁太重，木结构梁的强度又太弱。

19 世纪的铁路车站、飞艇的停放处、体育馆等的长跨距建筑物，都是以钢桁架建造而成。例如巴黎的奥塞火车站（1900 年），墙壁皆为砖造的砌体结构，只是长跨距的部分为钢桁架搭配屋顶的玻璃构造组合而成。奥塞火车站经过改装之后成为奥塞美术馆（Musée d'Orsay），于 1986 年重新开放。

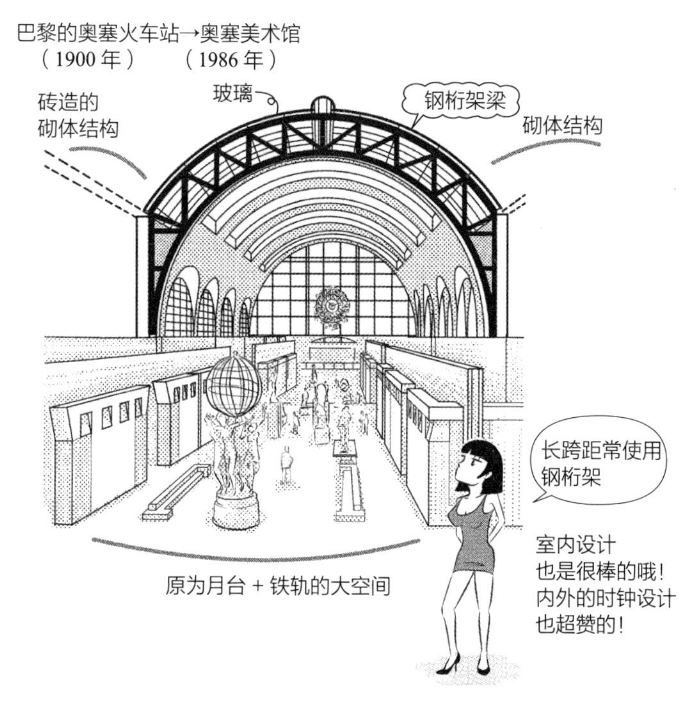

- 当时的钢骨大空间，比起以钢骨为主的框架，多采用古典主义及歌特式建筑的砌体结构，内部隐藏钢骨形式。近代建筑的先驱曾谴责这样的设计方式，但如今看来，这样的建筑物可是很受欢迎的哦。当时钢与玻璃打造的车站，如伦敦的国王十字车站（King's Cross Railway Station，1852 年，曾于《哈利波特》系列电影中登场）、帕丁顿车站（Paddington Station，1854 年）等都相当著名。

Q 钢筋混凝土结构、钢结构的$\frac{梁高}{跨距}$是多少？

▼

A 钢筋混凝土结构为$\frac{1}{10}$～$\frac{1}{12}$，钢结构为$\frac{1}{14}$～$\frac{1}{20}$。

依据梁的间隔及重量等而不同，大致在这个范围内。钢结构为线材组合成的桁架，因此可能出现梁高为长跨距的$\frac{1}{20}$的情况。

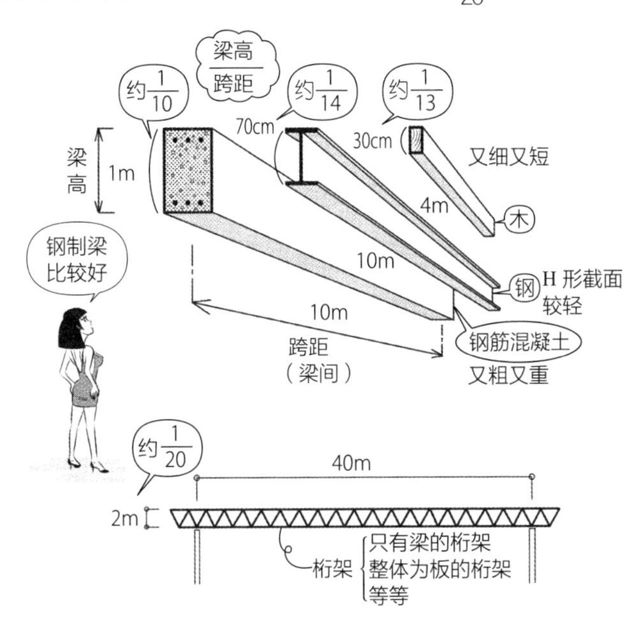

- H 型钢的梁大约在 20 世纪初就已广为使用。近代建筑史中著名的建筑，包括阿姆斯特丹证券交易所 [Amsterdam Stock Exchange，1897—1903 年，贝尔拉格（H.P. Berlage）设计]、格拉斯哥艺术学院 [Glasgow School of Art，1897—1909 年，麦金托什（C.R. Mackintosh）设计]，都是砖造墙壁的砌体结构，楼板以 H 型钢作支撑。这样一来，在紧密排列的 H 型钢之间，于砖材的拱顶上就可以打造出楼板。在前者一楼的咖啡厅及后者一楼工作室的天花板，都可以看见这样的设计。
- 钢筋混凝土结构的梁也可以实现大跨距，但困难之处在于截面越大，钢筋混凝土结构梁的重量越重。为了承受自身的重量，会耗费许多精力。
- 若是木结构梁，$\frac{梁高}{跨距}$为$\frac{1}{20}$左右，由于是取自天然的木材，会受限于本身的长度和粗细。如果使用人工组成的合成材料，就会有长跨距的木材。

Q 钢筋混凝土结构、钢结构的柱，其 $\frac{宽度}{高度}$ 是多少?

▼

A 钢筋混凝土结构为 $\frac{1}{10}$ 左右，钢结构为 $\frac{1}{40}$ 左右。

钢筋混凝土结构的柱以 $\frac{1}{15}$ 左右为极限。相对地，钢结构的柱可以细到 $\frac{1}{40}$ ，呈现出细长、纤细的形象。柱在平面中占据的面积很少，楼板也是以作为结构体为主，完全没有一丝浪费。不过钢结构的细柱和梁，要特别注意弯曲产生破坏（屈曲）。

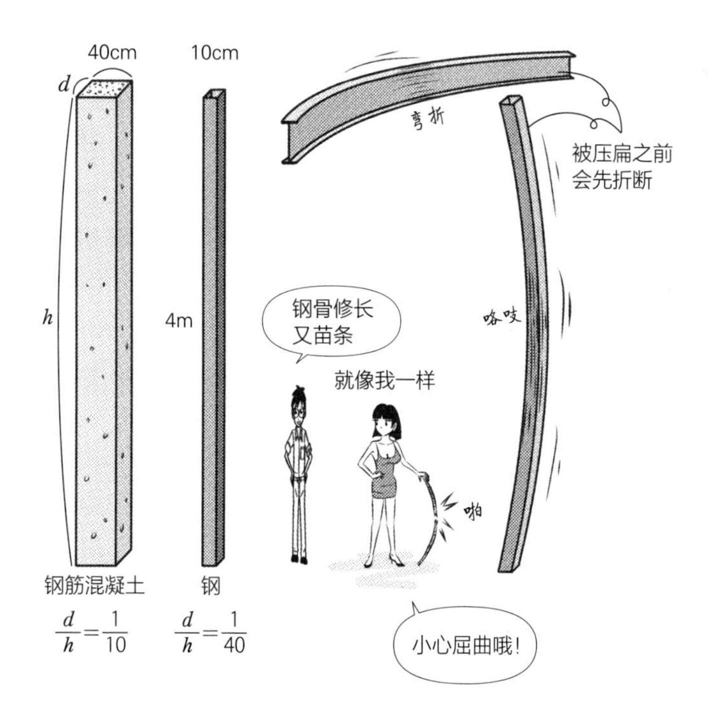

- 在结构力学中，用以表示长细比的系数为 λ（参见 R210）。钢结构柱的 λ 一定在 200 以下。

Q 高层建筑是从哪里开始兴起的?

▼

A 19 世纪下半叶的芝加哥、20 世纪初的纽约等地开始大量兴建。

高层建筑的发源地是美国。从芝加哥的密歇根湖畔开始，一直到纽约曼哈顿岛，一路扩展到世界各地。

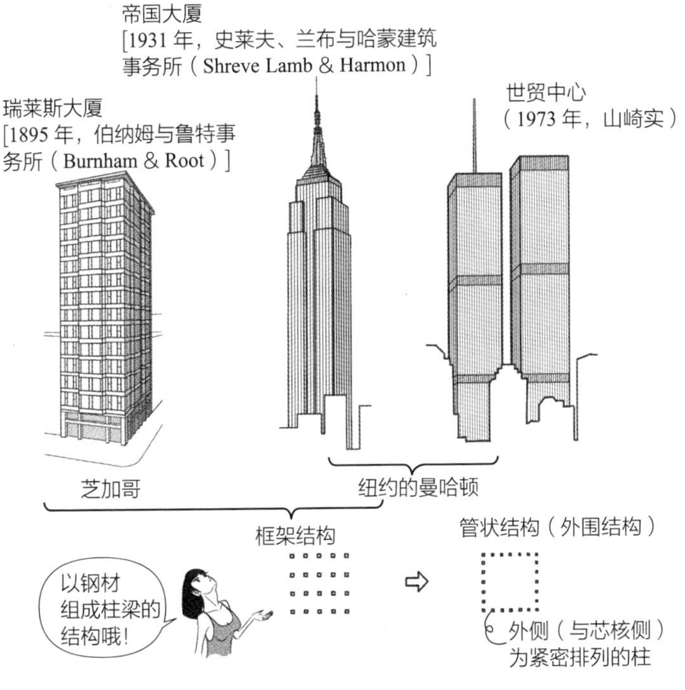

- 基本上高层建筑随着经济的兴起逐渐向上发展，19 世纪下半叶到 20 世纪初是美国经济高度起飞时期。没有传统包袱的美国，再加上芝加哥大火（1871 年）之后的复兴，陆陆续续建造了许多建筑物。大火之后，出现了所谓芝加哥学派，一开始以砌体结构为主，后来逐渐尝试如上述瑞莱斯大厦（Reliance Building）等的钢结构。
- 框架结构的柱以几乎均等的方式设置，再架设梁与楼板的建筑形式，之后才转变成集中在外侧的管状结构。在“9 · 11”事件中遭摧毁的世贸中心（World Trade Center），就是管状结构的超高层建筑。框状结构也可称为外围结构、框架型外围结构等。

Q 外露的钢骨遇火会如何？

▼

A 变得像糖果一样熔化弯曲。

钢在 500℃的温度下，强度只剩下原来的一半，因此大型建筑物都需要进行防火被覆。

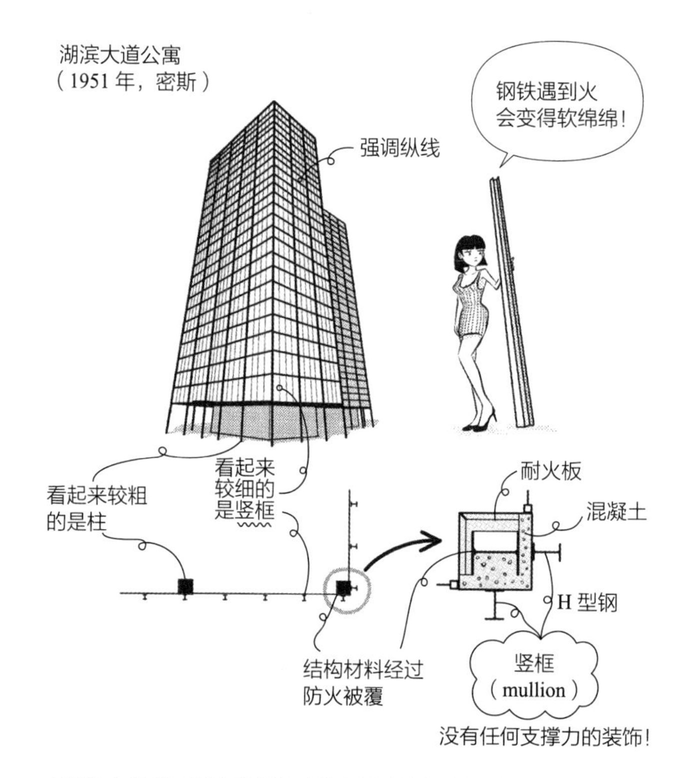

- 上述耸立在芝加哥密歇根湖畔的高层建筑湖滨大道公寓（Lake Shore Drive Apartments），柱使用钢筋混凝土和耐火板进行防火被覆。密斯（Mies van der Rohe，1886—1969 年）擅长的 H 型钢外露设计，由于高层建筑需要防火被覆而无法使用，因此发展出以窗户的竖框（mullion）作为外露的 H 型钢，强调垂直线的设计。特别是在柱外侧的竖框，不是用于支撑玻璃，而是完全着重装饰效果。H 型钢之于密斯，就像古典主义者的柱式一样重要。

Q 什么是立体桁架?

A 不是像梁一样只有单向的连续三角形，而是也往横向、纵向立体展开的桁架。

富勒（Buckminster Fuller，1895—1983 年）设计的短程线穹顶（geodesic dome，或称富勒圆顶屋，1947 年）、蒙特利尔世界博览会美国馆（1967 年），以及丹下健三（1913—2005 年）等人设计的大阪世界博览会祭典广场（1970 年）的屋顶等，都是立体桁架的结构。

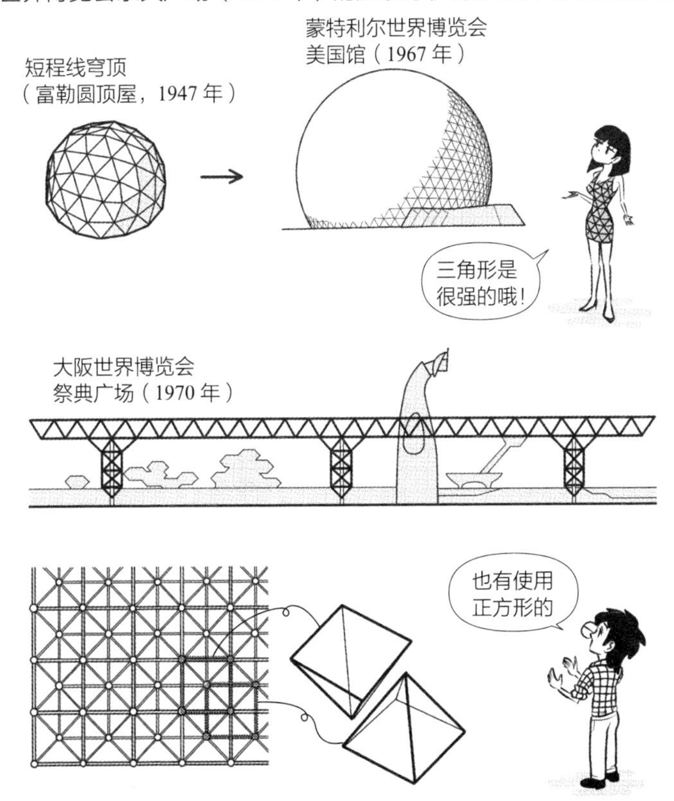

- "geodesic" 是短程线、测地线之意，而短程线穹顶一词是富勒创造出来的名词。20 世纪六七十年代，盛行使用立体桁架制作大型的水平屋顶、拱顶或圆顶等壳体结构。也可称为空间桁架（space truss）。

Q 混凝土里为什么要加入钢筋?

▼

A 为了补强抗拉力较弱的混凝土。

水泥中加入砂就形成砂浆（水泥砂浆），再加入砾石就形成混凝土，硬固之后较无法抵抗拉力及剪力，变得容易开裂。古罗马大量使用的混凝土，主要功能是作为压缩材料。

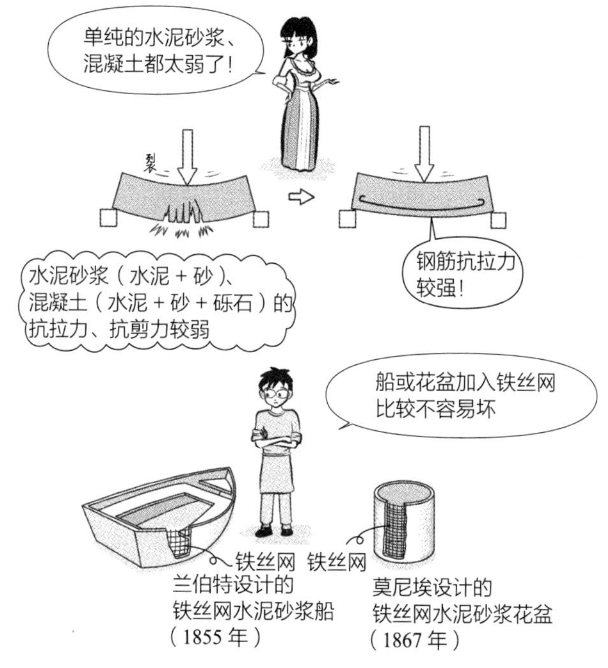

- RC 是 reinforced concrete（经过加强的混凝土）的缩写，即钢筋混凝土之意。
- 1850 年，法国人兰伯特（Joseph-Louis Lambot）以加入铁丝网的水泥砂浆试做了船只，在 1855 年的巴黎万国博览会中展出并获得专利。此外，同为法国人的花匠莫尼埃（Joseph Monier）尝试将铁丝网加入花盆中，并在 1867 年取得专利。这就是钢筋混凝土的起源。到了 19 世纪下半叶，钢筋混凝土的结构理论也大致发展完备。钢和混凝土都是公元前就开始使用了，但将两者并用的划时代构想，却直到 19 世纪下半叶才出现。另外，钢和混凝土对于热的膨胀率几乎相同，刚好达到相辅相成的效果。钢结构的历史有 200 年左右，钢筋混凝土结构的历史为 150 年左右。

Q 什么是框架结构？

▼

A 柱与梁组合，保持柱梁接合部为直角，上方再承载楼板的结构形式。

1892 年，法国建筑业者埃纳比克（Francois Hennebique，1842—1921 年）提倡以钢筋混凝土制作的柱梁结构系统（也就是框架结构）。框架结构就是像桌子一样的结构，桌角与横条以刚接保持直角，上方再承载桌板。

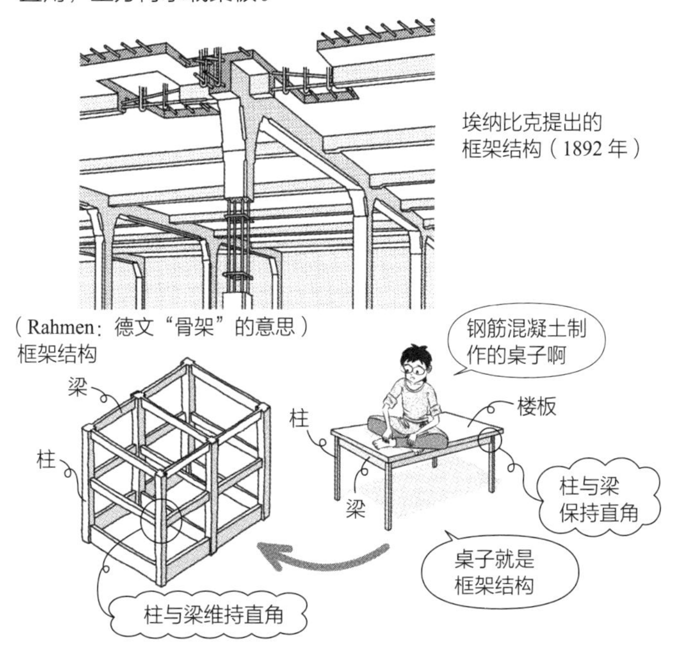

- 埃纳比克提倡钢筋混凝土框架结构之后，法王查理六世纺织厂（1895 年）就是钢筋混凝土结构的建筑。1900 年的巴黎万国博览会也有许多展览馆的楼梯等部分是钢筋混凝土结构。
- 德博多（Anatole de Baudot，1834—1915 年）设计的圣让蒙马特教堂（Église Saint-Jean de Montmartre，1894—1902 年）也是钢筋混凝土结构建筑。整体而言，这座建筑以歌特式为主，钢筋混凝土结构的部分比佩雷在法兰克林街的公寓（参见 R044）还要早，为现存最古老的钢筋混凝土结构建筑。位于蒙马特山丘附近，吉马德（Hector Guimard，1867—1942 年）设计的新艺术（art nouveau）阿贝斯地铁站（Abbesses Station，1900 年）入口，请务必一并参观。

Q 什么时候开始有钢筋混凝土框架结构?

▼

A 大约从 19 世纪下半叶开始部分使用，进入 20 世纪后才正式使用。

奥古斯特•佩雷（Auguste Perret，1874—1954 年）在巴黎法兰克林街建造了钢筋混凝土框架结构的公寓（1902—1903 年）。建筑物整体为钢筋混凝土框架结构，是最早包含所有近代设计元素的建筑物实例。施工者为埃纳比克建设公司，相关技术与施工由埃纳比克负责。

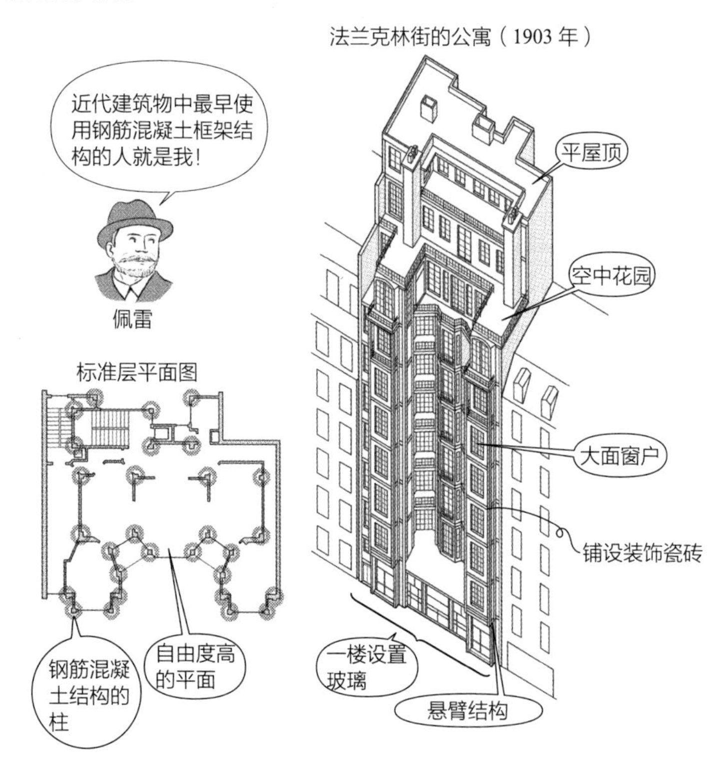

●佩雷在巴黎买下面对法兰克林街的土地，建造公寓当起房东，一楼作为事务所，最上层当作自用住宅。笔者约三十年前参观时，外墙略有脏污。2012 年再度造访，外墙已被清洗干净，设置在柱梁之间的陶制树叶图样美丽非凡，令人惊叹。

Q 什么时候开始有清水混凝土（未加工的混凝土）建筑物?

▼

A 20 世纪初开始。

最早在城市中以清水混凝土建造建筑物整体的例子，是佩雷设计的庞修街（Rue de Ponthieu）车厂（车商的建筑物，1905 年）。柱梁结构体外露，中央挑高部分有大片玻璃。挑高空间中有钢桁架梁做成的桥，可以承载车辆，不管在结构还是设计上，都是非常先进的作品。

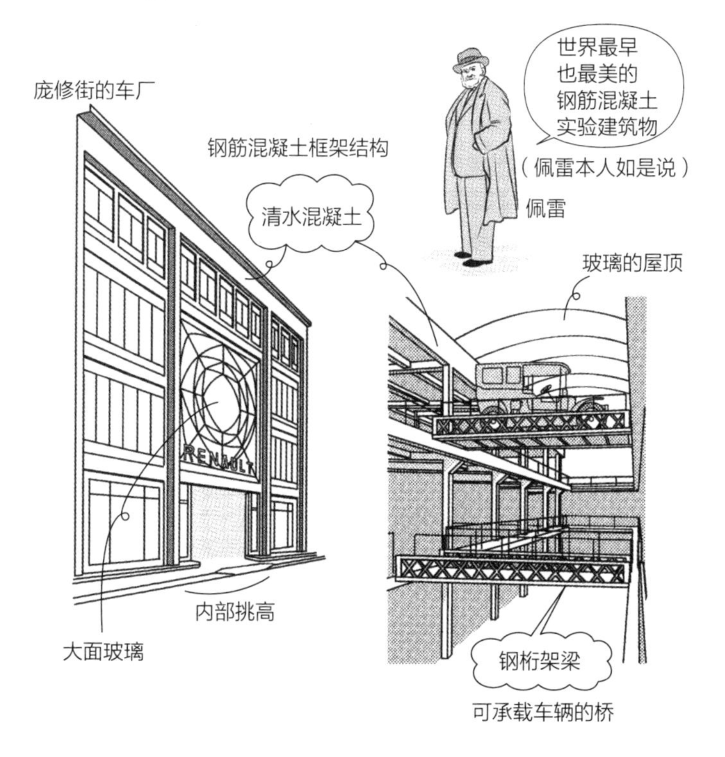

●由于是浇筑混凝土后，只将模板拆除就做好的混凝土，所以称为清水混凝土。19 世纪末，有许多将未加工的混凝土用于楼梯、阳台等部分，以及工厂等廉价建筑物的例子。在日本，雷蒙（Antonin Raymond，1888—1976 年）自己的住宅（1923 年）就是清水混凝土建筑物的早期范例。

Q 什么是壳体结构?

▼

A 以贝壳般的曲面板做成的结构。

砌体结构的拱顶、圆顶也是壳体结构的一种，进入 20 世纪后，盛行用钢筋混凝土制作壳体。位于巴黎近郊的佩雷作品邯锡教堂（Notre Dame du Raincy，1922—1923 年）是最早的范例。拱高较低的扁平拱顶，利用细长的柱进行支撑。

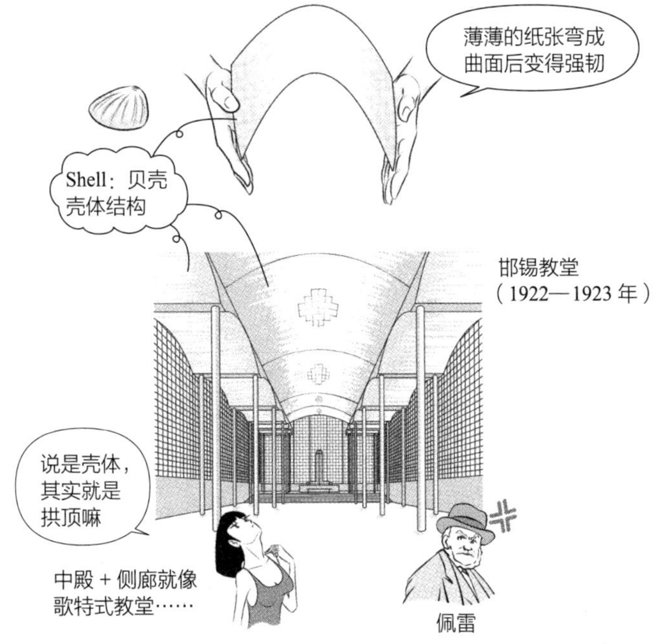

- 侧面的墙壁是在工厂先将铸型制成的预铸混凝土嵌入彩色玻璃（stained glass），再一块一块砌至天花板打造而成的。
- 法兰克林街公寓的表面贴覆许多装饰瓷砖，墙壁最上方附有檐口（cornice）般的突出结构。庞修街车厂也可见檐口。香榭丽舍剧院（Théâtre des Champs-Ély-sées，1911—1913 年）为大空间钢筋混凝土框架结构的代表作，其表层表现仍具有浓厚的古典主义色彩。邯锡教堂也留有强烈的歌特式风貌。或许因为佩雷曾在传统的法国美术学院受过教育的缘故（毕业前夕退学，进入专业从事钢筋混凝土结构的家族企业），一心致力于发展钢筋混凝土结构，不像柯布西耶时有抽象性的设计与思想。

Q 有柱无梁也可以支撑楼板吗?

A 若是将楼板与柱的接合部做成蘑菇状就可以。

无梁的楼板称为无梁板结构。罗伯特 · 马亚尔(Robert Maillart，1872—1940 年)设计的苏黎世仓库(1908 年)，就是由柱上部的广面设计与楼板一体化，完成无梁的结构形式。

- 埃纳比克、佩雷的框架结构是以柱梁作为线材所构成的。充分利用混凝土硬固后会成为单一块状整体的一体性，并使之像黏土一样具有形状可塑性的，正是罗伯特 · 马亚尔。
- 在加尼叶(Tony Garnier，1869—1948 年)的工业城市计划案(Industrial City，1901—1917 年)中，位于中心的珀斯地区，可以看见以巨大无梁板覆盖的公车站。
- 最著名的的蘑菇柱设计是弗兰克 · 劳埃德 · 赖特(Frank Lloyd Wright，1867—1959 年)的约翰逊制蜡公司总部(Johnson Wax Building，1939 年)，但马亚尔约三十年前便已实现了这个设计。

Q 如何制作钢筋混凝土结构的薄拱?

▼

A 以三铰拱制作。

铰接就像门的铰链一样，是可以转动的接合部，不受转动、弯曲的力作用。近似铰接的构件不会弯曲，所以可以比较细。

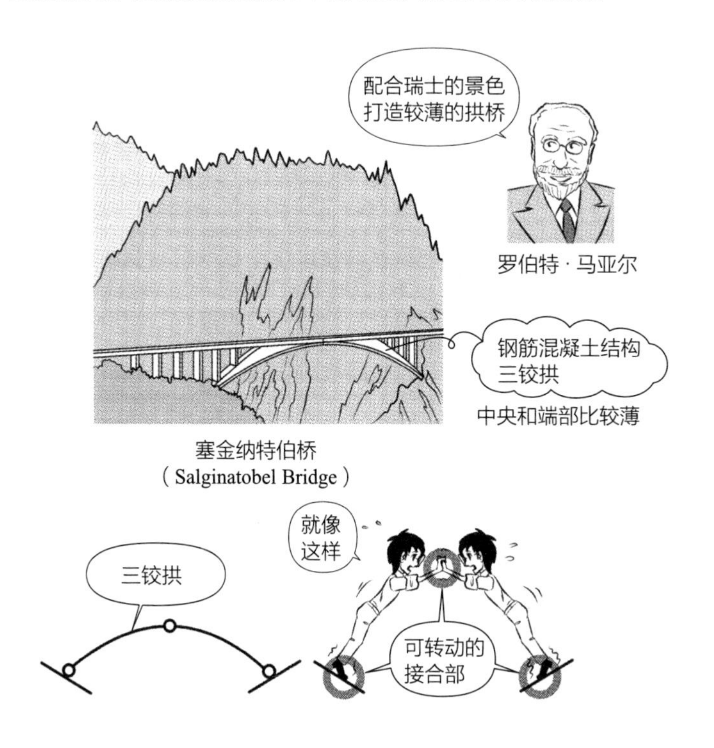

●从 1899 年开始，直到六十八岁，罗伯特·马亚尔在瑞士设计了许多拱桥。其中大部分都是应用三铰拱的形式来完成中央薄的美丽拱桥。这些拱桥架在世界美景瑞士溪谷上方，与周围景致展现出十分和谐又完美的形态。他晚年为瑞士万国博览会设计的水泥馆，实现了跨距 16m、拱高 16m 且板厚仅 6cm 的抛物线拱。罗伯特·马亚尔可以说是将钢筋混凝土材料的可能性发挥得淋漓尽致的建筑师和工程师。

Q 钢筋混凝土壳体可以制作大型的悬臂（单边结构）吗？

▼

A 20 世纪前半叶开始就有许多实例。

西班牙结构工程师爱德华 · 托罗哈（Eduardo Torroja，1899—1961 年）设计的萨苏埃拉赛马场（Hippodrome de la Zarzula，1935 年），就是用大型的双曲面壳体做成悬臂式屋顶，覆盖在观众席上方。

萨苏埃拉赛马场（1935 年）

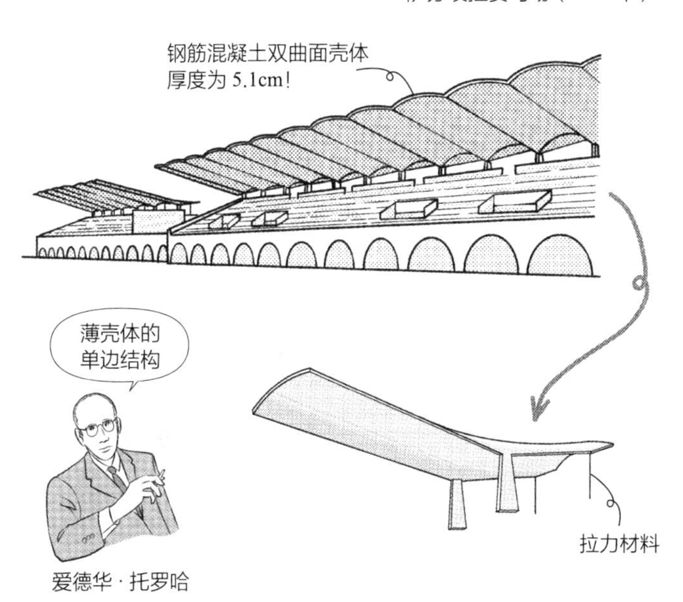

- 壳体屋顶的后方加入拉力材料，保持结构的平衡。双曲面是指不在同一平面的倾斜曲线，对着同样的轴旋转一圈所形成的曲面。不同的直线可以组合出许多形式的曲面，可以广泛运用在建筑中。
- 钢筋混凝土或钢桁架做成的网格结构（参见 R057），经常应用于体育馆、展览馆、大厅等大空间，还有上述的大型单边屋顶等处。

※ 参考文献：爱德华 · 托罗哈著，川口卫主编、讲解，《爱德华 · 托罗哈的结构设计》（相模书房，2002 年）。

Q 使用框架结构的优点是什么？

▼

A 1. 内部没有承重的墙壁，平面的自由度高 [自由平面（free plan）]。
2. 外围不需要承重的墙壁，立面的自由度高 [自由立面（free facade）]。
3. 一楼架空可对外开放 [底层架空（piloti）]。
4. 可打造非纵长而是水平的长窗，室内较明亮 [水平长条窗（ribbon window）]。
5. 可做平屋顶，设置空中花园 [屋顶花园（roof garden）]。

此即柯布西耶（Le Corbusier，1887—1965 年）发表的《新建筑五点》（Five Points of a New Architecture，1926 年）。

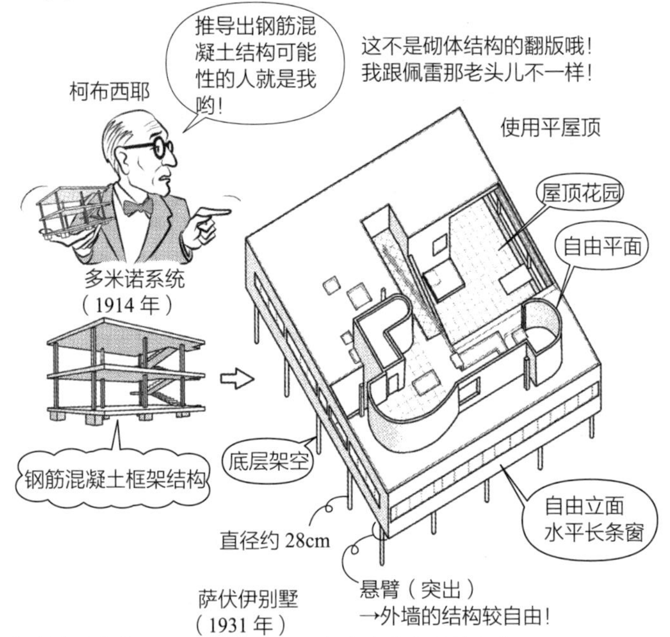

- 多米诺系统（domino system，1914 年）与萨伏伊别墅（Villa Savoye，1931 年）都是在双层的楼板之间放入肋筋（小梁）的中空板（参见 R054），让外部看不到梁的样子，基本上还是钢筋混凝土框架结构。萨伏伊别墅就是融合新建筑五点所完成的作品。
- 萨伏伊别墅的圆柱非常细，经过笔者现场测量，计算出的底层架空柱的圆周直径，各柱多少有些差异，不过大多为 28cm 左右。

Q 什么是悬臂（cantilever）?

▼

A 单边梁或是突出部分整体。

悬臂的设置可以展现设计的动态感、水平长条连窗，以及围绕转角处的大面玻璃等，可以说是近代设计的利器。下面三座住宅名作的共通点，就是以悬臂来强调水平线。

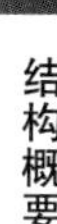

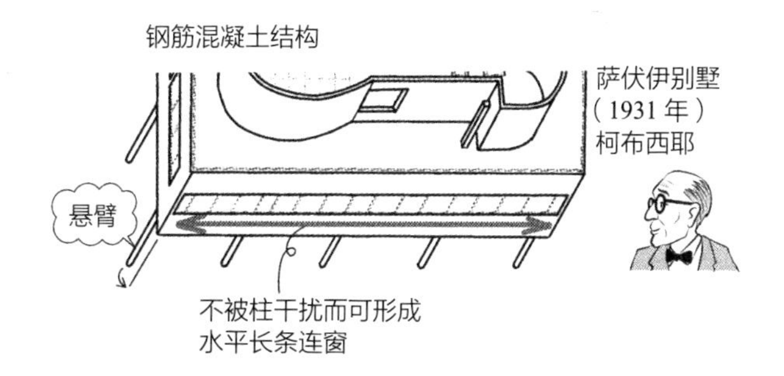

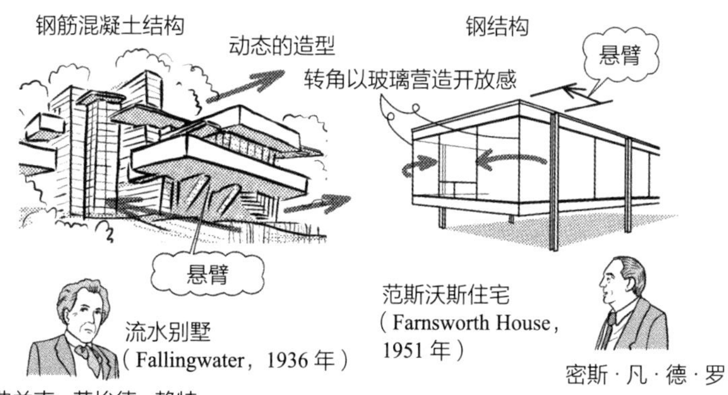

Q 利用混凝土的可塑性（如黏土般可自由塑形的特性）打造造型时，困难之处是什么？

▼

A 设计成曲面时，模板也必须做成曲面。

埃里克·门德尔松（Erich Mendelsohn，1887—1953 年）设计的爱因斯坦塔（Einstein Tower，波茨坦市，1921 年），其雕塑性形态为德国表现主义的代表作。原本希望活用混凝土的可塑性来造型，但实际上是先砌砖后在表面涂抹水泥砂浆来打造。一般认为，采用这种做法是因为战后资源不足，但笔者认为模板制作困难也是原因之一。

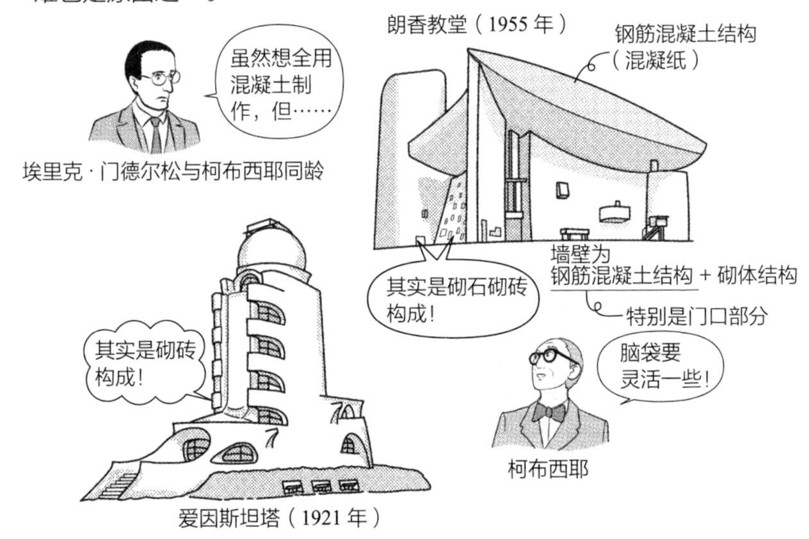

- 虽然壳体曲面弯曲的幅度多半较和缓，但若是像爱因斯坦塔这样完全自由的造型，制作模板相当困难。现在的做法是先在表面设置细铁丝网，在里面的混凝土硬固之前，以镘刀将表面涂匀，或是涂抹加入玻璃纤维的混凝土（GRC）等。虽说混凝土的可塑性很高，但考虑到模板的制作，或许出乎意料地困难。
- 柯布西耶设计的朗香教堂（La Chapelle de Ronchamp，1955 年），其墙壁是砌筑原有教堂留下的石材的砌体结构，加上钢筋混凝土框架组合而成的结构，表面设置铁丝网，并均匀涂抹水泥砂浆，屋顶则是在内部加入框架，表面为清水模。可以明显感受到相较于结构的一贯性、合理性，柯布西耶更重视造型的姿态。

Q 什么是预应力混凝土?

▼

A 先施加拉力在钢筋后放入混凝土内，成为抗拉强度较强的混凝土。即预先施加应力的混凝土之意。

如图所示，在混凝土中放入施加拉力的钢筋，使混凝土产生压力作用。如此一来，可以防止抗拉强度较弱的混凝土开裂，并降低挠度。20 世纪 30 年代开始应用在实际中。

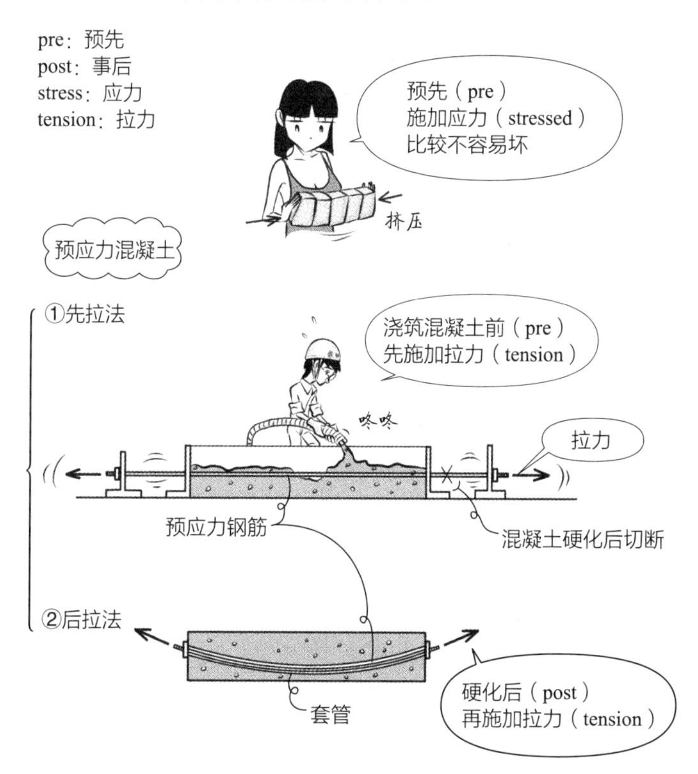

- 预应力的设置方式包括在混凝土浇筑前先放入拉力钢筋的先拉法，以及浇筑后在套管内加入拉力钢筋的后拉法。所谓的先、后，是指在浇筑混凝土之前或之后。预应力则是指组装之前预先施力的意思。
- 钢筋为预应力钢材，是预应力混凝土专用的高拉力钢。

Q 什么是网格板?

▼

A 加入网格状细梁（rib：肋）的楼板。

如果不以大型梁支撑楼板，除了前述的蘑菇柱之外，还有在纵向或纵横双向设置小型梁（肋），或是等间隔排列圆筒形等的中空板等方法。

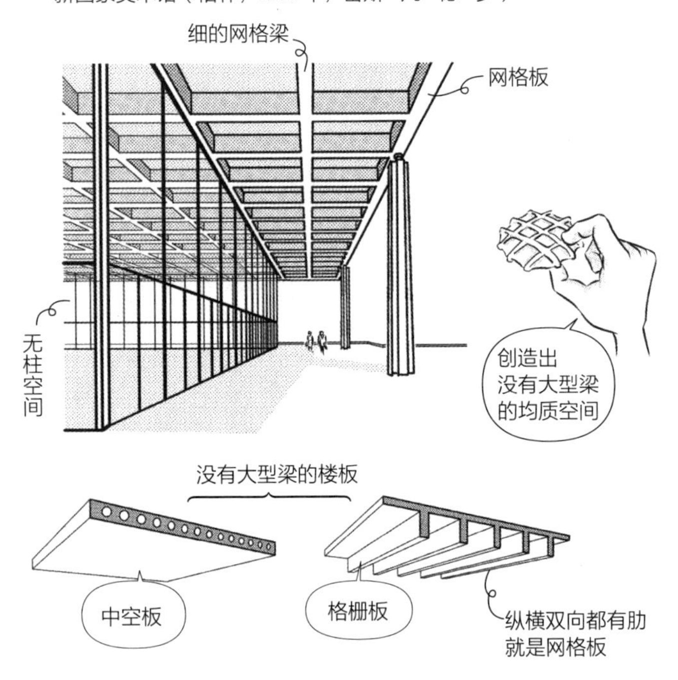

- 外廊下或阳台等的小型楼板可以用无梁的方式设置。中空板为 void slab，肋构成的楼板则为格栅板（joist slab，托梁板，joist 为小梁、托梁）。格栅板若是纵横双向都有肋，就是网格板（waffle slab，华夫板）。
- 柯布西耶的萨伏伊别墅的楼板，是先朝单边设置许多肋，再于肋的直交方向加入大型梁。与其说肋为细梁，不如说是更近似木结构的格栅。

Q 什么是带肋壳体？

A 肋与曲面一体化的壳体。

将如肋骨般排列的框架，制作成贝壳（shell）状曲面。皮埃尔·奈尔维（Pier Luigi Nervi，1891—1979 年）设计的罗马小体育宫（1956—1957 年）就是美丽带肋壳体的代表案例。

●和歌特式的肋状拱顶一样，可以表现出力的流动，呈现视觉设计之美。不过仔细端详这座体育馆的带肋壳体会发现，相较于“结构合理主义”，它更像是后期歌特式扇形拱顶（fan vault）般的“结构装饰主义”之美。将结构与成本最佳化之后，可以得到框架最少的结构。这个壳体是利用在工厂制作好的预制混凝土（precast concrete，预先铸型浇制的混凝土，简称 PC）构件排列而成，之后再在上面浇筑混凝土使其一体化的结构。

Q 什么是折板结构?

▼

A 将板弯折成凹凸状来增加强度的结构。

马塞尔·布劳耶(Marcel Lajos Breuer,1902—1981 年)与皮埃尔·奈尔维等人设计的巴黎联合国教科文组织总部大楼(1957 年)会议室部分(其他为框架结构)的墙壁和天花板,就是折板结构。

联合国教科文组织总部大楼会议室(1957 年)

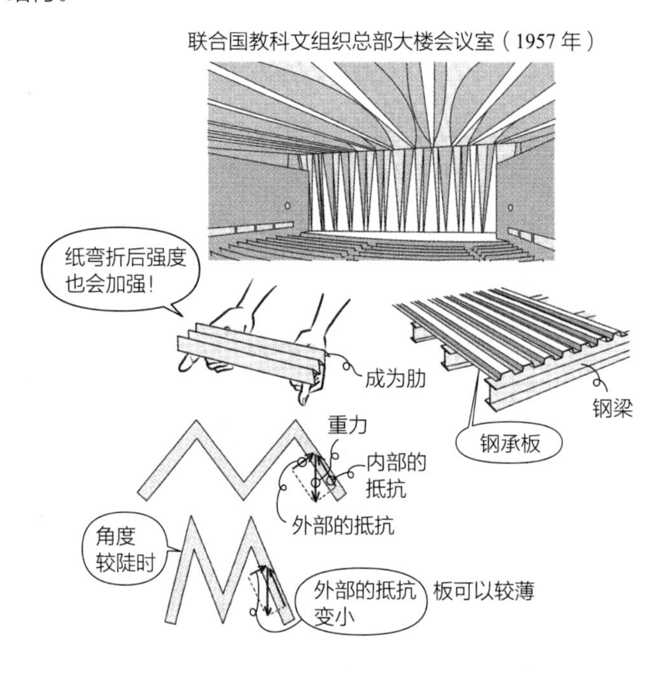

- 将薄板弯折后截面呈 M 形,左右的距离拉近,各个面的作用就像加入许多肋的格栅板一样。弯折的角度较陡时,抵抗向下的重力,包括内部及外部的抵抗,其中内部的压缩力会变大,让面弯折的外部力变小。
- 折板屋顶和钢承板皆为建筑构件,一般是折板结构的接受度较高。折板屋顶常用于工厂、仓库或预铸屋架的屋顶等。有时钢承板上会再浇筑混凝土,做成楼板。
- 雷蒙设计的日本群马音乐中心(1961 年),就是以全部由折板构成的音乐厅闻名。

Q 什么是网格结构?

▼

A 利用三角形等的网格（lattice）做成的壳体。

大英博物馆中庭为玻璃屋顶框架，其中诺曼·福斯特（Norman Foster，1935 年—）设计的大中庭（Great Court，2000 年），就是以薄网格结构打造的。

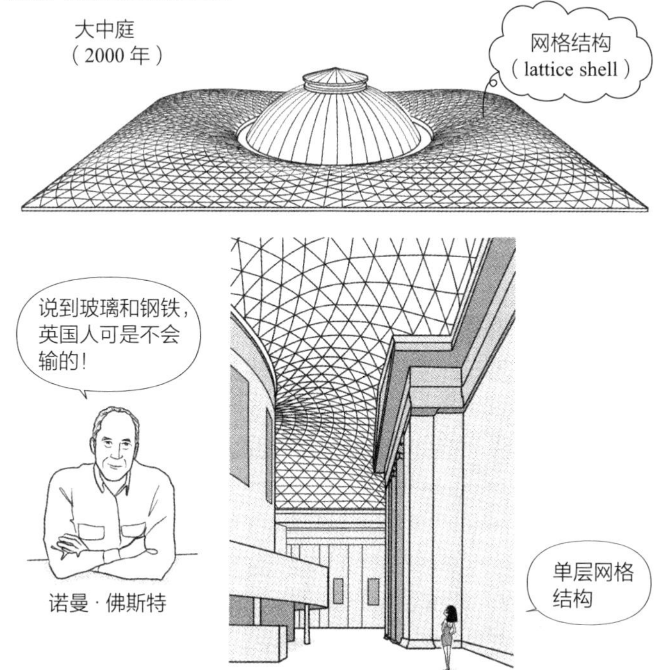

- 将以轴为主要受力方向的线材，构建成三角形的一种桁架。与 20 世纪六七十年代常见的有一定厚度的立体桁架壳体相比，现今的网壳例子多半做得较薄。上述壳体的跨距较短，因此网壳只要一层就可以支撑。一层的格状结构称为单层网格结构（single layer lattice）。
- 就建筑构造的历史而言，推荐小泽雄树的《20 世纪的建筑结构师们》（Ohm 出版社，2014 年）。这本书的照片和文章都很出色。

※ 参考文献：诺曼·福斯特建筑事务所，《诺曼·福斯特作品 4》（普利斯特维拉格出版社，2004 年）[Norman Foster and Partners，“Norman Foster Works 4”（Prestel Verlag，2004）]。

Q 如何以 N（牛顿）表示 40kg、50kg、60kg 的体重？

▼

A 40kg 的重量→约 400N

50kg 的重量→约 500N

60kg 的重量→约 600N

55kg 的重量约为 550N，因此大致是体重的千克数值乘以 10 后，就是牛顿的数值。从今天起，以牛顿为单位来记住自己的体重，一问就可以马上反应出来。被问起体重时，不要说“这是性骚扰！”，而是回答“450N！”吧。

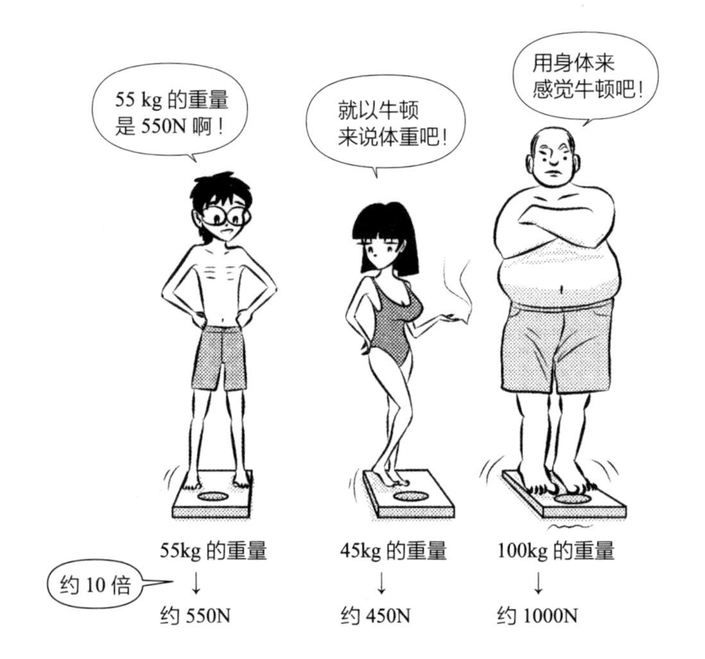

- 以前的结构是以千克来表示力，在理解上比较有实感。但自从统一以牛顿作为国际单位之后，很难得知学习结构的人是不是真的能够对牛顿有实感并理解。其实这是非常危险的事。我们在实际生活中并不会用到牛顿这个单位，能够有实感的人真的非常少。随后会说明质量、重量的区别，以及单位的定义等，首先让我们从可以对牛顿有实感的地方开始吧。

Q 如何以 N（牛顿）表示 100g 的小苹果，以及 100g 的大橘子？

▼

A 约 1N。

100g=0.1kg 的重量，约为 1N。记住 1 个大橘子或小苹果，约为 1N。拿起 1 个来，感受一下牛顿吧。其实 1N 是很小的单位，因此它是很小的力。

●称一下家里的水果，中等大小的苹果约 200g，大一些的橘子和普通的奇异果约 100g。100g 的苹果是很小的东西。艾萨克 · 牛顿（Isaac Newton，1642—1727 年）最著名的事迹是看见苹果从苹果树上掉下来，因而发现万有引力。我们只要记住 1N 大约是 1 个小苹果的重量就好了。

Q 如何以 N（牛顿）表示放入饮料瓶内 1L（liter：升）水的重量？

▼

A 约 10N。

1L（1000mL = 1000cm^3 = 1000cc）水的质量是 1kg。1kg 的重量约为 10N。和体重一样，可用 10 倍进行换算。因此 1L 水的质量是 1kg，约为 10N，跟重量一起记下来吧。

- 笔者在绘图时，曾调查不二家和便利商店的饮料瓶，意外发现与 2000mL、500mL 相比，1000mL 的饮料瓶很少，而且大多是四角形瓶身。纸盒装的不二家牛奶全部为 1000mL，试着测量重量后发现，牛奶的重量比水重（相对密度为 1.03 左右），因此会超出 1kg 很多，无法套用在上述的例子中。另外，为了简化说明，我们不考虑饮料瓶的重量。
- 一直以来都是以水作为重量的测量标准，相对密度是指跟水比较出来的重量。顺便一提，比热容是表示温度上升所需的能量，即与水相比需要多少热量的意思。

Q 如何以 N（牛顿）表示 10kg 的米?

▼

A 约 100N。

千克数值乘以 10，即 100N。100N 为人可持重量的极限。

- 到附近超市看看可以发现，米大多是以 5kg 及 10kg 为一袋出售。因为 10kg 左右是买东西可持重量的极限。如果是 15kg 或 20kg 就太重了，无法在超市出售。150N、200N 对于买东西来说太重了。

Q 如何以 N（牛顿）表示 20kg 的水泥?

▼

A 约 200N。

若是小规模的工程，基本上不会从混凝土工厂用搅拌车送来水泥砂浆（水泥与砂混合而成）、混凝土（水泥、砂、砾石等混合而成）等，而是在现场以袋装水泥自行混合制成。因此，水泥、砂、砾石会分成 20kg 或 25kg 等，以可让人搬动的重量来销售。

- 水泥是 20kg、25kg 一袋，砂、砾石多是 20kg 一袋。这是人可以搬动的重量极限，即肩膀的承载极限为 200N、250N 左右。
- 从材料市场买回水泥、砂、砾石后，用铁铲混合调制成混凝土来使用。印象中 20kg 的水泥重量不轻。读者不妨到材料市场搬起一袋水泥，亲身体验 200N 的重量吧。

Q 如何以 N（牛顿）表示 $1m^3$（质量 1t）的水?

▼

A 约 10000N（10kN：kilo Newton，千牛顿）。

1t 的质量是 1000kg，以牛顿表示就是乘以 10，即 10000N= 10 × 1000N=10kN。

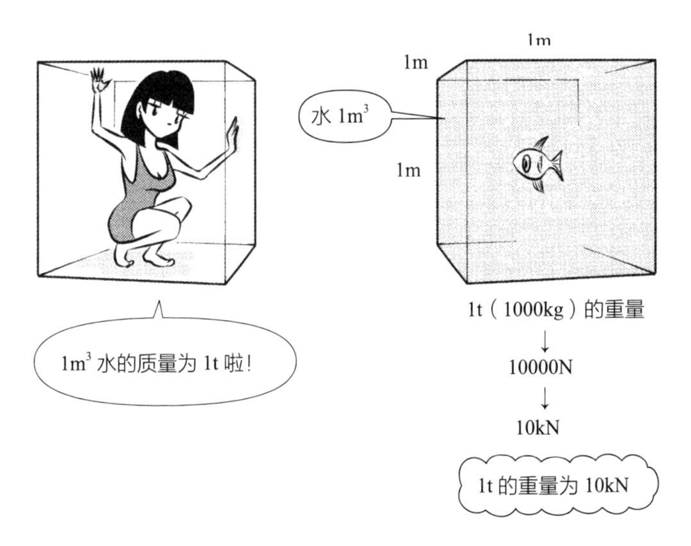

●相对密度 1 表示该物与水相比的重量为水的 1 倍，$1cm^3$ 的质量为 1g。相对密度 1 的 1，是对应于 $1t/m^3$ 的“1”。以 t（吨）表示时，直接用 1t，简单明了。请记住 1t 的重量为 10kN，$1m^3$ 水的质量为 1t。

Q 如何以 N（牛顿）表示 $1m^3$（质量 2.4t）的钢筋混凝土？

▼

A 约 24kN。

钢筋混凝土的重量约为水的 2.4 倍（相对密度 2.4），因此 $1m^3$ 的质量为 2.4t，重量为 24kN。

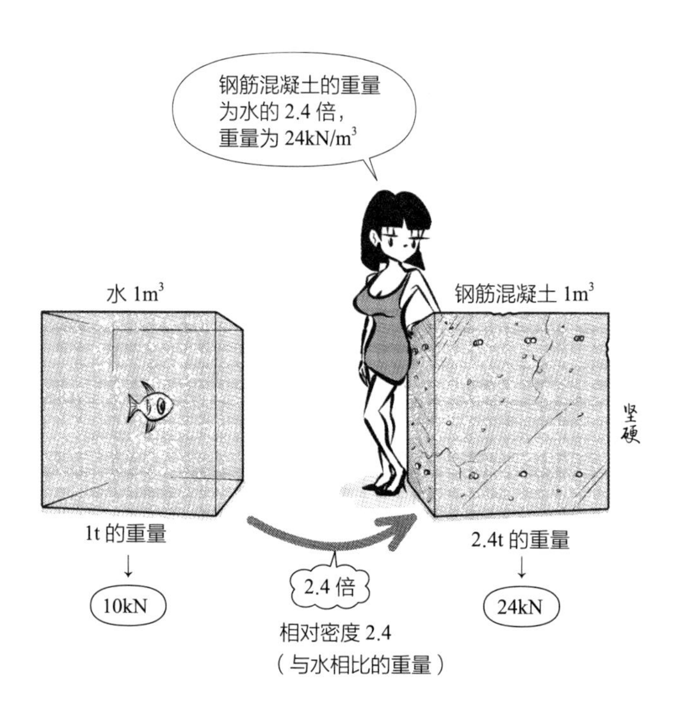

- 没有钢筋的混凝土比较轻，重量为水的 2.3 倍（相对密度 2.3），$1m^3$ 的质量为 2.3t，重量为 23kN。请记住钢筋混凝土的重量为水的 2.4 倍，混凝土的重量为水的 2.3 倍。钢筋混凝土的 2.4t 会因钢筋的量而略有不同。
- 水的重量为 1 时，钢筋混凝土为 2.4，混凝土为 2.3。2.4、2.3 为与水相比的重量。

Q 如何以 N（牛顿）表示 $1m^3$（质量 7.85t）的钢？

▼

A 约 78.5kN。

钢的重量为水的 7.85 倍（相对密度 7.85），是颇重的物质。水的重量为 1 时，钢筋混凝土约为 2.4，钢约为 7.85，相当于相对密度。

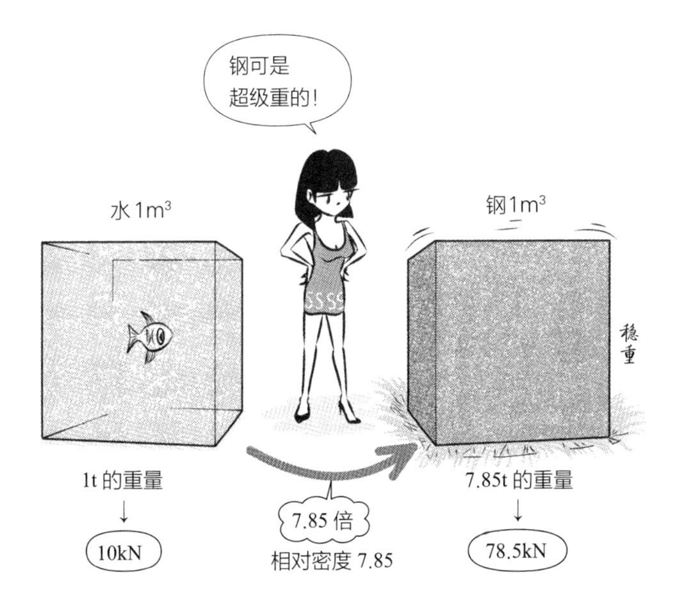

- 一般来说，钢结构的建筑物比钢筋混凝土结构轻，因为钢的强度较高，可以用较薄的厚度来组成柱梁等结构。钢筋混凝土结构的柱梁扎实地以混凝土浇筑而成，钢结构的柱可为中空，梁则为 H 型钢。由于厚度都很薄，所以钢结构总重比较轻。
- 钢（steel）是在铁（iron）中加入 0.15%~0.6% 的碳，是坚韧的铁。日常生活中的铁几乎都是钢。

Q 如何以 N（牛顿）表示 $1m^3$（质量 0.5t）的木材？

▼

A 约 5kN。

木材会浮在水面上，因此相对密度比水小。杉木、桧木的相对密度为 0.4 左右，松木为 0.6 左右。

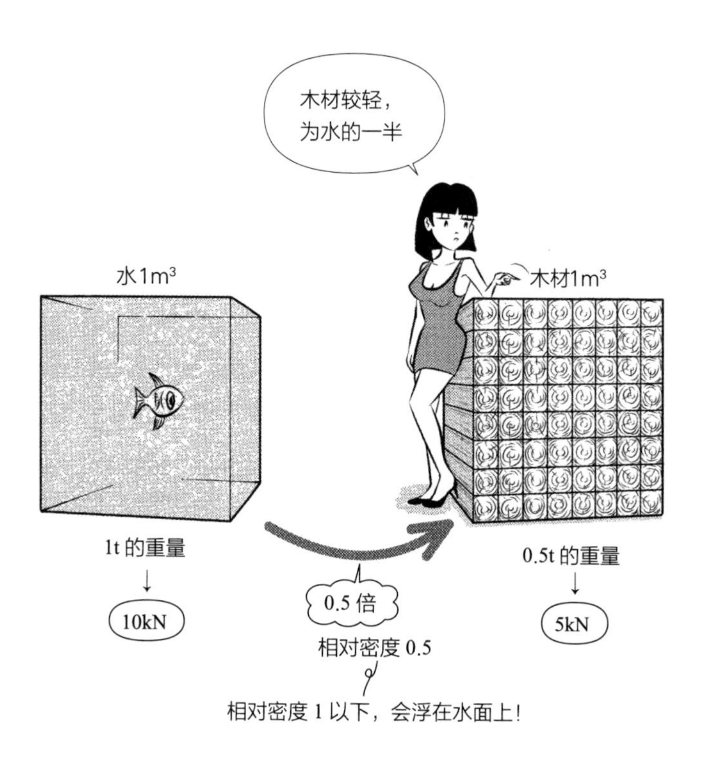

●相对密度比 1 小的东西会浮在水面上，比 1 大的会沉下去。木材的相对密度虽然只有 0.5 左右，但是强度很高。比强度（强度 / 密度）的大小顺序为木材 > 钢 > 混凝土。木材的缺点为不防火，怕腐蚀、虫蚀等侵害，但优点是材质轻且强度高，所以仍然常作为结构材料使用。

Q 如何以 N（牛顿）表示 $1m^3$（质量 2.5t）的玻璃？

▼

A 约 25kN。

玻璃的重量约为水的 2.5 倍，相对密度 2.5。透明玻璃看起来很轻，实际上与钢筋混凝土差不多重，稍大片的玻璃，一个人是扛不动的。

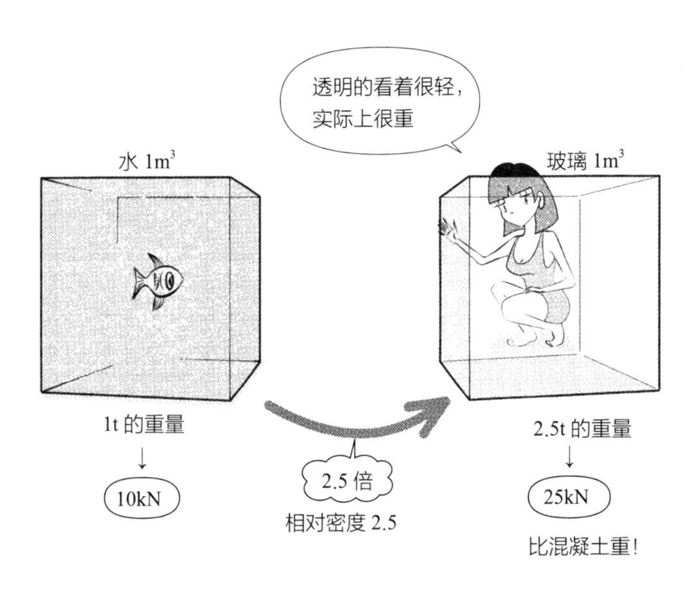

- 除了一般的浮法玻璃（float glass）之外，还有加入铅的玻璃，其相对密度大约是 4。浮法玻璃是将熔融玻璃放入置有熔融金属的大型池中（浮在其上），制作出平滑的表面，是最普遍的玻璃。
- 有时也会使用轻巧不易破损的树脂代替玻璃，但缺点是遇热易熔化。而且树脂不像玻璃这么硬，表面容易损伤。

Q 如何以 N（牛顿）表示 1t 小型车的重量?

▼

A 约 10kN。

小型车是我们最常见的 1t 重物品。轻型车大约 1t 以下，一般普通的轿车则是 1~1.5t 之间。

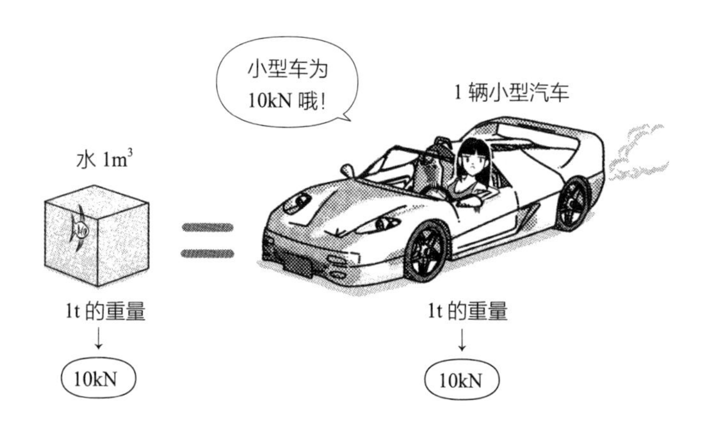

●笔者的车是斯巴鲁 Sambar 微型面包车。为了可以纵向装载胶合板甚至是洗碗台，并且方便停车，采用了 Sambar 的高车顶。质量在 1t 以下。体型稍微大一些的牛、马也可能到 1t。就记住小型车的质量约 1t 吧。

Q 质量 1kg 的物品的“重量”是多少?

▼

A 1kgf（kilogram force，千克力）。

1kg 为质量的单位，作用在 1kg 质量物体上的重力为 1kgf。重量的大小是受到地球引力的影响，质量则是物体拥有的物质的分量。

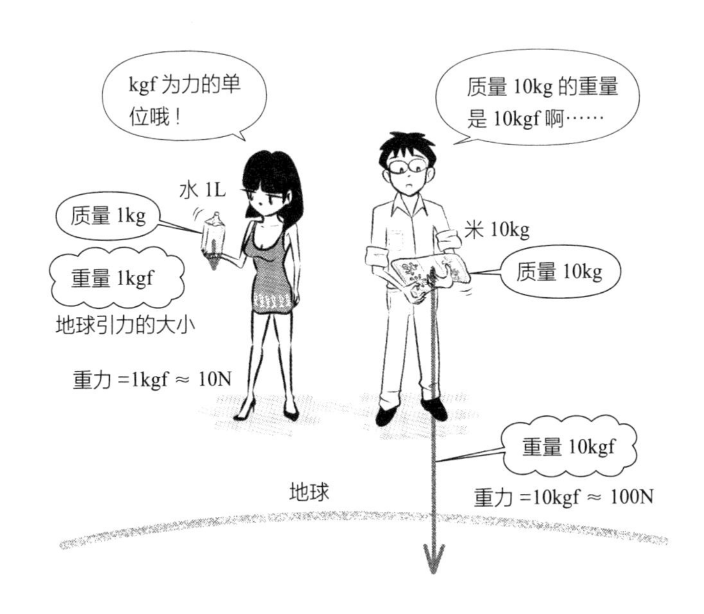

- 一般来说，kg 是“质量”的单位，重量的计量单位为 N、kgf。kgf 的 f 是 force（力）的意思。
- 1kgf 也可以写成 1kg 重。“重”是指重力的重。
- 质量为表示惯性大小的分量。惯性是指使物体产生加速的难易程度。1kg 的质量不管在地球、月球或整个宇宙空间中都是一样的，要使之产生同样的加速度必须施以相同的力。另外，同样是 1kg 的物体，在不同的天体环境下，其重量会依引力的不同而改变，比如月球上的重量比地球上小，因为月球的引力比地球小。

Q 质量 1t（吨）的物品的“重量”是多少？

▼

A 1tf（ton force，吨力）。

1t 为质量的单位，作用在 1t 质量物体上的重力为 1tf。1tf 的重量是表示受到地球引力的大小，质量 1t 则是物体拥有的物质的分量。

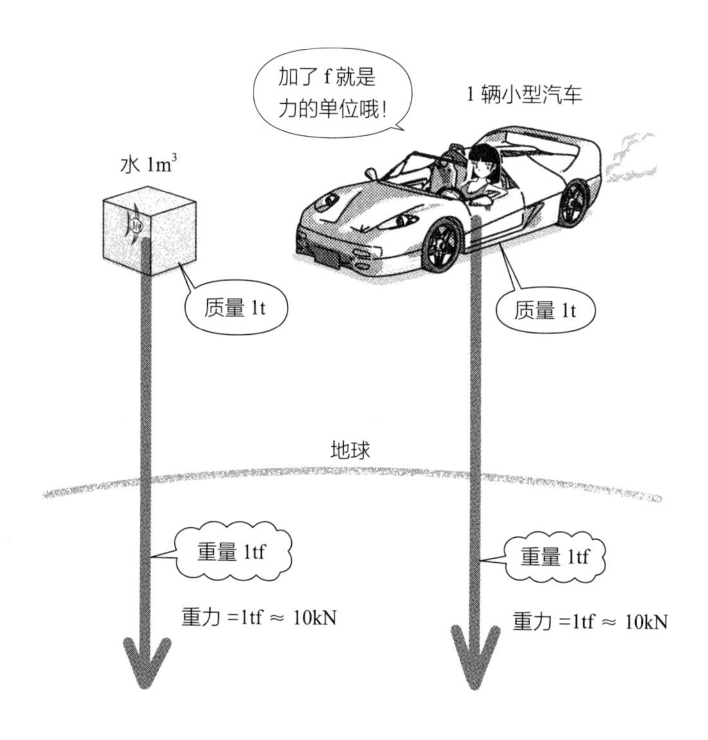

● $1m^3$ 水的质量为 1t，重量为 1tf；同样地，小型汽车的质量为 1t，重量也是 1tf。

Q 力 = 质量 × □的□是什么?

▼

A 加速度。

力 = 质量 × 加速度称为“牛顿运动方程”。符号分别是 F(force,力)、m(mass,质量)、a(acceleration,加速度)。整个方程为 $F=ma$。

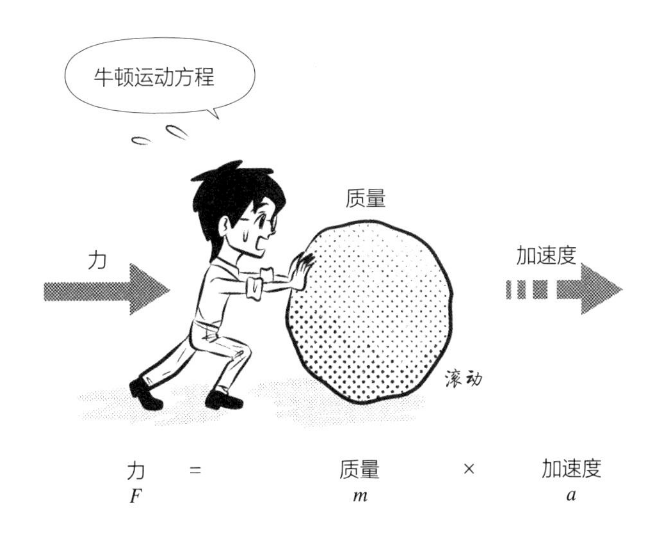

- 牛顿的单位及其他许多方程,都是从这个运动方程而来。要好好记住这个运动方程哦。
- 加速度是指速度增加(减少)的快慢。即 1s 间速度增加(减少)多少 m/s 的意思。例如开车时,若是踩油门就会产生正的加速度,踩刹车就会产生负的加速度。

Q 让 1kg 的质量产生 $1m/s^2$（米每二次方秒）的加速度需要多大的力？

▼

A 1N。

将数字代入运动方程式“力 = 质量 × 加速度”，力 $=1kg\times1m/s^2=1kg\cdot m/s^2$。$kg\cdot m/s^2$ 的单位定义为 N。简单来说，这个公式就是牛顿的定义。

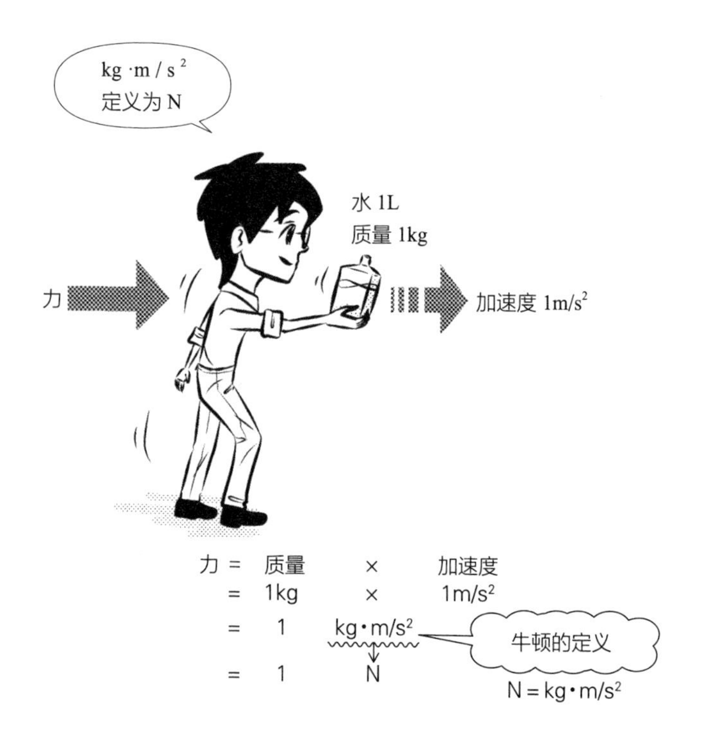

- 由运动方程可以定义出牛顿的单位。请将 $N=kg\cdot m/s^2$ 与运动方程一起记下来吧。
- 原本 m（meter）的定义是地球上弧长的几分之一，由于这样太大了，当然很难对牛顿这个单位有实感。gram（克）是从水 $1cm^3$、kilogram（千克）是从水 1L（$1000cm^3$）的质量定义而来，是比较容易有实感的单位。

Q 重力加速度为 $10m/s^2$ 时，1kgf（千克力）是多少 N（牛顿）？

▼

A 10N。

1kgf 是质量 1kg 的物品所受的重力（参见 R069），力 = 质量 × 加速度 $=1kg \times 10m/s^2=10kg^2 \cdot m/s^2=10N$。更正确地说，重力加速度为 $9.8m/s^2$，因此应该是 9.8N。

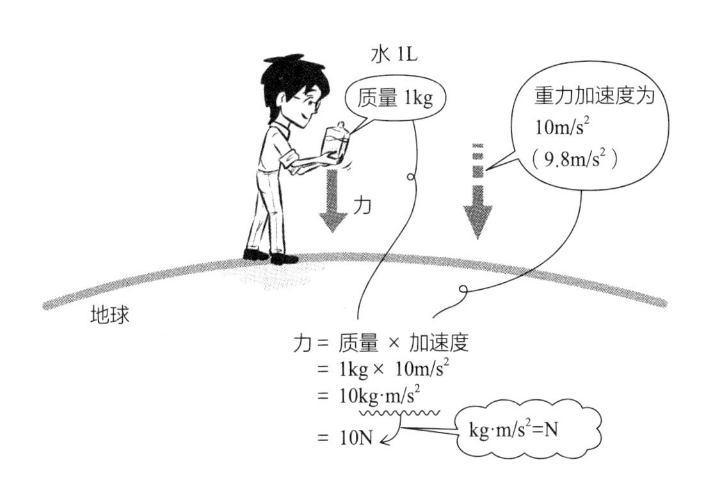

- 至今的解释中，提到“1kg 的重量”，符号都是 1kgf。以 N（牛顿）表示就是 9.8N，约 10N。水 1L 的质量为 1kg，重量可表示成 1kgf、9.8N、约 10N 等。
- $1m/s^2$（米每二次方秒）的加速度到底是多少呢？为了方便了解，让我们换算成车辆的时速（km/h）来解说。$1m/s^2=1m/s \cdot 1/s$，表示 1s 增加 1m/s 的速度。将此秒速 1m/s 换算成时速，可以得到 $\frac{\frac{1}{1000}km}{\frac{1}{3600}h}=3.6km/h$，即 1s 间增加时速 3.6km/h 的加速度。踩油门后“1”瞬间放开，静止的车辆会加速至时速 3.6km/h，原本时速 40km/h 的车辆则稍稍加速到 43.6km/h。笔者用自己的车做过实验，其实加速的幅度不是很大。

Q 重力加速度为 $10m/s^2$ 时，1tf（吨力）是多少 N（牛顿）?

▼

A 10000N=10kN。

1tf 是质量 1t 的物品所受的重力，力 = 质量 × 加速度 $=1t\times10m/s^2=1000kg\times10m/s^2=10000kg\cdot m/s^2=10000N=10kN$。重力加速度若使用 $9.8m/s^2$，就是 9.8kN。

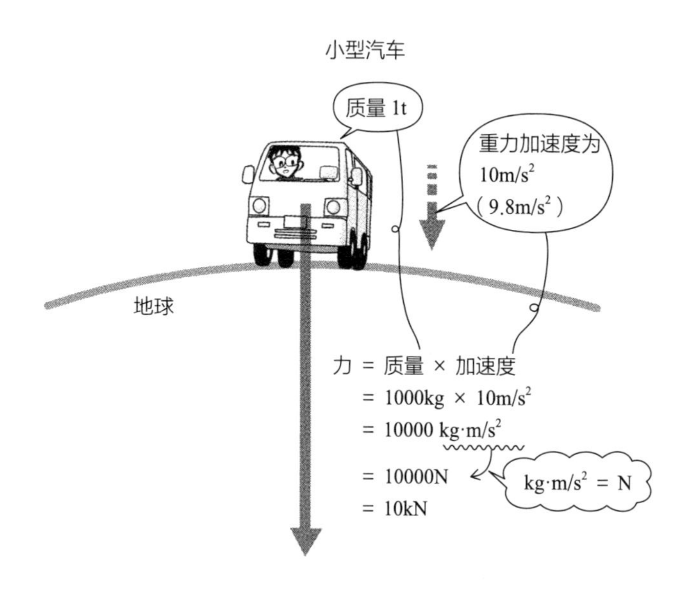

- 1t 的车的重量为 1tf，转换成牛顿为 10000N=10kN。
- 重力加速度 $10m/s^2$ 的加速度是多少，同样以前述的开车时速来解释。$10m/s^2=10m/s\cdot1/s$，表示 1s 增加 10m/s 的加速度。将此 10m/s 换算成时速，可以得到 $\frac{\frac{10}{1000}km}{\frac{1}{3600}h}=3.6km/h$，即 1s 间增加时速 36km/h 的加速度。踩油门后“1”瞬间放开，静止的车辆会加速至时速 36km/h，原本时速 40km/h 的车辆则增加到时速 76km/h。这样的加速度相当大，性能很好的车才能实现。

Q 地基承载力 1000kPa 的岩石层、50kPa 的土壤层，每 $1m^2$ 可以承载多少吨力的重量？

▼

A 岩石层为 100tf，土壤层可到 5tf。

地基承载力是指地面可以承受的重量，用以表示地面的强弱程度。重力加速度 $g=10m/s^2$ 时，1tf=10kN，$1000kPa=1000kN/m^2=100tf/m^2$，$50kPa=50kN/m^2=5tf/m^2$。因此，每 $1m^2$ 岩石层可承受 100t 的重量，每 $1m^2$ 土壤层可承 5t 的重量。

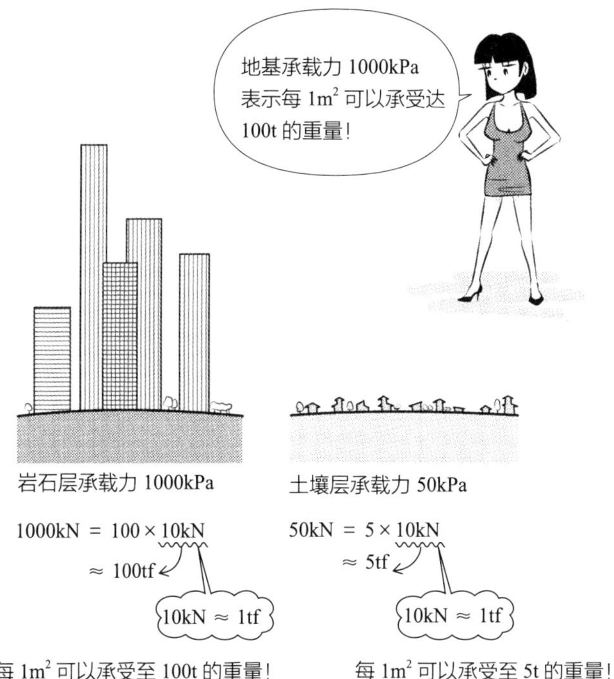

- 岩石层是最强的地层，曼哈顿和香港之所以高楼大厦林立，就是因为地层为岩石层的关系。土壤层是由火山灰堆积，经过长时间硬化而成的地层。日本关东地区的台地或丘陵常见的红土，称为关东土壤层，是由富士山、浅间山、赤城山等喷发的火山灰堆积后，硬固而成的地层。上述数字取自日本建筑标准法。

Q 钢筋混凝土结构的楼板每 $1m^2$ 的重量是多少?

▼

A 大约为 1tf(10kN)。

建筑物除了本体荷载(固定荷载,或称自重)之外,还有承载物品的荷载(承重荷载),因此只能大概估个数值。一楼由于有基础梁或板等结构会比较重,大概是 1.5tf=15kN。钢结构约少 20%,为 0.8tf 左右,木结构则是 1/4,在 0.25tf 左右。

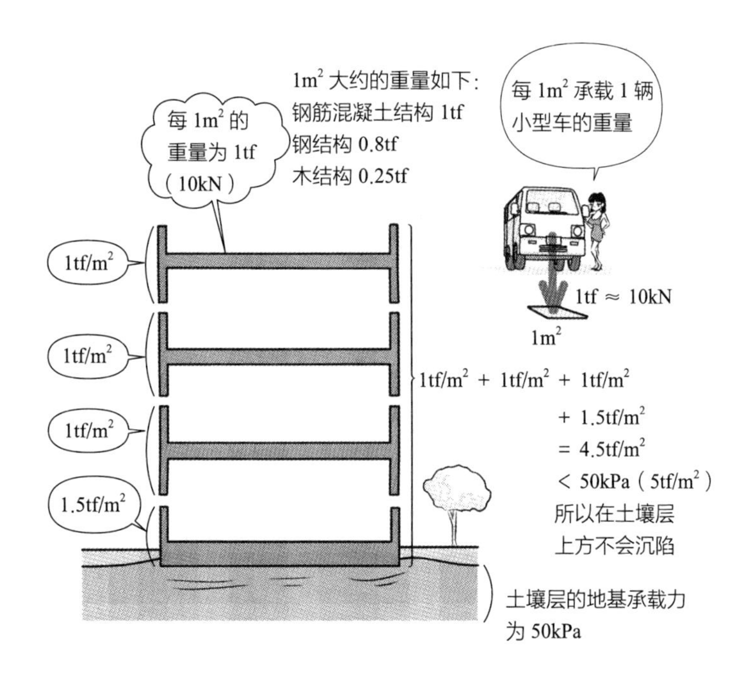

- 这里所述的重量没有结构计算,只是概略的计算,但在进行初步设计时相当有用。楼板每 $1m^2$ 的重量为 1tf,也就是每 $1m^2$ 承载 1 辆小型车的重量。
- 设计钢筋混凝土结构的三层建筑时,建筑物整体的重量大致是每 $1m^2$ 为 1+1+1+1.5=4.5(tf)。若为地基承载力 50kPa 的土壤层,就可以使用耐压板来支撑底面整体。

Q 在柱以上的质量为 40t 的建筑物，若是受到加速度为 $0.2g$（g：重力加速度，约 10m/s）的水平地震力作用时，柱所承受的地震水平力是多少？

▼

A 地震的加速度为 $0.2g=0.2\times10\text{m/s}^2=2\text{m/s}^2$。地震的水平力 $=40\text{t}\times2\text{m/s}^2=40000\text{kg}\times2\text{m/s}^2=80000\text{kg}\cdot\text{m/s}^2=80000\text{N}=80\text{kN}$。

地震的加速度常以重力加速度 g 的几倍来表示。即 10m/s^2（9.8m/s^2）的几倍加速度，再以运动方程：力 = 质量 × 加速度来计算其作用力。

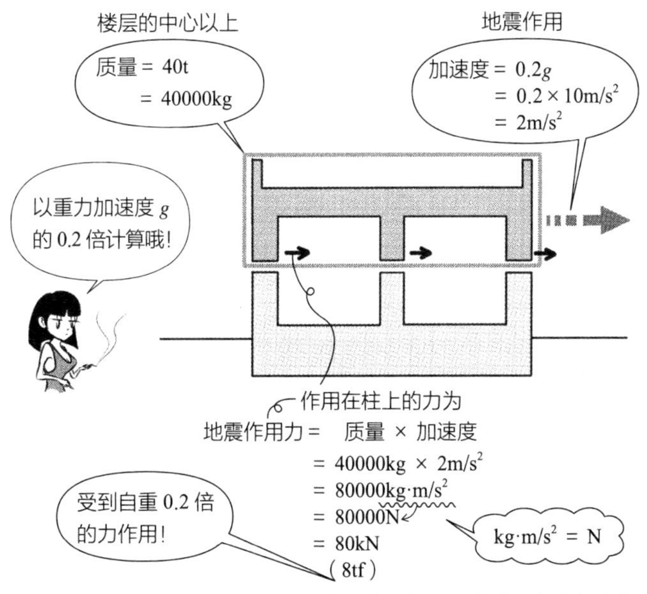

- 加速度作用在楼层的中心以上，一般来说会计算作用在该层每个柱或墙壁上的水平力。
- 以重力加速度的几倍表示的数值称为“震度”，但在 1981 年颁布的日本新耐震设计法中，改以“层剪力”来表示。基本上层剪力也是以重力加速度的几倍来表示的数值。地震力的计算亦可使用修正过的 $0.2g$。
- 过去用来进行结构计算，相当于“震度”的几倍 g，不同于日本气象厅所发布的震度 3、4 之类的“震度阶级”（震度阶，中国采用地震烈度）。震度阶级是依据人对地震的感觉和损害状况来决定的数值，为日本独有的度量。地震加速度常用的单位“伽”（gal），取自 16 世纪意大利科学家伽利略（Galileo Galilei）之名，指 cm/s^2。可换算成 $1\text{gal}=1\text{cm/s}^2=0.01\text{m/s}^2$。

Q 在柱以上的质量为 50t 和 12.5t 的建筑物，当受到产生加速度为 0.2g（g：重力加速度约为 10m/s^2）的水平地震力作用时，柱与墙壁分别承受多少地震水平力？

▼

A 地震的加速度为 0.2g=0.2×10m/s^2，因此
质量 50t 的建筑物的地震力 =50000kg×2m/s^2=100000kg·m/s^2 = 100000N= 100kN。
质量 12.5t 的建筑物的地震力 =12500kg×2m/s^2=25000kg·m/s^2 = 25000N=25kN。

受到产生相同的地震加速度 0.2g 的力作用时，根据质量的不同，所受到的地震力大小也不同。质量为 2 倍时，地震力也是 2 倍。钢筋混凝土结构的质量约为木结构的 4 倍，因此地震力也会是 4 倍。

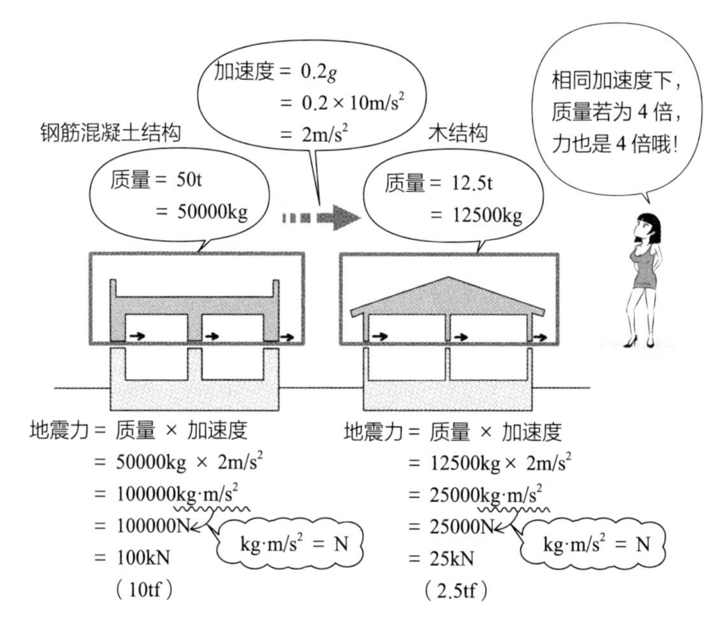

- 即使同样是木结构，以砖瓦铺设的屋顶会比金属板的屋顶重（质量较大），承受的地震力也会比较大。若只考虑地震的影响，设置较轻的屋顶比较好。
- 地面往右移动时，建筑物会产生往左的加速度；地面往左移动时，建筑物则会产生往右的加速度。

Q 将下表左列的 kgf 转换成 N 吧。重力加速度取 $10m/s^2$。

▼

A 答案在表的最右边。

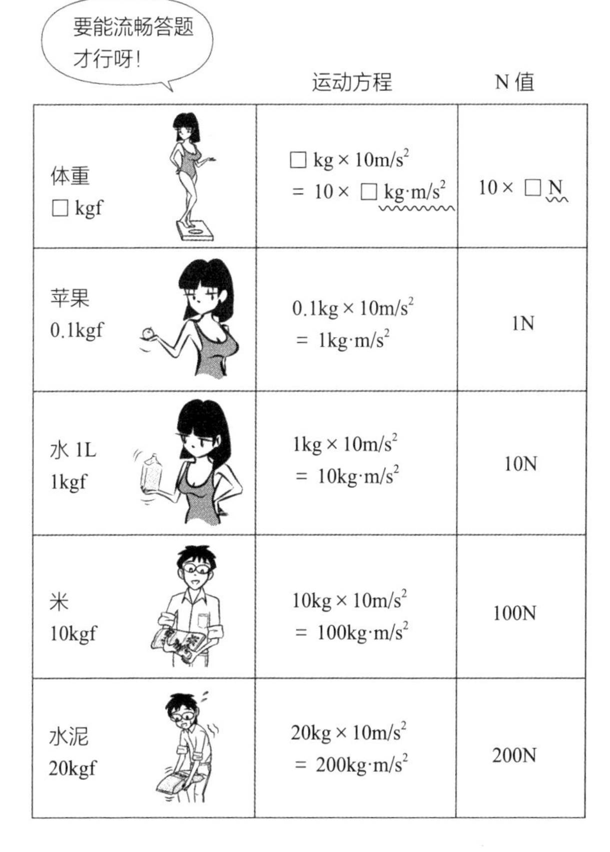

	运动方程	N 值
体重 □ kgf	□ $kg \times 10m/s^2$ $= 10 \times$ □ $kg \cdot m/s^2$	$10 \times$ □ N
苹果 0.1kgf	$0.1kg \times 10m/s^2$ $= 1kg \cdot m/s^2$	1N
水 1L 1kgf	$1kg \times 10m/s^2$ $= 10kg \cdot m/s^2$	10N
米 10kgf	$10kg \times 10m/s^2$ $= 100kg \cdot m/s^2$	100N
水泥 20kgf	$20kg \times 10m/s^2$ $= 200kg \cdot m/s^2$	200N

●在本章最后做个归纳吧。自己的体重、0.1kgf、1kgf、10kgf 等的代表数值，或是下页所述的水、钢筋混凝土、钢、木材等代表材料的数值等，都要很流畅地回答出来。

Q 将下表左列的材料重量以 tf 与 N 表示吧。重力加速度取 $10m/s^2$。

▼

A 答案在表的最右边。

水的几倍（相对密度）

k 为 1000 倍

	tf	运动方程	
水 $1m^3$	（1） 1tf	$1000kg \times 10m/s^2$ $= 10000kg \cdot m/s^2$	10kN
钢筋混凝土 $1m^3$	（2.4） 2.4tf	$2400kg \times 10m/s^2$ $= 24000kg \cdot m/s^2$	24kN
钢 $1m^3$	（7.85） 7.85tf	$7850kg \times 10m/s^2$ $= 78500kg \cdot m/s^2$	78.5kN
木材 $1m^3$	（0.5） 0.5tf	$500kg \times 10m/s^2$ $= 5000kg \cdot m/s^2$	5kN
玻璃 $1m^3$	（2.5） 2.5tf	$2500kg \times 10m/s^2$ $= 25000kg \cdot m/s^2$	25kN

以相对密度来记很方便哦！

Q 力的三要素是什么？

▼

A 大小、方向、作用点。

100N、10kgf 等力的大小，往右 45° 等力的方向，作用在梁中央部等力的作用点，就是决定一个力的三要素。若是缺少其中一项，就无法决定一个特定的力。

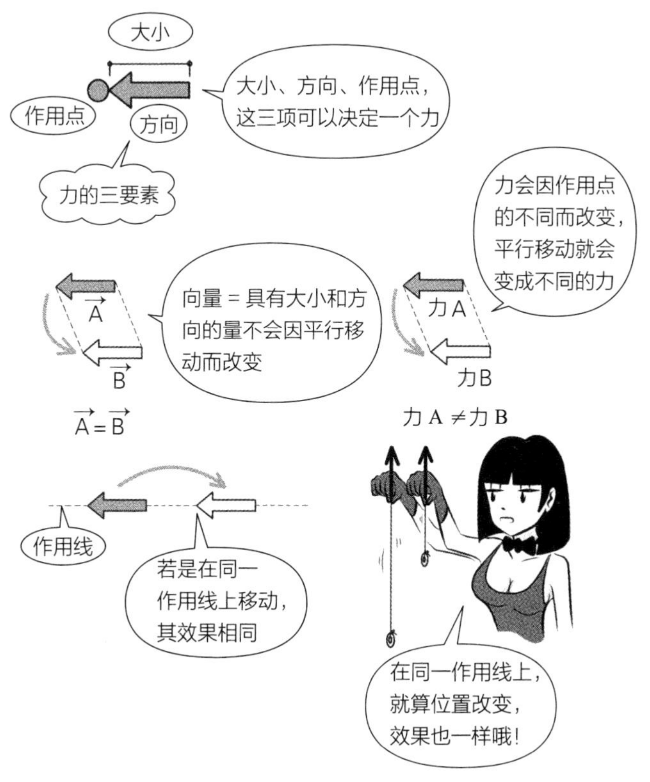

- 力的作用点与方向合起来称为作用线。力在作用线上移动时，效果相同。偏离作用线时，就变成不同的力。例如拉一条线或压一根棒子的时候，力若是大小及方向相同，就算改变位置还是一样的力。
- 向量具有力的大小和方向（以带有箭头的线段表示）。但要注意平行移动后，向量还是同样的量，但力就会变成不同的力了。当力移动组合成三角形计算合力时，要特别注意作用点的位置。

Q 什么是力矩?

▼

A 使物体产生转动的作用力。

公式为力矩 = 力 × 距离。在力相同的情况下，距离越长，力矩越大。只有垂直于轴方向的作用力会产生力矩（torque，moment）。

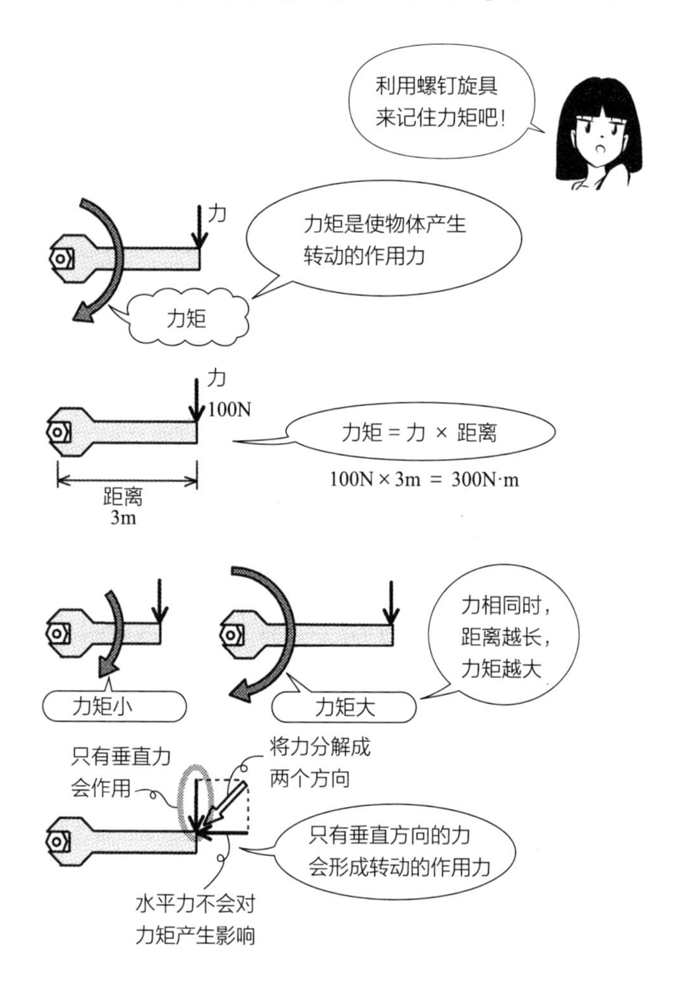

Q 杠杆或天平的左右支点，其力矩互相平衡吗？

▼

A 互相平衡。

力矩是使物体转动的作用力，以力 × 距离计算其大小。转动螺钉旋具时，手握得越靠外越容易旋转，就是因为距离越长，力矩越大。

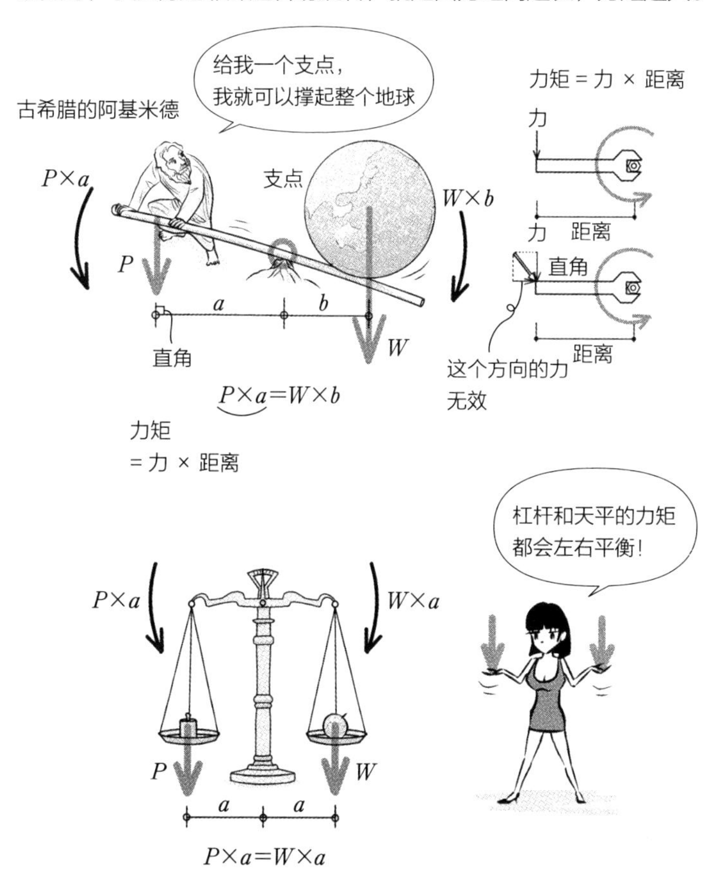

- 力是用与距离成直角的分力来计算。斜向使用螺钉旋具时，并不是所有的力都是有效力。

Q 什么是力偶?

▼

A 平行且大小相等、方向相反的一对力。

旋转水龙头或以两手操控方向盘时，所产生的两个力就是力偶（couple）。力偶为旋转力矩的一种，不管从哪一点计算，单边力的大小 × 两力的距离，都会得到相同大小的力矩。

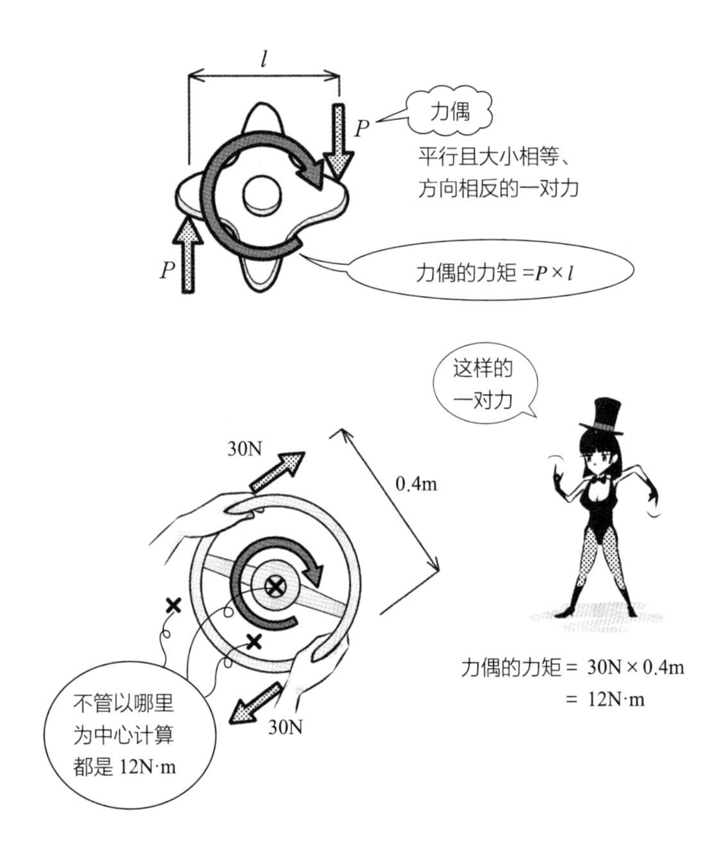

●一般来说，多个力可以合成一个力，但力偶则无法合成一个力。

Q 什么是反力?

▼

A 用以反抗荷载，支撑结构物的作用力。

由于是反抗的力，所以称为反力（reaction）。通常是反抗重力，与之互相平衡。除了重力之外，还有风或地震等的横向作用力也会造成反力。若是平衡被破坏，结构物就会开始移动。

- 静止的物体受到来自外力的作用时，必会与反力达成平衡。若无法平衡，就会产生加速度使物体移动。以建筑的情况来说，作为外力的荷载与反力一定会达到平衡的状态。

Q 什么是支点？支点有哪些种类？

▼

A 支撑结构物的点称为支点，包括固定支承（fix support）、铰支承（pin or hinge support）、滚动支承（roller support）三种。

前面已经用木结构柱说明这三种支点形式（参见 R003），支点只有这三种。固定支承是完全固定、拘束住的支点，铰支承是可转动的支点，滚动支承是既可转动也可横向移动的支点。简支梁以铰支承和滚动支承构成，悬臂梁则以固定支承作为支点。

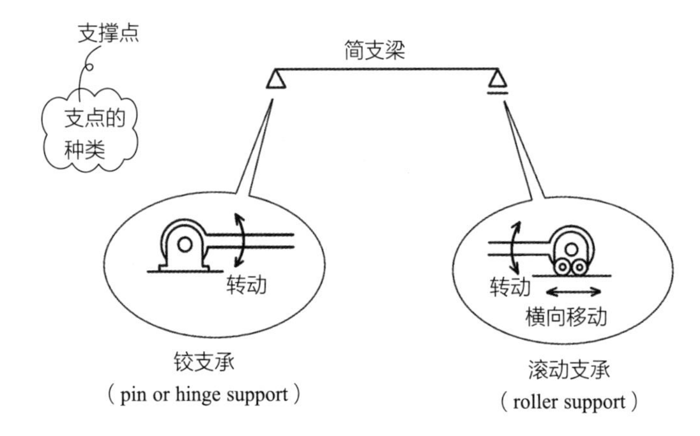

铰支承（pin or hinge support）

滚动支承（roller support）

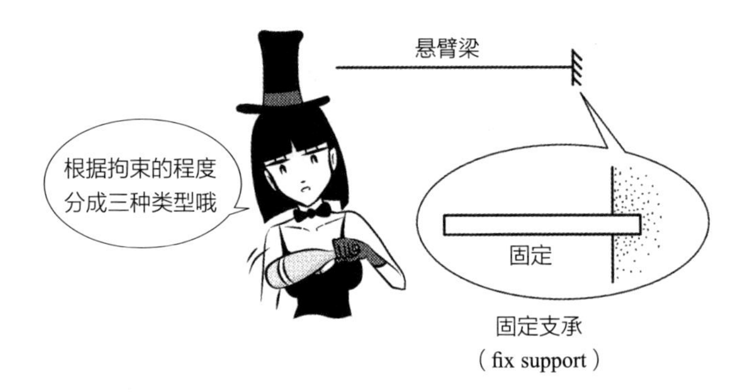

固定支承（fix support）

●实际上，建筑物以固定支承居多，柱或梁的拘束较少时，也有将之视为铰支承的情况。

Q 三种支承的反力如何作用?

▼

A 如图所示，在可动方向不会受到反力作用，受拘束的方向会受到反力作用。

就像“推动布帘”一样，可动方向不会有反力作用。铰支承可以转动，因此在转动方向不受反力作用。滚动支承既可转动也可横向移动，因此在转动方向及横向皆不受反力作用。固定支承无法移动，因此在其上下左右及转动方向都受到反力的作用。

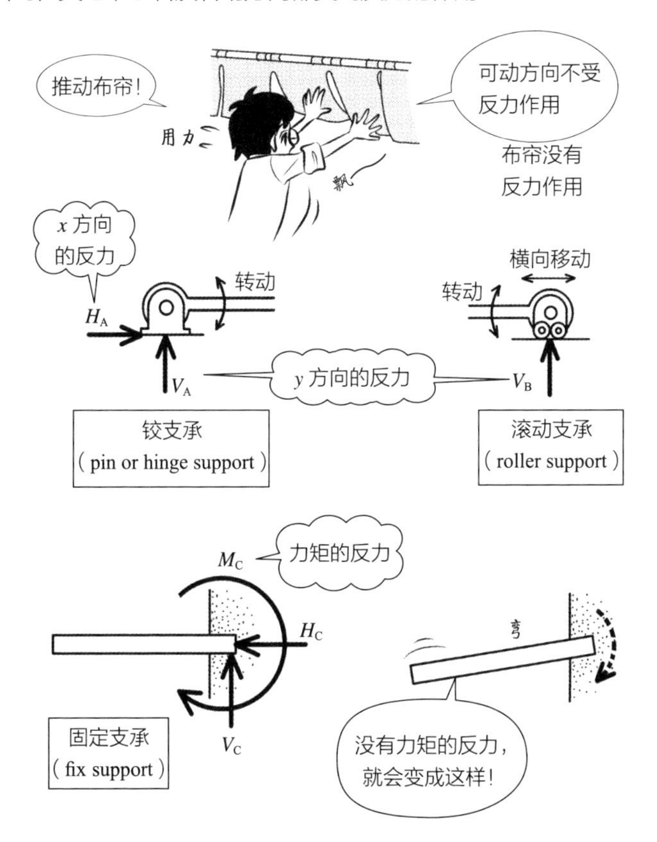

- 转动方向所承受的反力作用，是指受到不使之转动的力矩作用（使之无法转动的力的效果）。

Q 滚动支承、铰支承、固定支承的反力数是多少?

▼

A 分别是 1、2、3。

x 方向和 y 方向的反力要分别计算。使之无法转动的力矩反力也要另外计算。

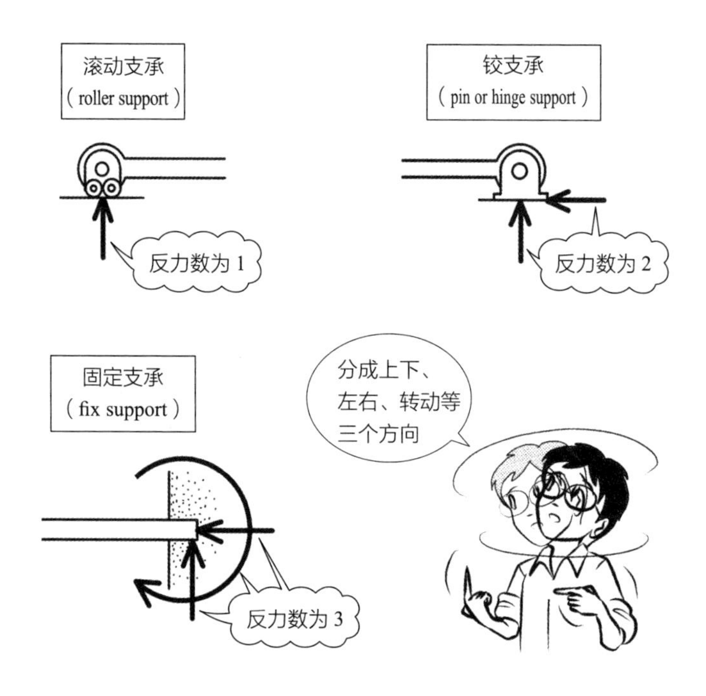

●反力数可以用判别式来计算。x 方向、y 方向的反力虽然可以合成一个力，但是要分开计算成两个。就算单边的反力大小为 0，反力数也是 2。

Q 承受下图左侧荷载的结构体，其反力如何作用？

▼

A 结果如右侧图所示。

求反力时可以假设为 V_A、H_A、V_B、M_C 等，结构体整体的 x 方向（$\Sigma x=0$）与 y 方向（$\Sigma y=0$）皆要达到力平衡，任意一个点的力矩也要达到力矩平衡（$\Sigma M=0$），即可求得反力。

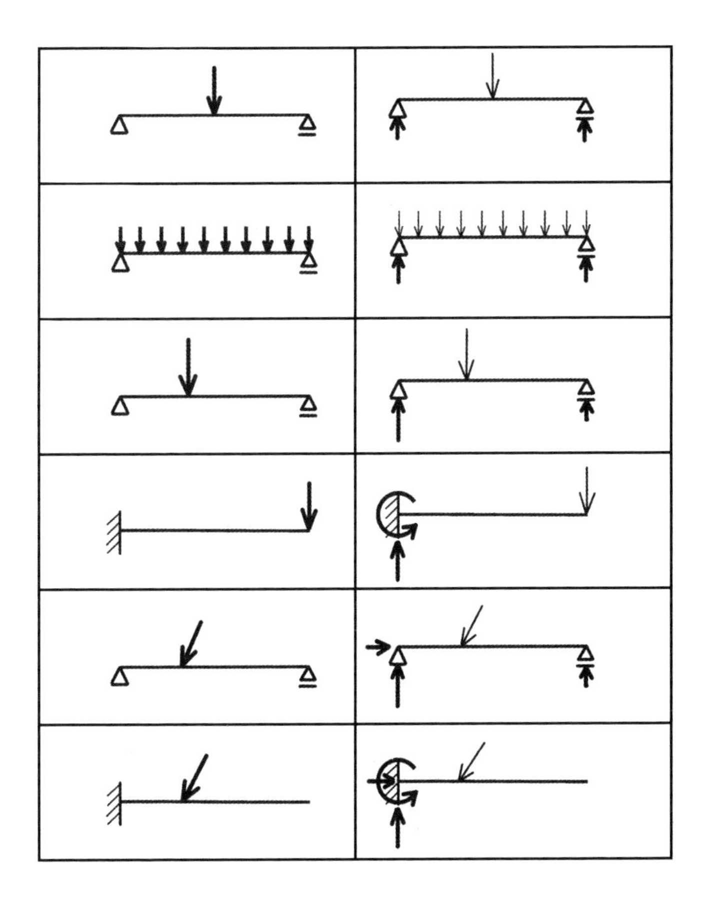

●反力符号 V 取自 vertical（垂直的），H 取自 horizontal（水平的），M 取自 moment（力矩）。

Q 力平衡的条件除了 x 方向（$\Sigma x=0$）与 y 方向（$\Sigma y=0$）的力平衡之外，为什么还要有任意一点的力矩平衡（$\Sigma M=0$）？

▼

A 因为即使 x、y 方向达到力平衡，也可能有产生力偶的情形。

力偶为力在 x、y 方向达到力平衡，但不是作用在同一作用线上，形成会转动的状态。因此，物体静止的条件除了 $\Sigma x=0$、$\Sigma y=0$ 之外，还必须 $\Sigma M=0$。

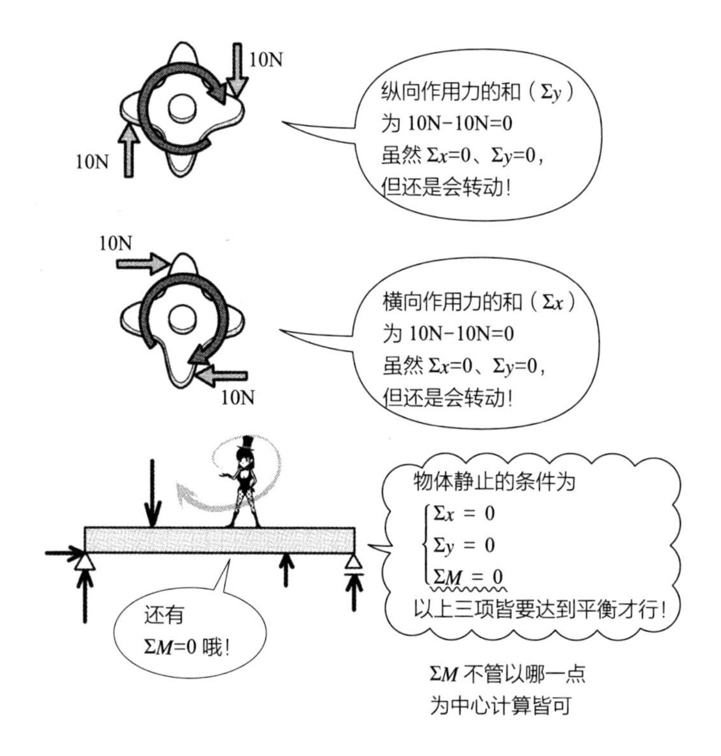

ΣM 不管以哪一点为中心计算皆可

Q 什么是集中荷载、均布荷载?

▼

A 集中在一点上的荷载，称为集中荷载；以 1m 长度或 $1m^2$ 面积为单位均匀分布的荷载，称为均布荷载。

梁上若是承载一人，就是集中荷载；若是以等间隔承载好几个相同体重的人，就是均布荷载。

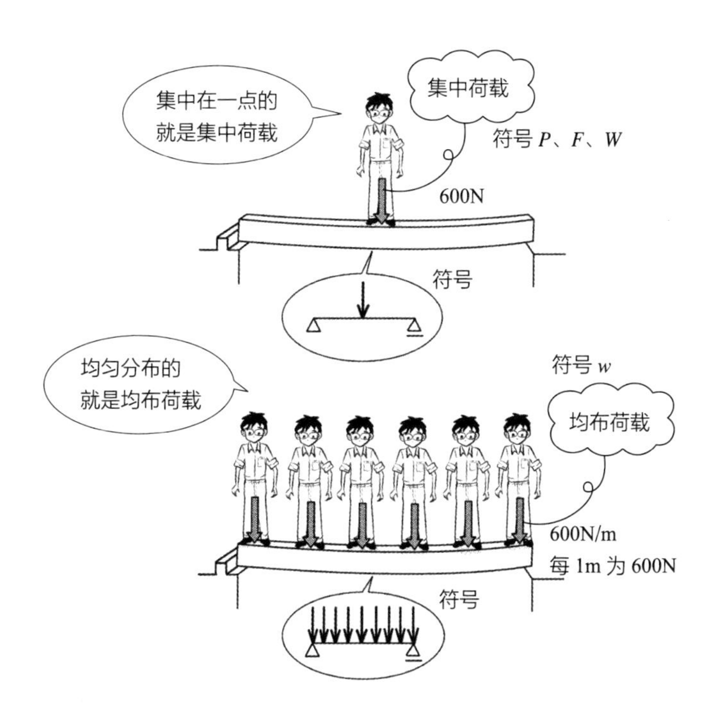

- 相对于集中荷载的单位为 kN 或 tf 等，均布荷载为 kN/m、tf/m 等每单位长度的力，或是 kN/m^2、tf/m^2 等每单位面积的力。
- 集中荷载的符号用 *P*（power）、*F*（force）、*W*（weight）等表示，均布荷载的符号则常用 *w* 表示。

Q 5kN/m 的均布荷载作用在长 4m 的物体上时，如何以集中荷载表示?

▼

A 即 4m 的中央有 5kN/m × 4m=20kN 的集中荷载作用。

作用在均布荷载的重量中心是重心，其合计的力是合力，效果等同于集中荷载。

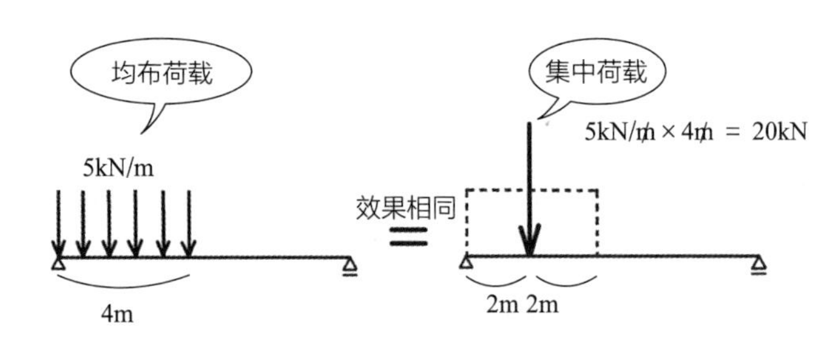

- 单位为 kN/m × m=kN 时，m 消去，成为力的单位。物理量的计算都附有单位，比较不容易出错。
- 若是均变荷载（参见 R093），要先以三角形的面积计算出荷载，集中荷载作用位置是在三角形的重心位置（高度 ×1/3）。均变荷载若是梯形，可以分为三角形和长方形，分别计算两者的集中荷载及重心位置。

Q 什么是均变荷载?

▼

A 荷载以相同比例变化的均布荷载。

常指三角形、梯形等的均变荷载。例如将楼板承受的重量分布至梁时，其重量分布即为均变荷载。

Q 什么是内力?

▼

A 因应外力作用，从物体“内”部产生的“力”。

从物体外部来的力称为外力，物体内部产生的力则为内力。如图所示，从上下两边压住橡皮擦时，手指施加在橡皮擦上的力就是外力，橡皮擦内部产生的力则是内力。

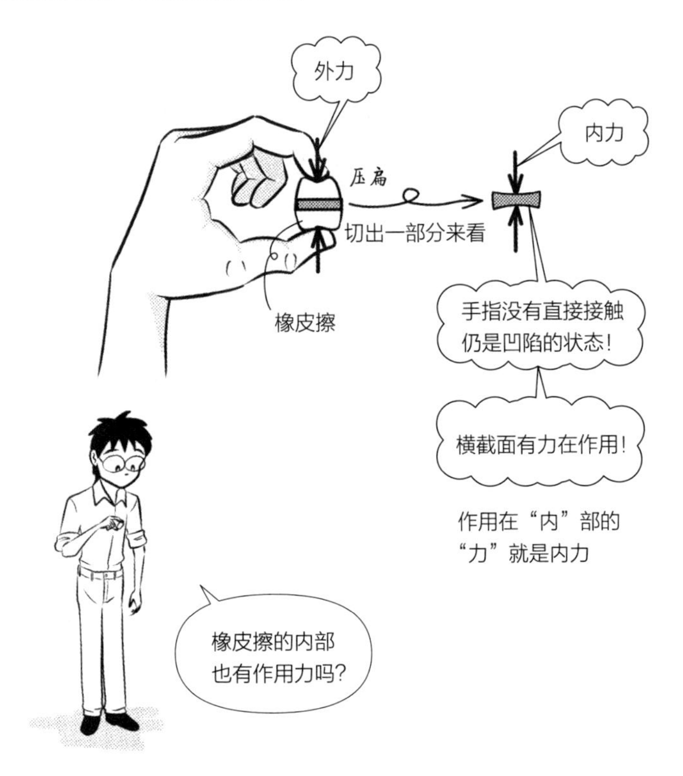

●大家知道为什么橡皮擦内部也有力在作用吗？将橡皮擦切出一小块薄片来看，每一块都有被压扁的感觉。此变形是由于上下施加压力的关系，但是手指并没有直接接触到薄片。有变形就表示此切截面有力在作用。作用在切截面上的力就是内力，是从手指传递过去的力。

Q 以 1kgf 的力挤压橡皮擦时，内力是多少?

▼

A 与外力平衡的 1kgf。

把橡皮擦从正中央切开，先考虑下半部的力作用。下方是手指向上，以 1kgf 的力挤压橡皮擦。为了平衡此一外力的作用，上方的切截面会有向下 1kgf 的力作用。这个力就是物体内部产生的内力。

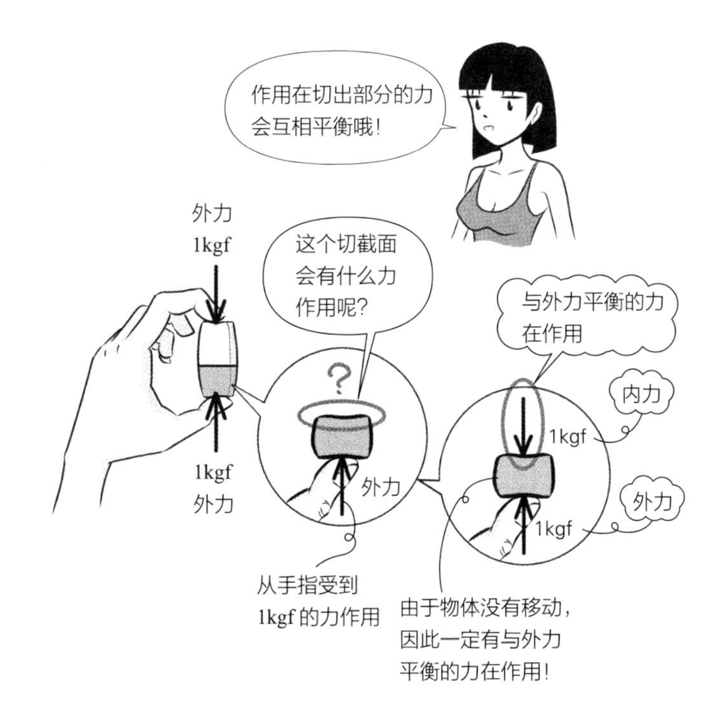

- 力不平衡时，物体会产生加速度移动。由于橡皮擦保持静止状态，表示不管切出橡皮擦的哪个部分，内部都有力在作用。请注意看切出来的部分，一定都有与外力平衡的力作用。
- 手指作用在橡皮擦上下的力是外力，其大小相等、方向相反，两者互相平衡。而内力也会与外力平衡。考虑内力时，要将切出的部分视为一个物体，作用在切截面的力会与外力平衡，这样就可以清楚得知内力的作用了。

Q 什么是应力？

［译注：本页的应力即指内力，为内力的另一种说法，非指内力除以面积所得之应力，日本是以应力度（内力的密度）来表示力学的应力。］

▼

A 就是指内力。

物体内部因“应”外力所产生的“力”，就是应力。内力与应力意思相同。

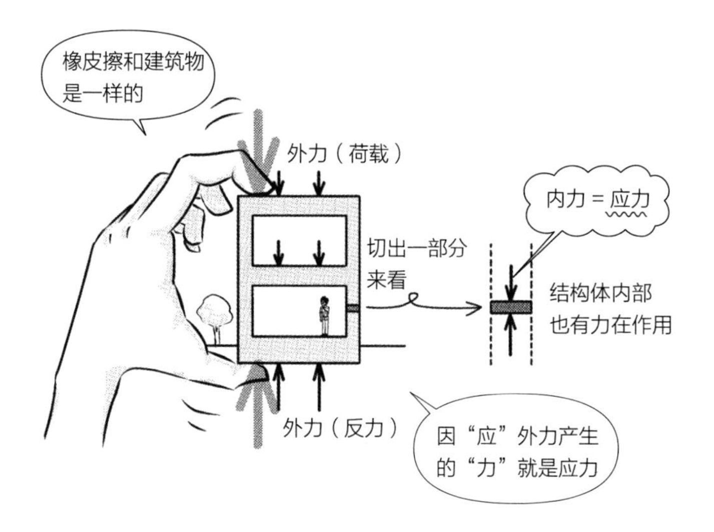

- 作用在建筑物上的外力有荷载和反力。建筑物本身的重量（固定荷载）、建筑物中的物品重量（承重荷载），以及受到雪、风、地震等的荷载作用，从地面会有与荷载平衡的反力作用。而针对这些外力，在柱、梁、楼板、墙壁等处都会产生内力（应力）。
- 应力到底是什么？学生们常常有此疑问。物理学上其实都是称为内力，为何不干脆全部统一成内力，如此一来，疑问应该会减少 1/10 左右吧。附带一提，在材料力学中，是将截面积上的单位面积的内力称为应力。

Q 内力有哪些种类?

A 有弯矩 M、压力 N、拉力 N、剪力 Q 等。

比较起来，压力与拉力比较简单，容易理解。弯矩和剪力就需要花点儿时间了。先记住有四种内力吧。

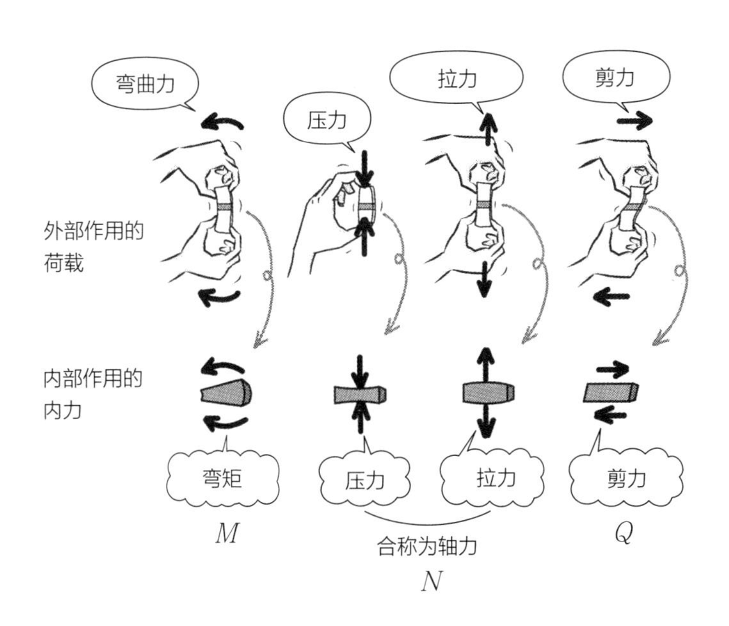

4 内力

- 压缩所产生的内力也称为压力。压力与拉力亦可合称为轴力。除了上述四种内力之外，还有扭力。
- 内力的符号分别为弯矩 M（moment）、轴力 N（nnormal kraft，德文）、剪力 Q（quer kraft，德文），从现在开始习惯吧。
- 因应外力作用所产生的物理量，就是内力及变形（deformation）。

Q 细柱与粗柱承受相同的力作用时，哪一个受到的单位面积内力较大?

▼

A 细柱。

细柱的面积较小，因此每 $1mm^2$、每 $1cm^2$ 受到的内力较大。所以细柱比较容易被破坏。若要知道多大的力才会破坏，需要通过截面积来计算力的密度。内部作用的力即内力的密度称为应力。

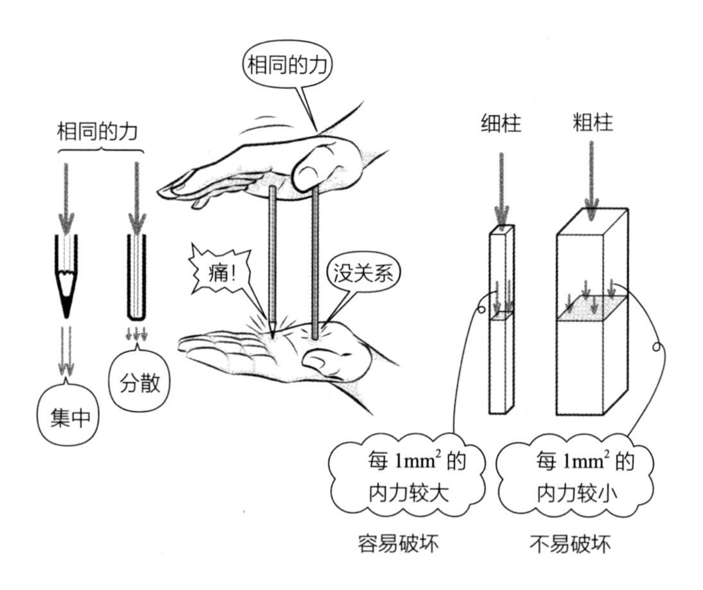

- 将削好的铅笔和没削的铅笔同时放在手上，施加相同的力，削好的笔尖会让手很痛。由于笔尖的面积较小，力会集中在一点，因此笔尖很容易折断。
- 应力的概念和人口密度一样，意指内力的密度。相同的人口数量下，也会有土地狭小则人口集中、土地宽广则人口分散这两种不同密度的情况。力也一样，可以除以面积来计算密度。

Q 什么是应力?

▼

A 单位截面积的内力。

内力的密度称为应力。以 $\frac{内力}{截面积}$ 求得。和人口密度的意思相同，为单位面积的内力。可以知道材料的各部位有多大的力在作用。

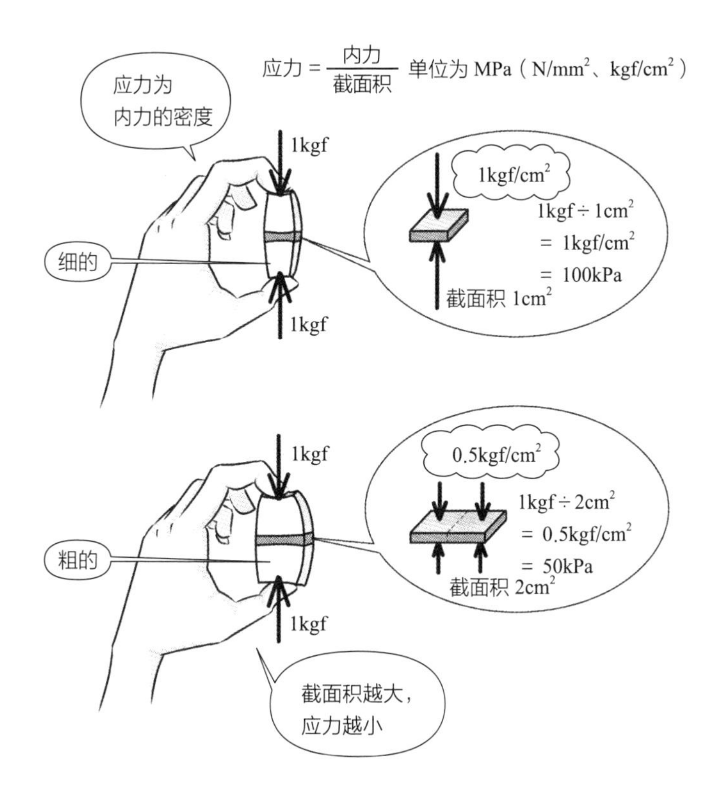

●橡皮擦受到 1kgf 的内力作用，截面积为 $1cm^2$ 的情况下，应力为 100kPa（$1kgf/cm^2$）；截面积若为 $2cm^2$，则变成 50kPa（$0.5kgf/cm^2$）。截面积越大，应力越小，橡皮擦越不容易被破坏。

Q 在梁中央附近的弯矩 M 会发挥什么作用?

▼

A 使梁的下侧突出，上侧凹陷。

切出一部分，考虑两侧有力矩作用的情况。作用在两侧的力为一对大小相等、方向相反的力矩，称为弯矩。如图所示，将作用在两侧的力想成扳手（spanner），就很容易理解了。

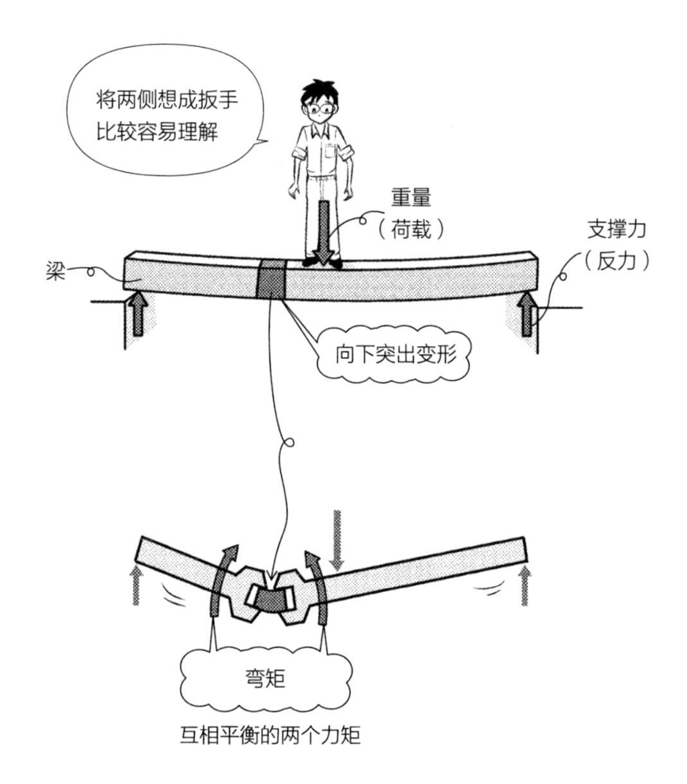

- 力矩是使物体产生转动的作用力，“力矩的大小 = 力 × 距离”。弯矩如上图的扳手所示，两侧为一对大小相等、转动方向相反的力矩，两者互相平衡。
- 不论从建筑物的哪个部分切出来，作用的弯矩都会互相平衡。若不平衡，物体会产生加速度移动。由于建筑物并没有移动，故可知是平衡的状态。

Q 梁的端部若是以直角与柱接合（刚接，参见 R005），梁的端部附近的弯矩 M 会发挥什么作用?

▼

A 使梁的上侧突出，下侧凹陷。

前页的图解由于梁的两端不是刚接，因此两端不会有弯曲力作用。一般的梁端部会被柱拘束，因此梁会受到向上突出的弯矩作用。

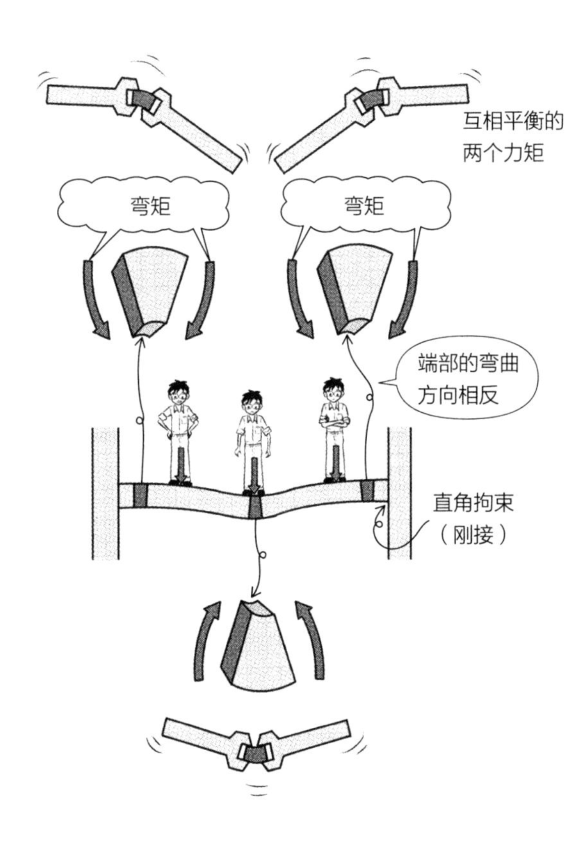

●柱、梁的接合部以直角固定（刚接）的结构，称为框架结构。梁承受均布荷载或均变荷载时，一般都要考虑其内力作用。

Q 什么是弯矩图（M图）、剪力图（Q图）?

▼

A 通过承载在结构体上的图解，可得知弯矩 M、剪力 Q 的大小。

一般来说，M 画在梁的突出侧，Q 以顺时针为正画在梁的上方，柱则画在左边。

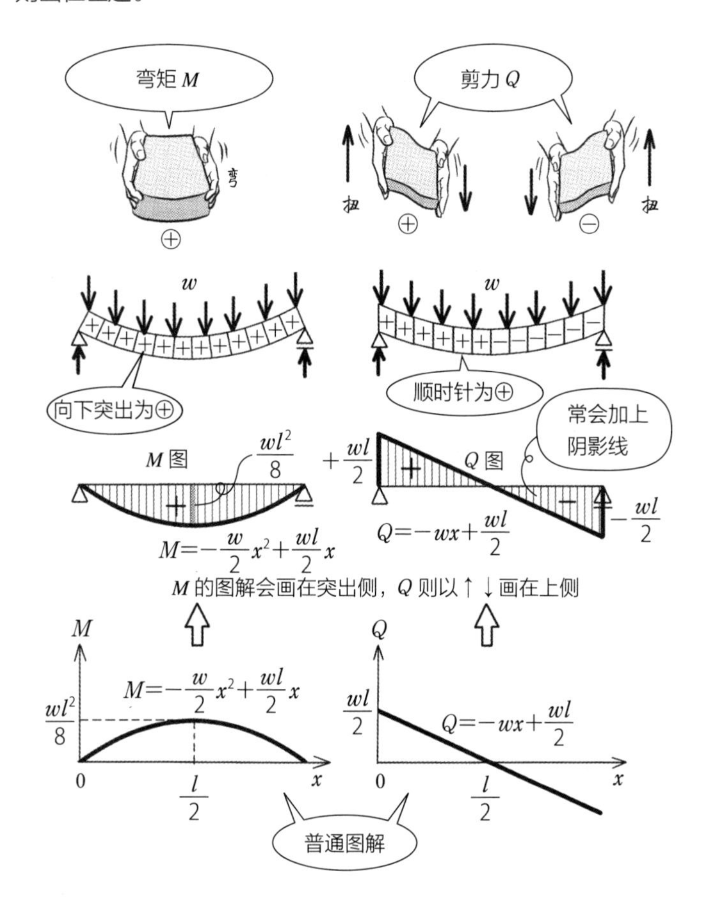

●关于剪力图请参见 R107。

Q 弯矩图（*M*图）会画在梁的哪一侧?

▼

A *M* 图会画在梁的拉力侧，也就是梁的突出侧。

判断梁的哪一侧受拉力作用相当重要，*M* 图一定画在拉力侧。拉力侧就是梁变形的突出侧，变形的突出形状可以与图解互相呼应。

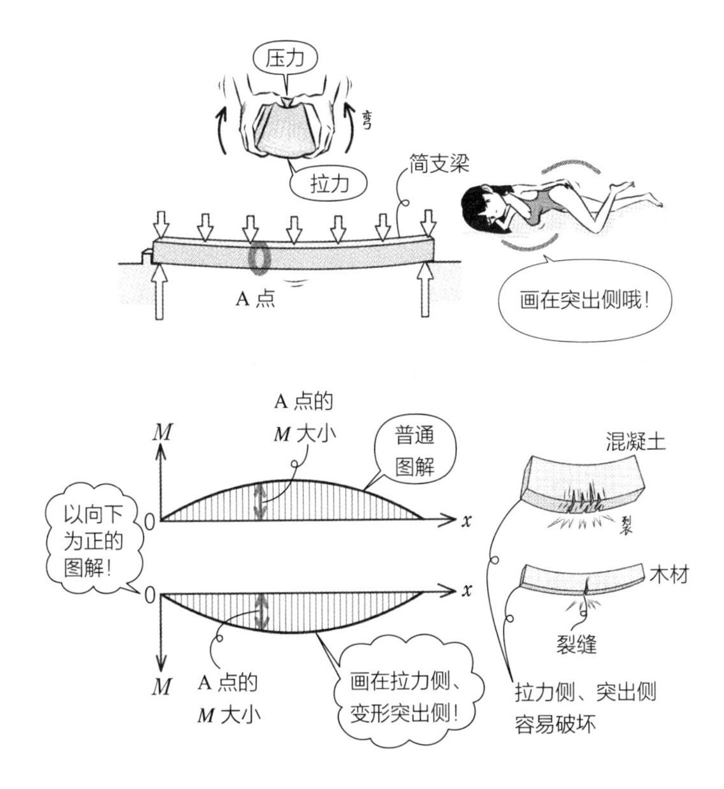

- 钢的抗压强度和抗拉强度都很强，混凝土则抗拉较弱，如果不加入钢（钢筋）予以补强，梁很容易弯折破坏。木结构梁若是在拉力侧用锯子割出裂缝，该处很容易造成梁弯折断裂。因此，拉力侧的续接（纵向接合）必须用金属构件牢固接合。压力侧即使有裂缝或接缝，也不会像拉力侧这么严重。
- 柱的情况也一样，将 *M* 图画在拉力侧、突出侧。

Q 承受均布荷载，梁与柱为直角接合（刚接）时，弯矩图（M 图）是什么形状?

▼

A 如下图的曲线所示。

以一条横线表示梁，从横线往梁的突出侧，以弯矩大小为高度画出曲线。

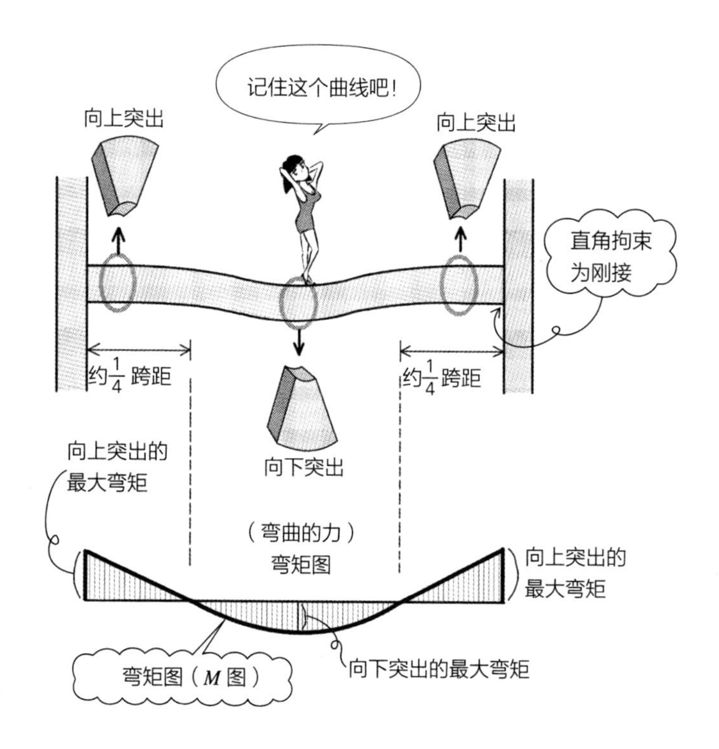

- 均布荷载作用的 M 图形状为二次曲线（抛物线），均变荷载则为三次曲线。梁的变形方式与弯矩图的大致形状，请对应后一起记下来吧。
- 若是加入地震等的水平力作用，弯矩图会变得完全不同。

Q 梁与柱以直角拘束（刚接），受到水平力作用时，弯矩图（M 图）是什么形状?

▼

A 如下图的直线所示。

向右的力作用时，柱会往右边倾，梁端部受到转动的力作用，变形成 S 形。左端部向下突出的弯矩为最大，另一侧是向上突出的弯矩为最大。

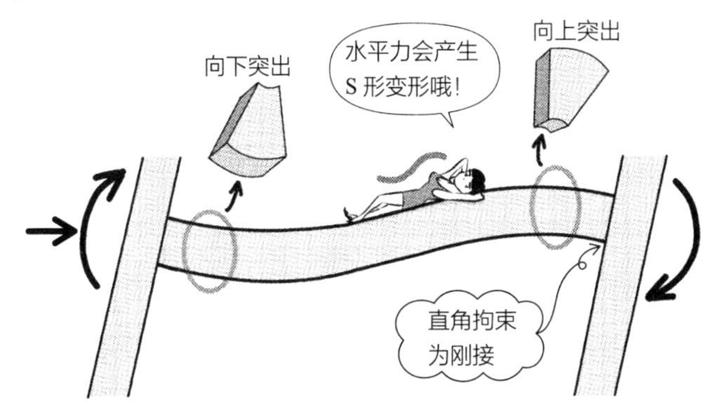

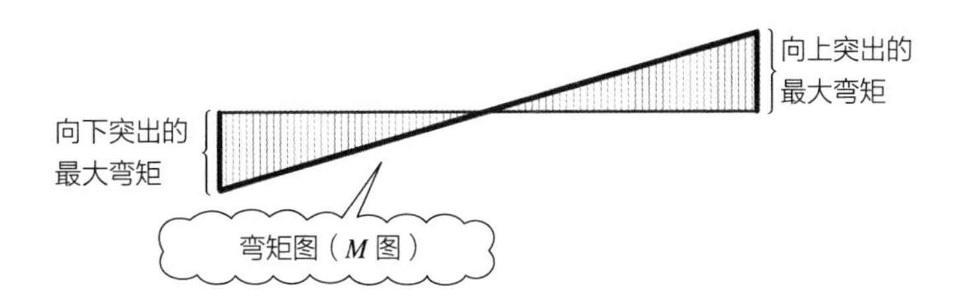

- 地震的水平力是左右交互作用。梁的 S 形变形会重复上下翻转，弯矩图也会跟着左右交互翻转。
- 地震力作用时，垂直荷载也同时在作用，这个水平力造成的弯矩要加上垂直荷载造成的弯矩，才是实际的弯矩作用。

Q 在梁左右两侧的剪力 Q 会如何作用?

▼

A 左侧为右下左上，右侧为右上左下，如图所示，以扳手夹住长方形，会使之变形成为平行四边形。

在构件的直交方向有像剪刀一样，大小相等、方向相反的一对力作用，即为剪力。

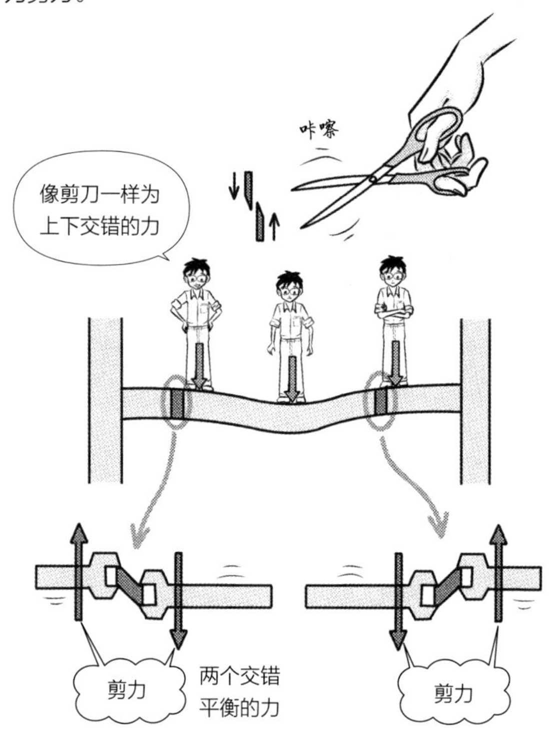

- 建筑物受到产生加速度的力作用也不会移动，所以不管切开哪个部位，力都会互相平衡。如上述将建筑物切出一小部分来看，作用在构件上的外力、内力一定会互相平衡。若再切出梁的一部分，只看其左侧的力，作用在截面的弯矩、剪力和外力等，都会互相平衡。

Q 剪力图（Q 图）会画在梁的哪一侧?

▼

A 取出梁的一小部分，其变形方向若为↑□↓，取正，画在梁的上方；若为↓□↑，取负，画在梁的下方。

Q 图有许多不同的画法，一般是以左上右下↑□↓（顺时针）为正；左下右上↓□↑（逆时针）为负。以图解表示剪力时，皆以向上为正、向下为负。

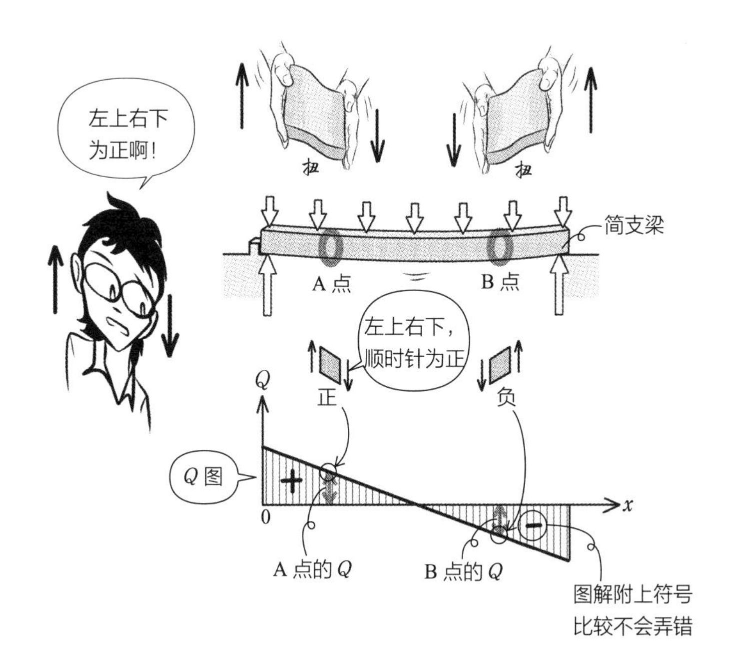

- 若是柱的情况，一般以左侧为正。
- 剪力 Q 、轴力 N 造成的变形，远比弯矩 M 造成的变形小。将 M 、Q 、N 等各个变形组合起来，就是实际的变形情况。

Q 弯矩 M 的斜率如何变化?

▼

A 随着剪力 Q 而改变。

看 M 图就可以大致知道 Q 图的形状。先记住 M 的斜率会随着 Q 改变吧。

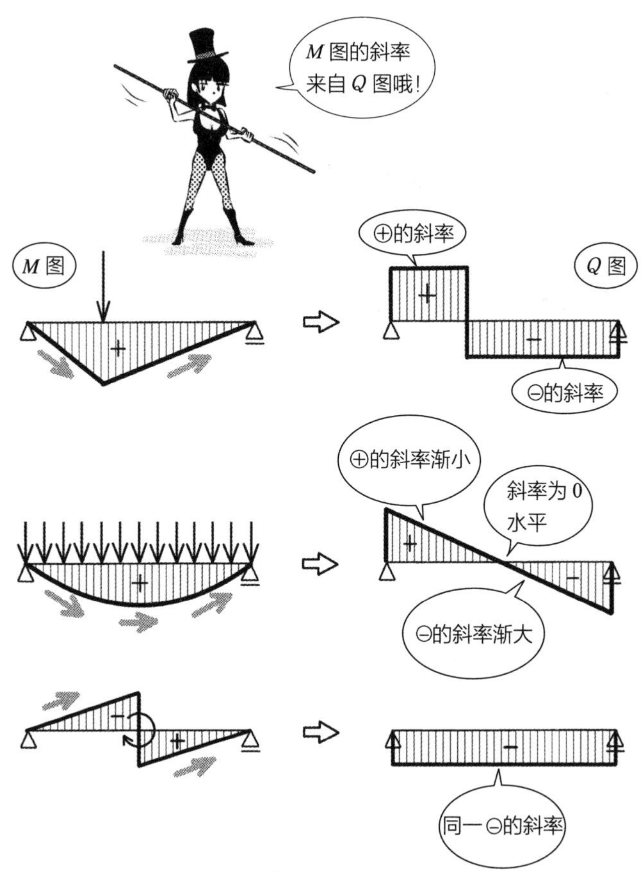

- 图解的斜率可用微分求得，即$\frac{dM}{dx}=Q$。M 的形式出来之后，就可以知道 Q 的样子。M 为一次式（直线）时，Q 为定值（水平线）；M 为二次式（抛物线）时，Q 为一次式（直线）。

Q 承受均布荷载，梁与柱为直角接合（刚接）时，剪力图（Q 图）是什么形状？

▼

A 如下图的直线形所示。

和前述的简支梁是同样的 Q 图。取出梁的一部分来看构件的剪力，一般以左上右下（顺时针）为正，左下右上（逆时针）为负。把梁的 M 图、Q 图的大致形状记下来吧。

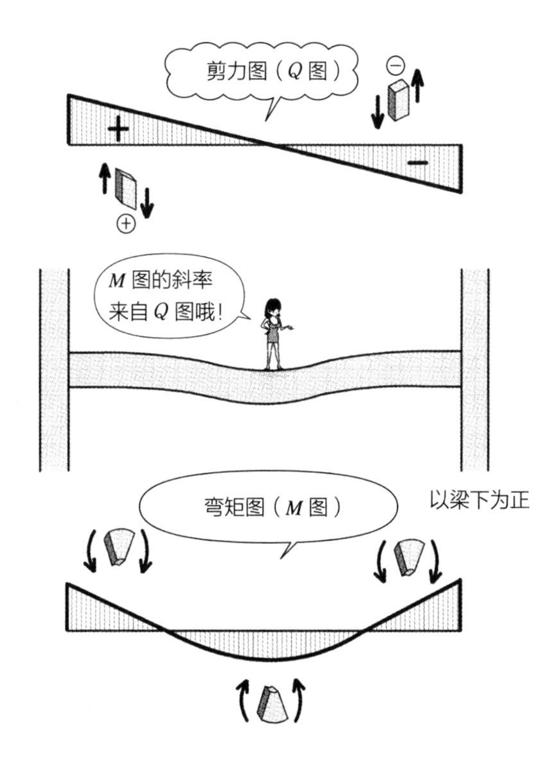

- 弯矩图是画在构件的突出变形侧，表示数值正负时，一般来说两端非刚接的梁（简支梁）会向下弯曲，因此以梁下为正，也就是从 y 轴向下延伸的形式。
- 弯矩图为二次曲线时，剪力图为斜直线；弯矩图为直线时，剪力图变成水平线。弯矩微分（各点的变化）后会得到剪力，因此图解的变化为二次函数→一次函数，一次函数→零次函数（定值）（参见 R112）。

Q 弯矩与剪力的变形是同时发生的吗?

▼

A 是的，同时发生。

进行计算时，会分开考虑弯矩与剪力的变形，实际上是同时发生的。变形的形状如图所示，由弯矩造成的扇形变形，再加上剪力造成的平行四边形，两者组合而成。

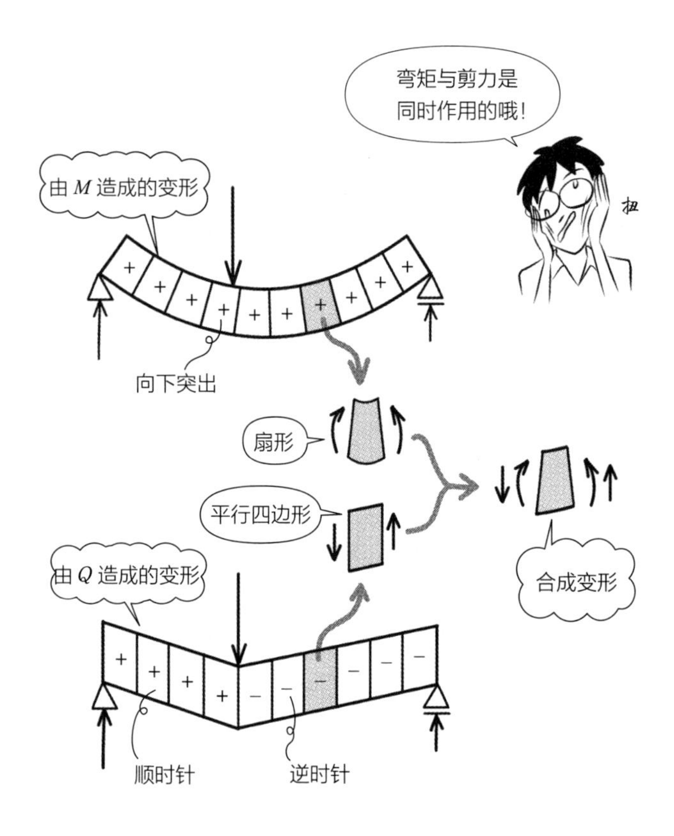

- 实际上由 Q 造成的变形，与 M 造成的变形相比较，是非常小的变化。一般以棒状构件来说，N 造成的伸缩、Q 造成的平行四边形交错，其变化都远比 M 造成的弯曲变形小得多。

Q 弯矩 M、剪力 Q、均布荷载 w 的关系是什么?

▼

A M 图的斜率来自 Q 图，Q 图的斜率来自 $-w$。

如图所示，取出梁的一小部分（Δx）来看。Δx 范围的力平衡如图所示。在 Δx 之间增加的 M、Q 以 ΔM、ΔQ 来表示。力矩平衡时，$\dfrac{\Delta M}{\Delta x}=Q$；$y$ 方向平衡时，$\dfrac{\Delta Q}{\Delta x}=-w$。即使结构体、荷载的形状改变，上式依然成立。

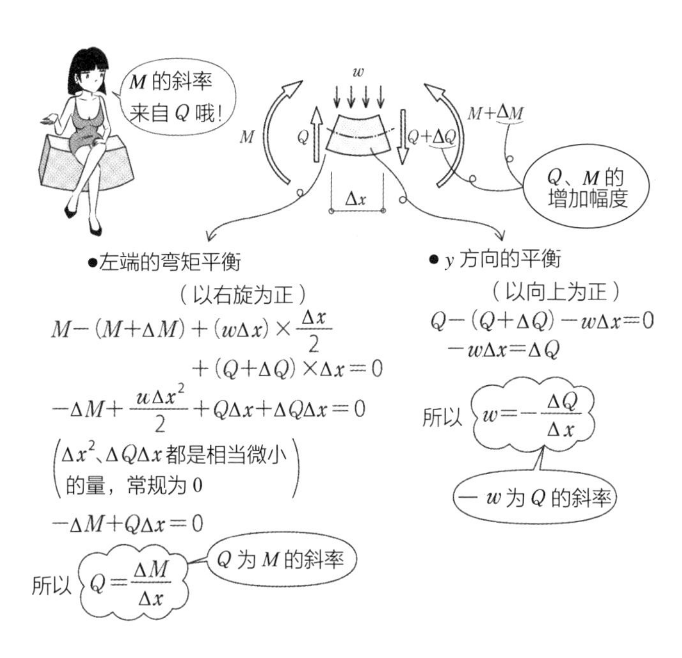

● 图解的公式，其 x 方向以向右为正，y 方向以向上为正，作为平衡的标准。$\dfrac{\Delta Q}{\Delta x}=-w$ 的负号，是右侧横截面的剪力比左侧小的意思。在 Δx 的长度上承受 w 的均布荷载，右侧向下的 Q 要随之变小，否则无法与左侧向上的 Q 保持平衡。

Q 当 $M=-\frac{1}{2}wx^2+\frac{1}{2}wlx$ 时，Q 的公式是什么？

▼

A 由于 $Q=\frac{dM}{dx}$，因此 $Q=-wx+\frac{1}{2}wl$。

将 M 的公式以 x 方向（横向）微分就会得到 Q 的公式。微分可以得到曲线上各点在每个瞬间的样子，即瞬时斜率。

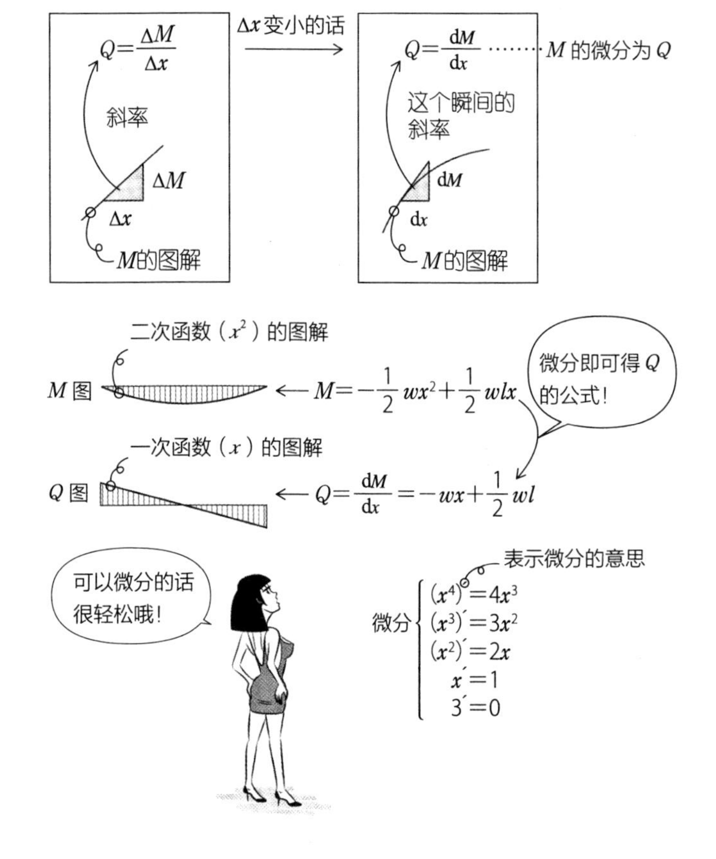

● $M=-\frac{1}{2}wx^2+\frac{1}{2}wlx$ 是简支梁承受均布荷载时 M 的公式。另外，再将 Q 的公式微分后，就会得到 $-w$。

Q 受到均布荷载 w 的作用，跨距为 l，两端固定的梁，整体荷载为 $W=wl$。其弯矩 M、剪力 Q 的最大值是多少？

▼

A 分别为 $-\frac{Wl}{12}$、$\frac{W}{2}$。

两端以直角刚接者称为固定梁。将固定梁的 M 图的两端和中央的数值记下来，解决静不定问题时很方便哦。

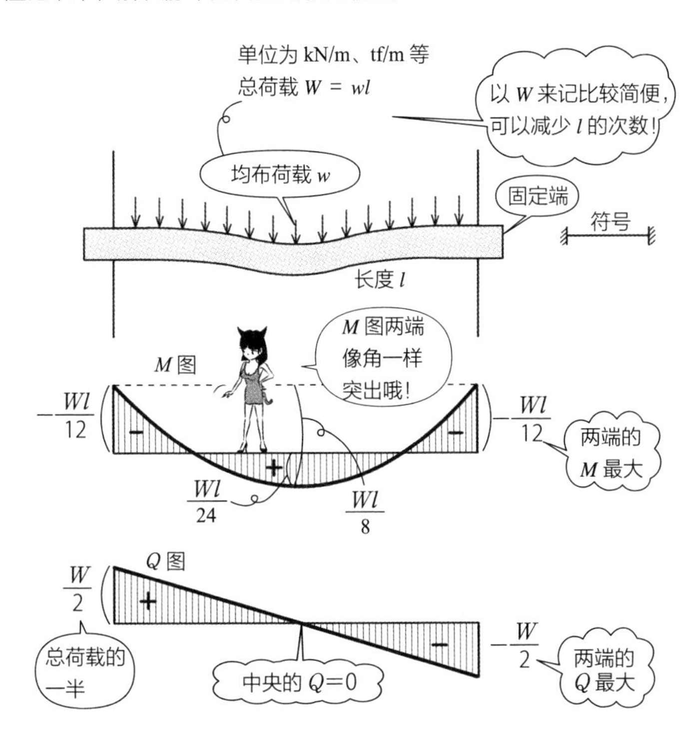

- 总荷载 $W=wl$，因此两侧支撑力分别是 $\frac{W}{2}$，产生的剪力也是 $\frac{W}{2}$。
- M 以梁下突出变形侧为正，Q 以顺时针为正。

Q 下图左侧状态的 M 图是什么样子?

▼

A 如右侧图所示。

在初期阶段就记下具有代表性的 M 图形状与 M_{max}（M 的最大值）的数值，会比较轻松哦。

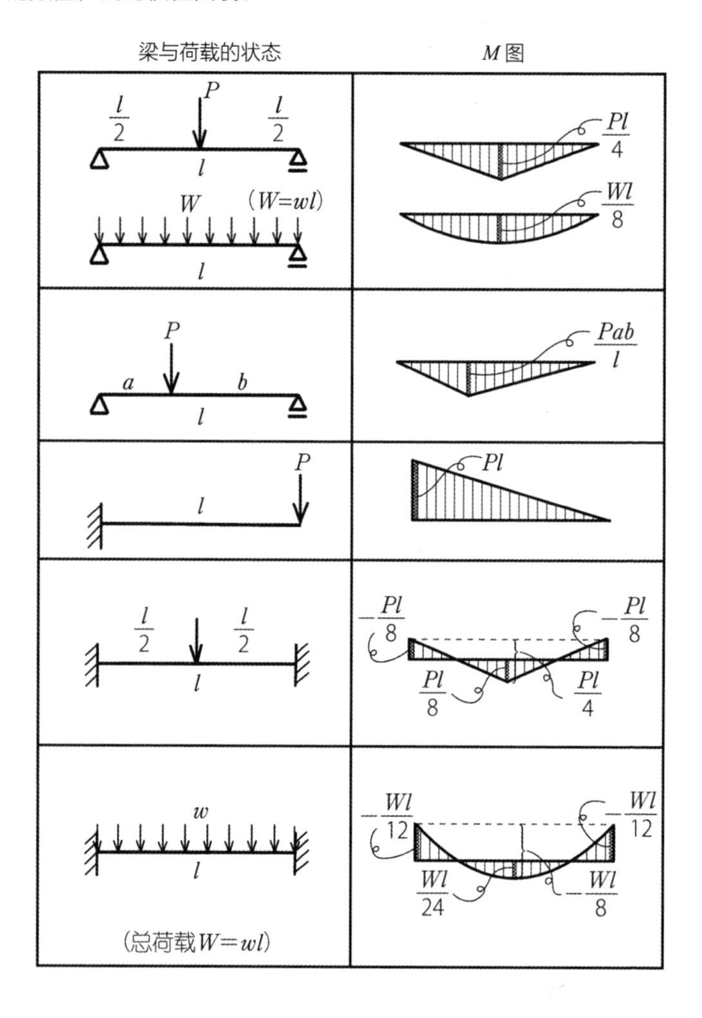

Q 当简支梁受到中央集中荷载与均布荷载，以及固定梁受到中央集中荷载与均布荷载时，M_{max} 的数字是多少？

▼

A 分别是$\frac{1}{4}$、$\frac{1}{8}$、$\frac{1}{8}$、$\frac{1}{12}$。

看数字会发现刚好都是 4 的倍数整齐排列，这样记起来方便多了。

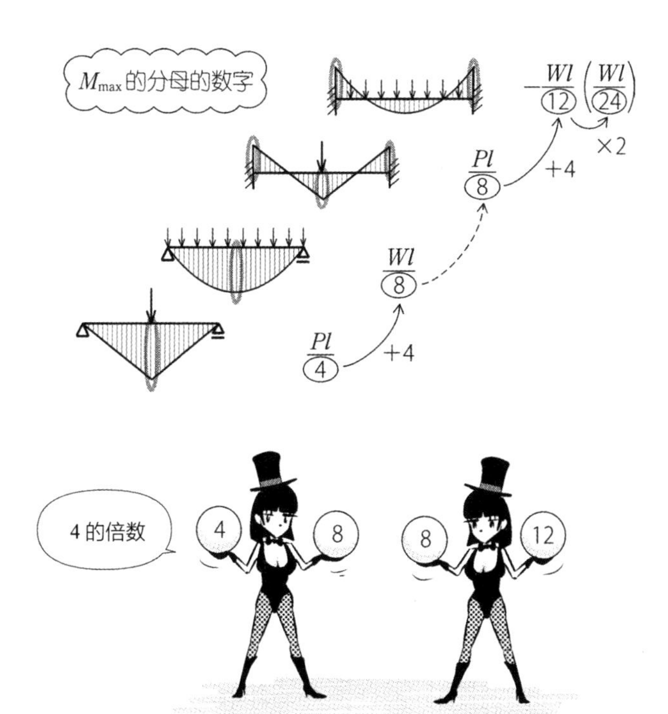

Q 两端固定梁的 M 图与简支梁的 M 图有什么关系?

▼

A 两端固定梁的 M 图是简支梁的 M 图往上抬升，而抬升程度为两端点的弯矩分量。

中央承受集中荷载 P 时，简支梁的中央为$\frac{Pl}{4}$，两端固定梁则是将之往上抬升，成为$\frac{Pl}{4}-\frac{Pl}{8}=\frac{Pl}{8}$。若为均布荷载 $W=wl$，简支梁的中央为$\frac{Wl}{8}$，两端固定梁则是$\frac{Wl}{8}-\frac{Wl}{12}=\frac{Wl}{24}$。

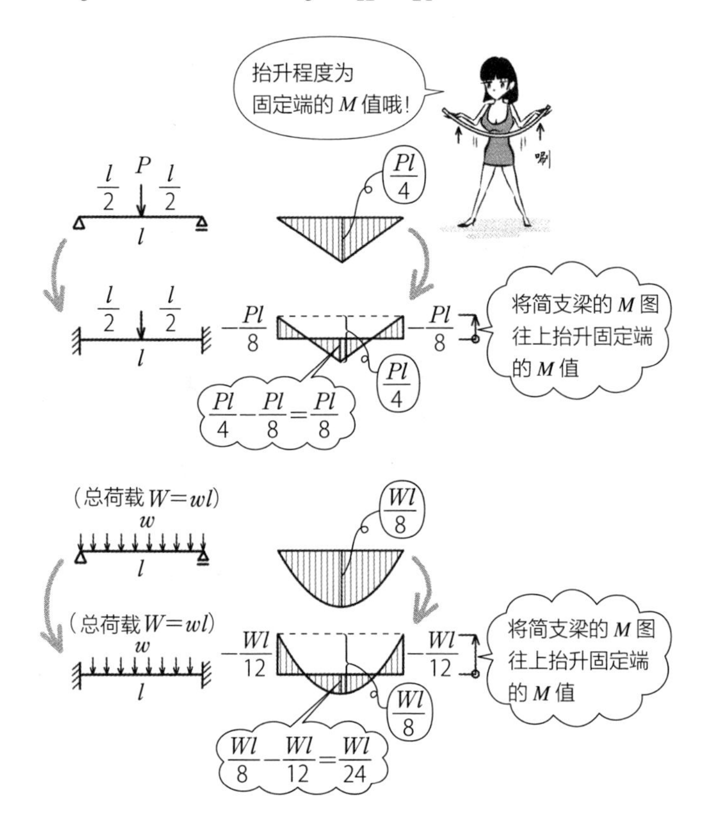

- 依据固定端的 M 值大小，将承受相同荷载的简支梁 M 图往上抬升后，就可以得到两端固定梁的 M 图。一定要记住上述两种 M 图。

Q 简支梁、连续梁受到图左侧的荷载作用时，M 图的形状是什么样的？

▼

A 如右侧图所示。

想象成橡皮筋来记住 M 图的形状吧。M 图会朝构件的突出变形侧绘制，但不管是构件还是橡皮筋，都是朝力的方向弯曲突出。铰支承、滚动支承的 M 为 0。

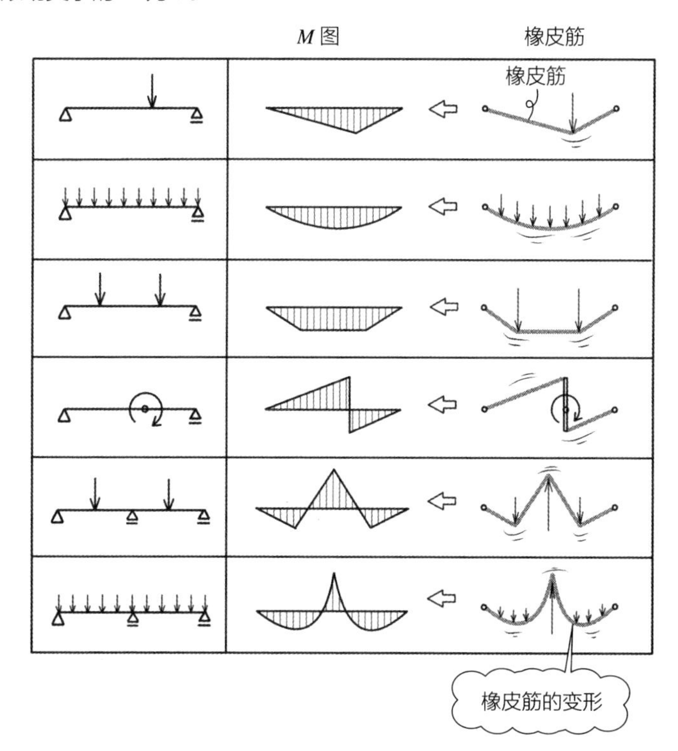

Q 悬臂梁受到图左侧的荷载作用时，M 图的形状是什么样的？

▼

A 如右侧图所示。

想象成悬吊棚架来记住 M 图的形状吧。自由端的 M 为 0。

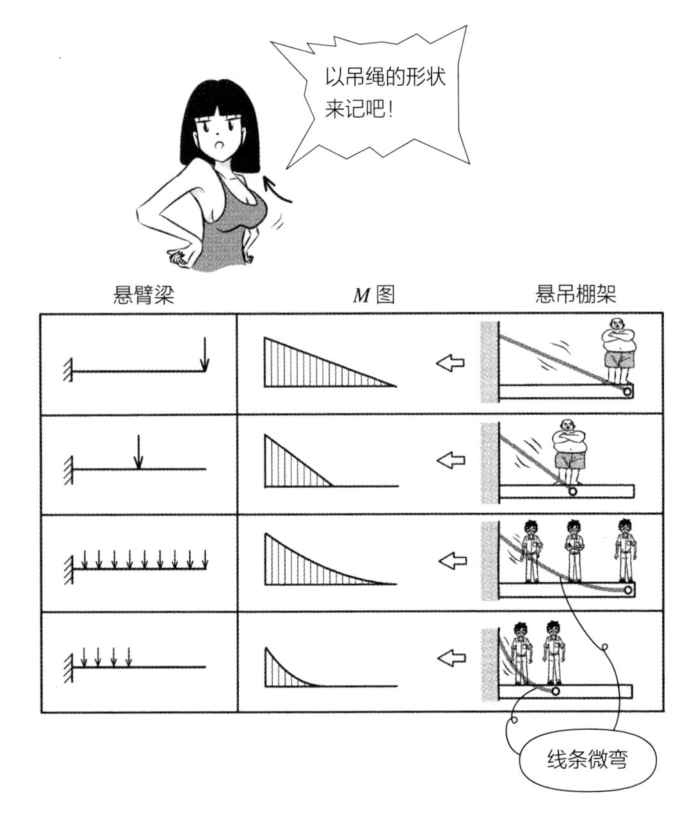

Q 门形框架结构受到图左侧的荷载作用时，M 图的形状是什么样的？

▼

A 如右侧图所示。

想象成猫的脸部正面和伸懒腰的样子来记住 M 图的形状吧。多层多跨距的框架结构也是类似的 M 图，记住门形的两种 M 图会很方便哦。

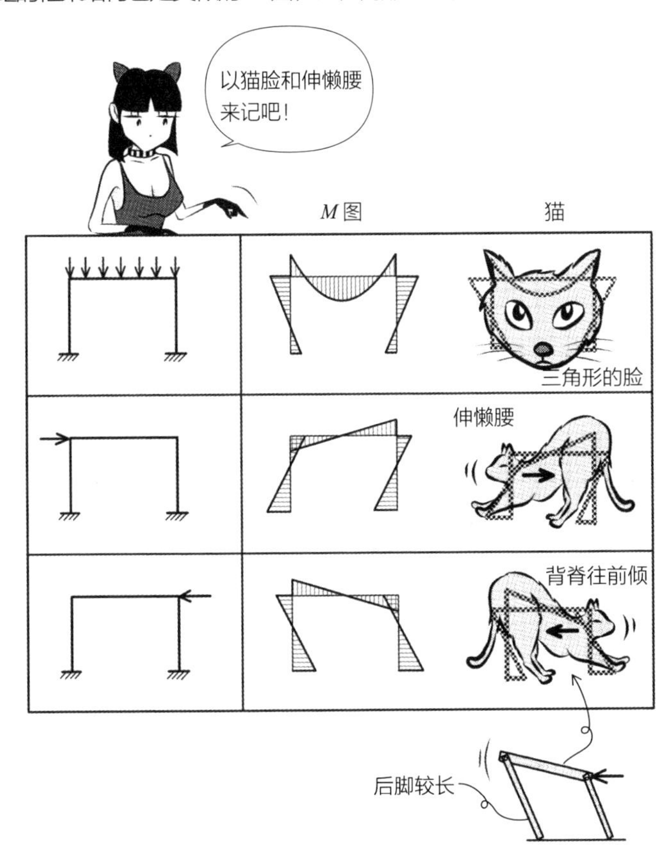

Q 等跨距的多层多跨距框架结构，受到如图所示的垂直荷载作用时，中柱会受到弯矩 M 的作用吗？

▼

A 几乎没有。

柱的左右受到来自梁的弯矩作用，两边会互相抵消，因此柱几乎没有受到弯矩作用。柱只有承受垂直力（轴力）的作用。

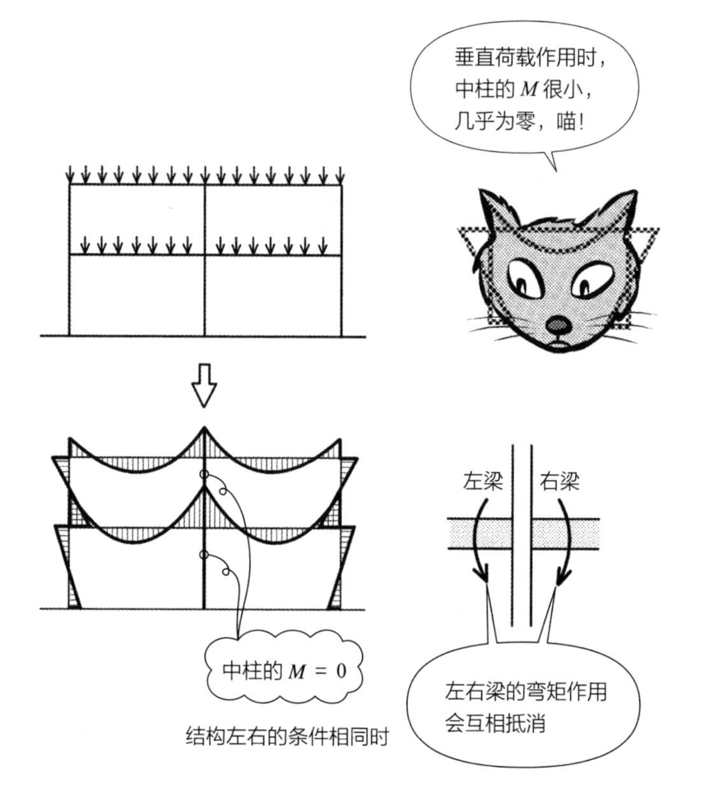

Q 与剪力墙（日文称耐震壁）接合的梁、柱，其弯矩 M 是多少？

▼

A 没有弯曲，所以 M 为 0。

与剪力墙接合的梁、柱完全不会弯曲变形，因此没有弯矩 M 作用。以 M 图表示时，在剪力墙的部分常加入细斜线等，由于四周的柱、梁的 M 为 0，所以不会有 M 图。M 为 0 没有变化，就表示其斜率 Q 也是 0。

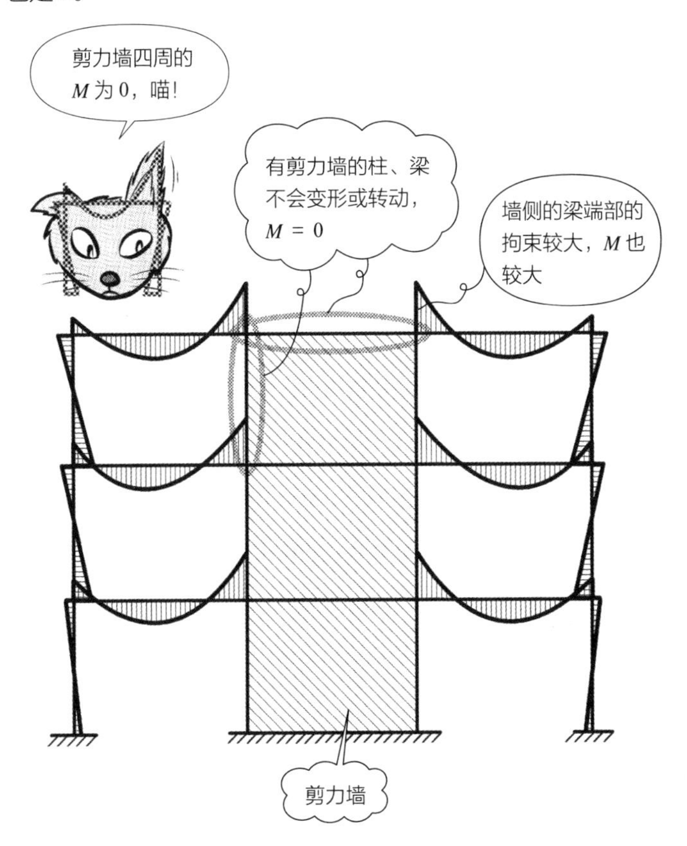

●如果墙壁几乎没有变形，完全为刚接，就是上述的情况。要求得剪力墙的内力时，可以将墙替换成斜撑等线材，只要计算线材承受的内力，就可以得知墙壁的 M、N、Q。

Q 什么是应变?

A $\frac{\text{变形长度}}{\text{整体长度}}=\frac{\Delta l}{l}$。

构件受到力作用时，长度会因为变形而产生伸长或缩短的情况，即比原来长或短。此变形与原来长度的比就是应变（strain），不管构件的长度多长，与力之间都维持一定的关系。一般以 ε 来表示应变。

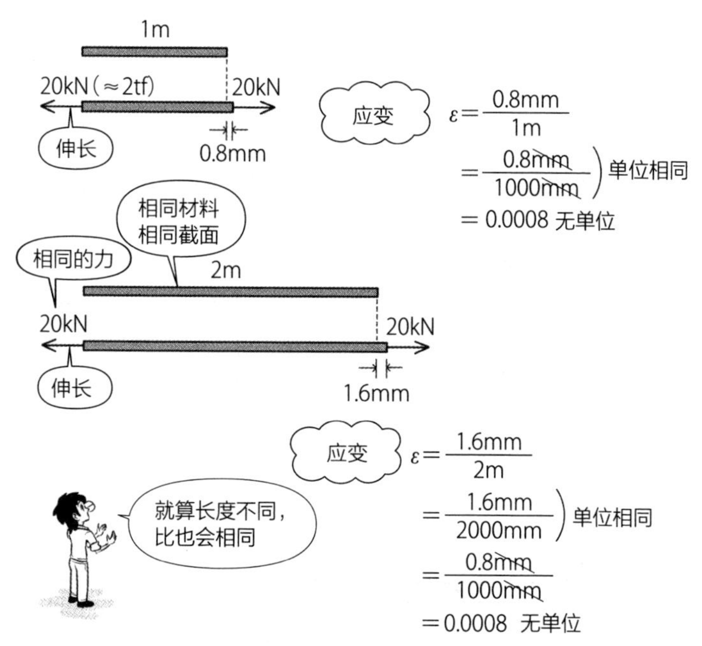

- 若为 1m 的构件，就会变成 1000.8mm。变形为 0.8mm，而原长为 1000mm，应变 $\varepsilon=\frac{0.8}{1000}=0.0008$。
- 与长度 l 相比的长度变化量（变形的长度）以 Δl 表示。而与原长无关的变形长度则常以 δ 表示。x、y 的变化量为 Δx、Δy，$\frac{\Delta y}{\Delta x}$ 为斜率。曲线某点的瞬时斜率，在 $\frac{\Delta y}{\Delta x}$ 的 Δx 无限小时，就变成 $\frac{dy}{dx}$，表示微分。先记住 Δl、Δx、Δy、dx、dy 吧。

Q 拉长相同材料时，若拉力为 2 倍，应变还是一样吗？

▼

A 若截面积也是 2 倍，应力相同时，应变就会一样。

当截面积相同，拉力变成 2 倍时，应变就变成 2 倍。但截面积若同为 2 倍，造成的应力减半，应变就会一样。内力除以截面积会得到应力，当应力相同时，应变就相同。应力与应变之间维持一定的关系。

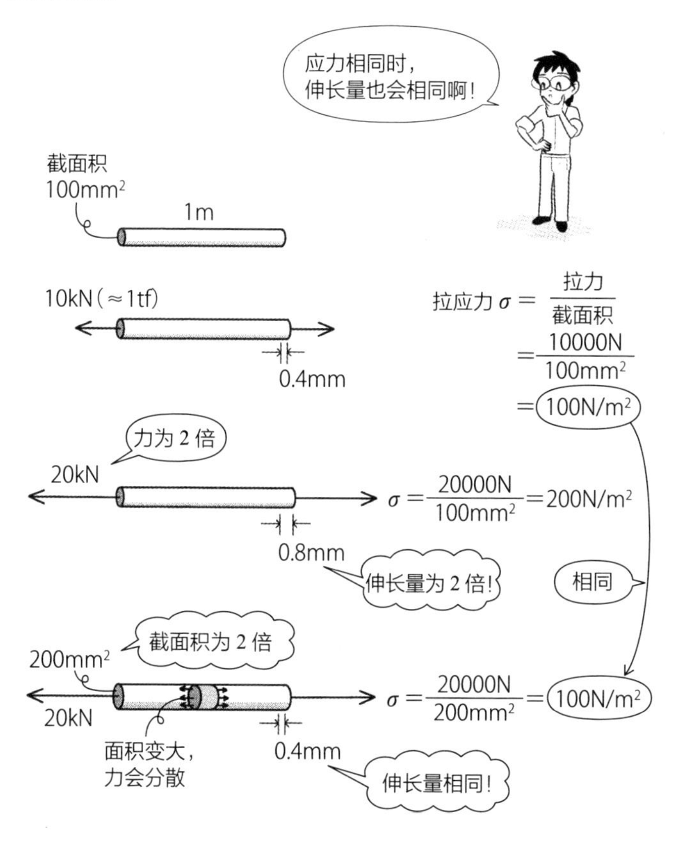

●将力分散到面积之后，就能得知普遍性的关系。

Q 拉长相同材料的力 P 与伸长量 Δl 有比例关系吗?

▼

A 在变形较小的范围内，两者为 $P=k\cdot\Delta l$（k 是系数）的比例关系。

这就是胡克定律（Hooke's law）。比例系数 k 也称弹簧常数、弹性系数等，为 P 与 Δl 图解的斜率。相同材料下，较细者容易伸长，较粗者不易伸长，图解的斜率（比例系数）也会跟着改变。

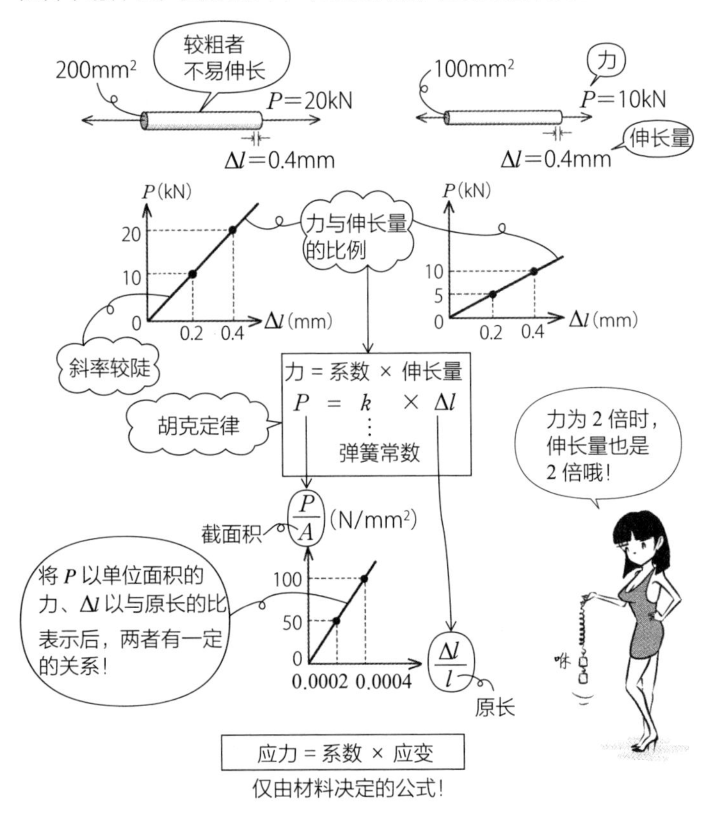

- 将荷载除以截面积所得的单位面积的力作为纵轴，伸长量与原长的比作为横轴，就可以得到力与变形的关系。任何长度、力都可以由此公式得到相对应的值。
- 胡克定律在结构力学中经常出现。用以解决静不定结构的变形的方法、以电脑进行应力解析的有限元法（刚度矩阵）等，都是以胡克定律为基础的。

Q 应力 σ =□×ε 的空格是什么?

▼

A E（elastic modulus，弹性模量）。

就像橡胶一样，力作用时会以一定的比例伸缩，除去力之后就恢复原来的状态，应力与应变的关系就是上述公式。应力与应变成一定比例，该比例系数 E 称为弹性模量。

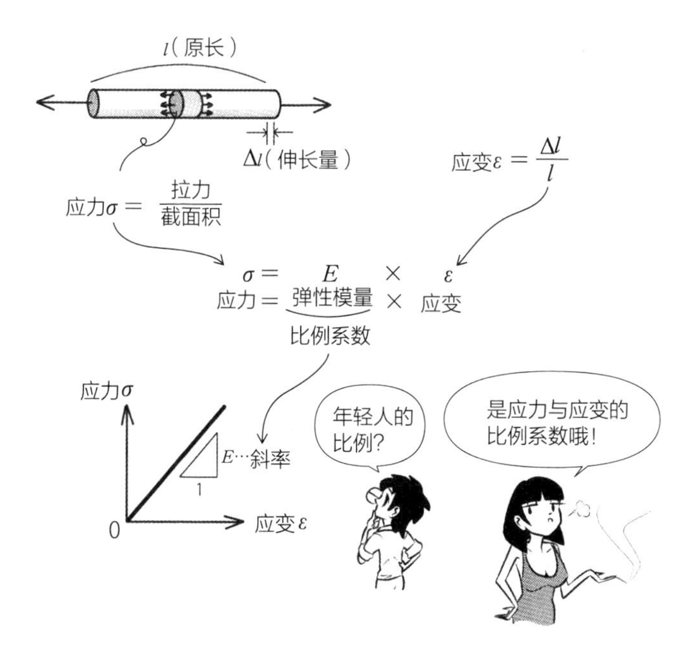

- 弹性模量又称为杨氏模量（Young's modulus），得名自英国科学家汤玛斯 · 杨（Thomas Young），与“年轻人”（young）无关。弹性模量 E 由材料决定。材料相同时，若施加相同的应力，变形都是同样的应变。
- 力与变形的比例关系，以及应力与应变的比例关系，都属于胡克定律（参见 R124）。这个定律得名自英国科学家罗伯特 · 胡克（Robert Hooke）。

Q 什么是弹性?

▼

A 力（应力）与变形（应变）呈比例关系，除去力之后会恢复原状的性质。

不管是钢材还是混凝土，在施力的初期都会维持弹性。在 σ、ε 的关系图中，通过原点的直线段就是材料的弹性区。

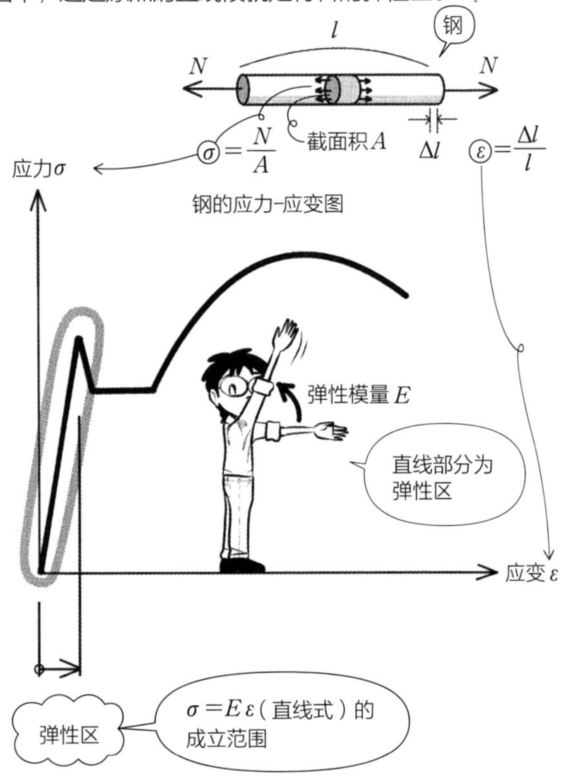

- σ 与 ε 的图解可称为应力-应变曲线、应力-应变图、应变图等。
- 钢材的强度比混凝土高很多，不管是拉力还是压力都是一样的图解。混凝土的抗拉强度非常弱，只能抵抗压力。但不管是钢材还是混凝土的应力-应变图，其通过原点的直线部分都是弹性区。

Q 混凝土有弹性区吗?

▼

A 应力-应变图中，靠近原点的地方就是接近弹性的状态。

在混凝土的应力-应变图的曲线中，靠近原点处有接近直线的曲线。将曲线上的点与原点直线连接后，得到的斜率就是弹性模量。

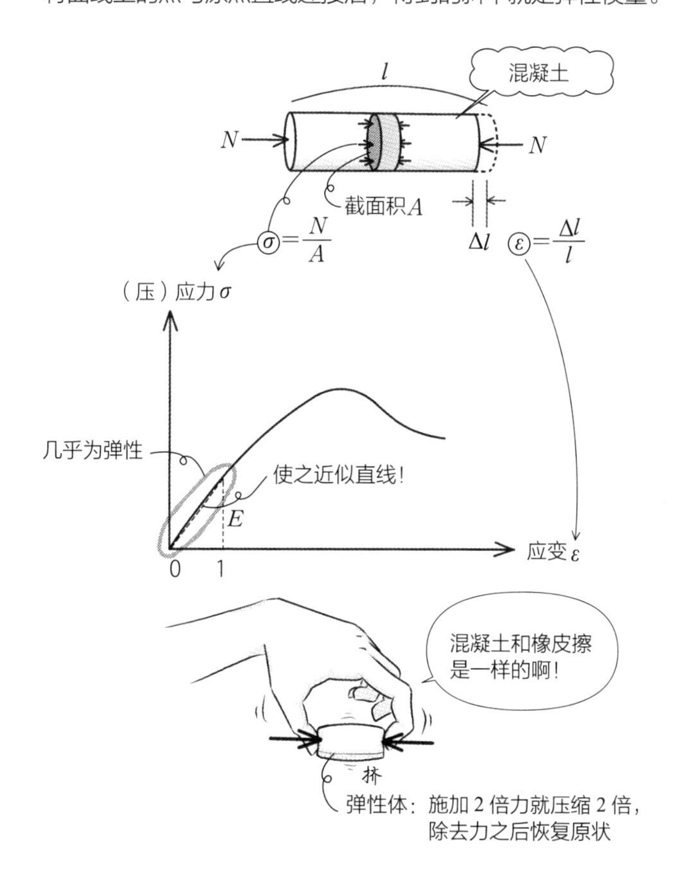

- 对混凝土施加拉力时，很快就会产生断裂破坏。其抗拉强度只有抗压的 1/10，因此混凝土在设计上偏重压力侧。钢不管受到拉力还是压力，图解都是相同的。
- 混凝土的弹性模量可以从强度和单位体积重量求得。

Q 弹性模量 E 大时，代表容易变形还是不容易变形？

▼

A 不容易变形。

弹性模量在应力-应变图中代表斜率。弹性模量越大，其斜率越大，代表在相同的应变下，需要较大的应力。承受压力作用的钢和混凝土的图解，若是将原点附近扩大来看，直线区域就是弹性区。钢的弹性模量比混凝土大 10 倍，斜率也大 10 倍，因此压缩量相同时，需要大 10 倍的力作用才行。

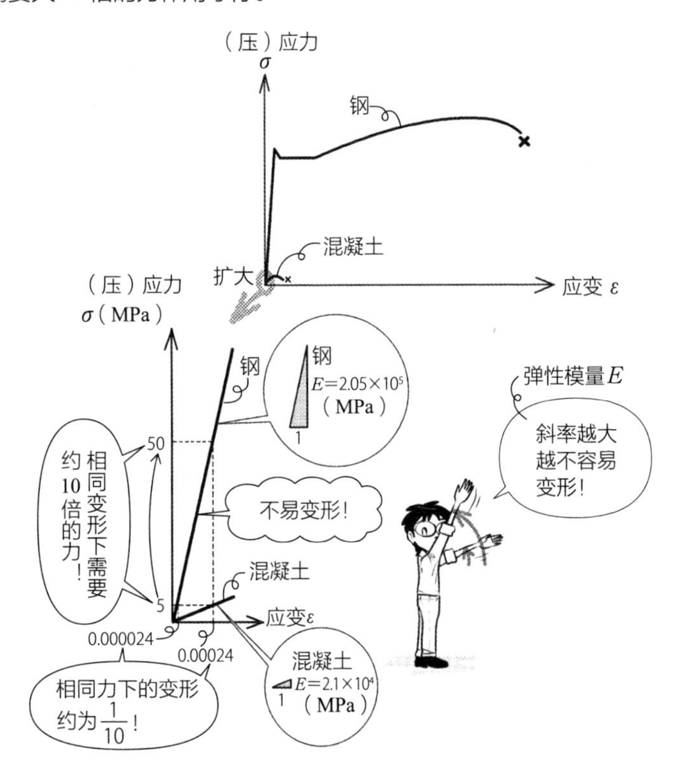

- 弹性模量会根据制品和强度等改变，钢约为 2.05×10^5MPa，混凝土约为 2.1×10^4MPa。混凝土的弹性模量随强度和单位体积重量而改变，有公式可求得。
- 应变 ε 为长度 ÷ 长度，无单位，因此弹性模量与应力的单位相同。

Q 什么是屈服点?

▼

A 弹性结束的点。

在钢材的拉伸试验中，2 倍的力会拉长 2 倍，3 倍的力会拉长 3 倍，除去力之后会恢复原状（弹性）。但是当力慢慢变大时，钢材到了某个点之后就会保持伸长的样子，无法恢复原状。这就是塑性（plasticity）。弹性结束、塑性开始的点便是屈服点（yield point）。如字面所示，屈服点是举起白旗“屈服”的点。

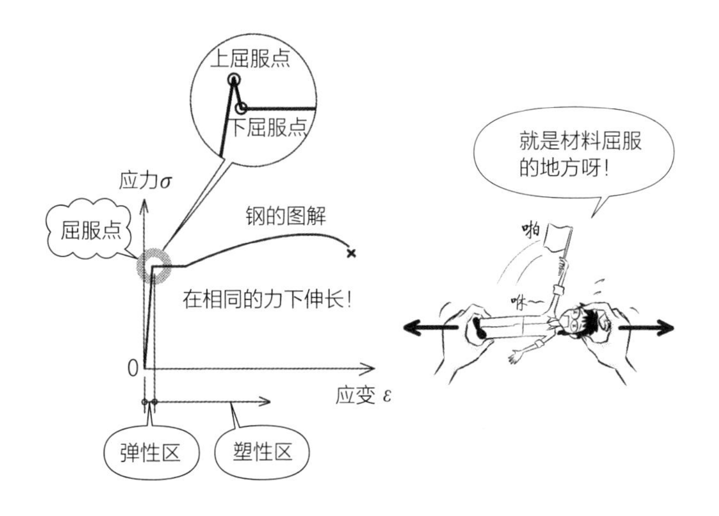

- 将钢材的应力-应变曲线的屈服点附近放大，就如上图一样，会先向下降再往右，变形越来越大。就像是举起白旗投降后，没有了抵抗力，有松一口气的感觉。开始向下的点为上屈服点，变形开始变大的点为下屈服点。
- 混凝土的曲线斜率会越来越小，终至断裂，其弹性与塑性的界限、屈服点等，不像钢材这么明显。

Q 什么是塑性?

▼

A 即使除去力之后也不会恢复原状、残留变形的性质。

在弹性区内，除去力之后都会恢复原状。当力超过弹性区，到了某个点之后，就算除去力也不会恢复原状。这就是塑性。

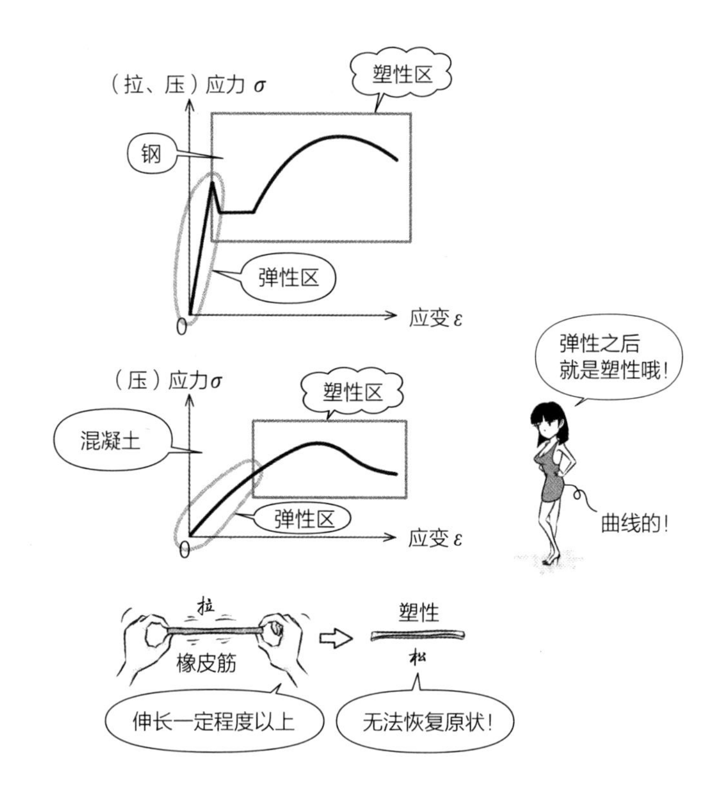

- 在应力-应变图中，接在直线后的曲线部分就是塑性区（plastic region）。
- 除去力之后的残留变形称为永久应变（permanent strain）、永久变形（permanent deformation）或残余应变（residual strain）、残余变形（residual deformantion）。

Q 什么是韧性、脆性?

▼

A 韧性（toughness）为材料的柔韧度，脆性（brittleness）是材料的脆弱度。

屈服点和强度之间的差距越大，也就是从弹性极限到真正的极限之间所拥有的柔韧度越大，材料的韧性越好。

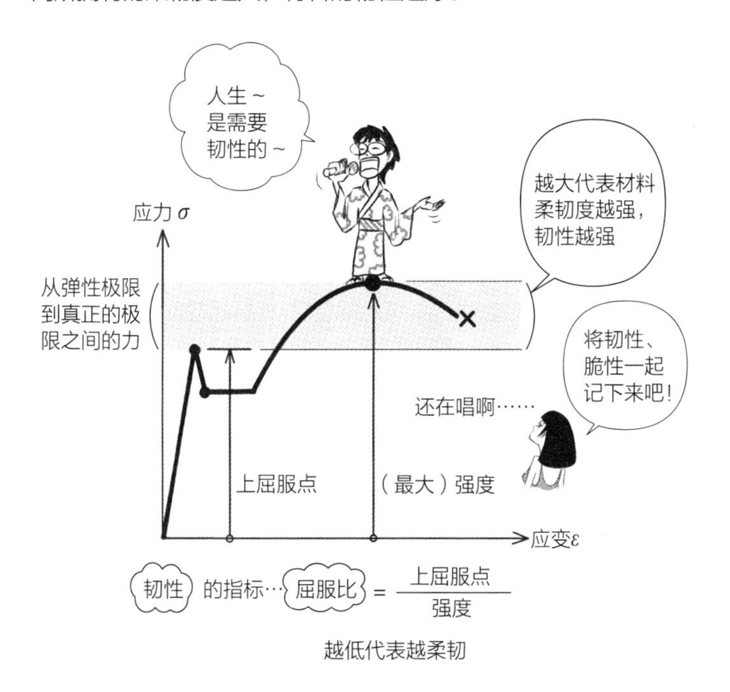

- $\frac{\text{上屈服点}}{\text{强度}}$ = 屈服比的公式是表示在最大强度的力中，包含多少弹性极限的意思，为柔韧度、韧性的指标。相对于强度，上屈服点越小，柔韧度越强，代表材料富有韧性。
- 混凝土和玻璃等的柔韧度很差，很快就会应声断裂，产生脆性破坏。钢等的金属则韧性较强，不易产生脆性破坏，而是像糖果一样先被拉长后，再慢慢产生破坏。

Q 梁截面的纵长和横长，要以哪一边为主比较不容易弯曲？

▼

A 纵长方向。

试着弯折塑胶直尺，比起横向，纵向部分较不容易弯曲。

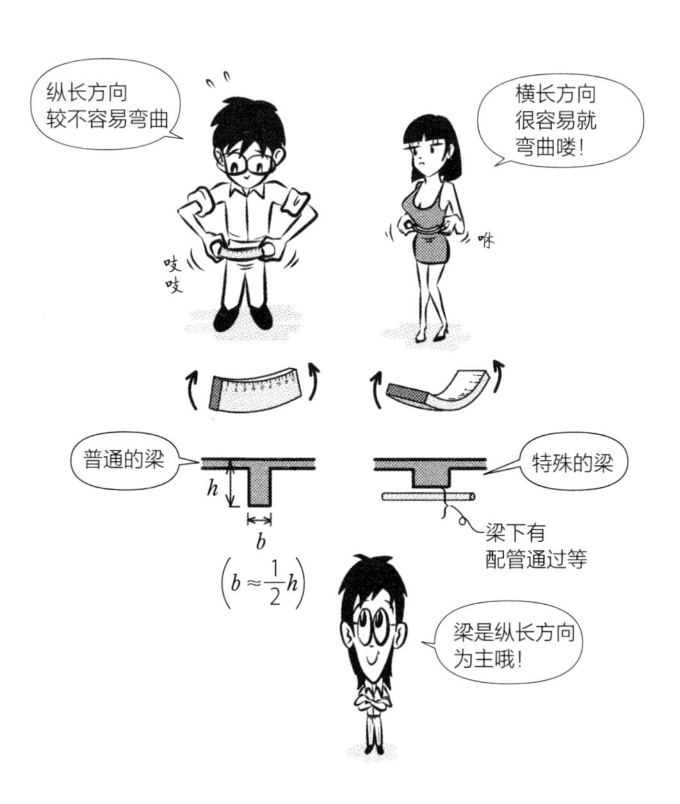

- 无论是木结构、钢筋混凝土结构还是钢结构，梁一般都是以纵长方向为主。梁的下侧受拉力作用，木结构梁若是用锯子割出裂缝，很容易从该处产生弯折断裂。
- 一般来说，梁下并无配管通过，若有需要，也可以询问结构工程师是否可以减少梁高。相对地，当梁高减少时，梁宽要随之增加。

Q 为什么以纵长方向为主的梁不容易弯曲?

▼

A 因为上下构件的变形量会变大。

梁弯曲时上方受压，下方受拉。此时不管受压侧还是受拉侧的变形都很大。在相同截面积下，若以纵长为主，越往上下两端的变形越大。而当变形量大时，所需要的力就更大了。

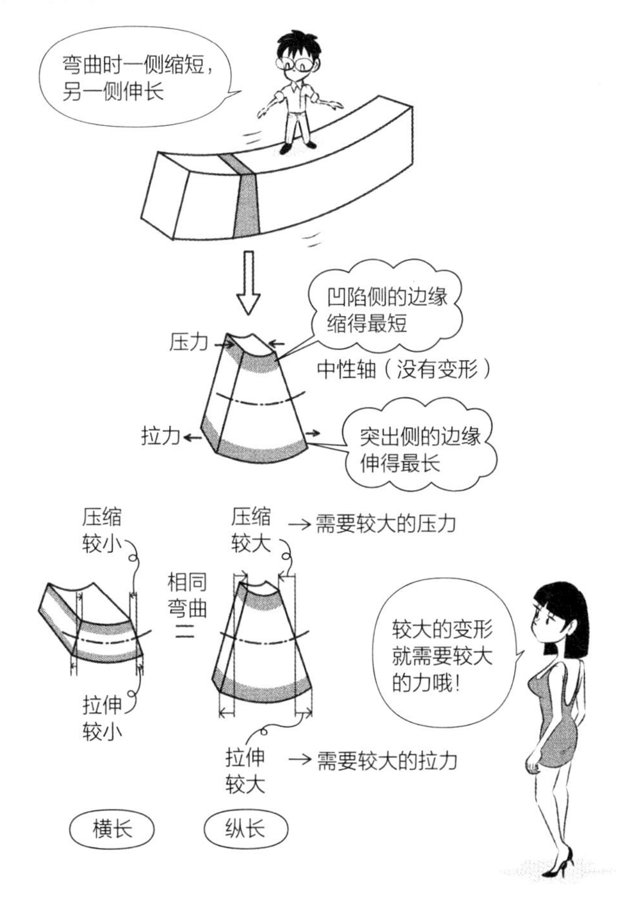

Q 相同截面积下，截面形状为长方形与英文字母 H 旋转 90° 而成为上下缘较宽的形状，哪一个比较难弯曲？

▼

A 将 H 旋转 90° 的形状比较难弯曲。

梁的上下缘的变形较大。将材料集中在变形较大的部分，才能够抵抗变形，比较难弯曲。

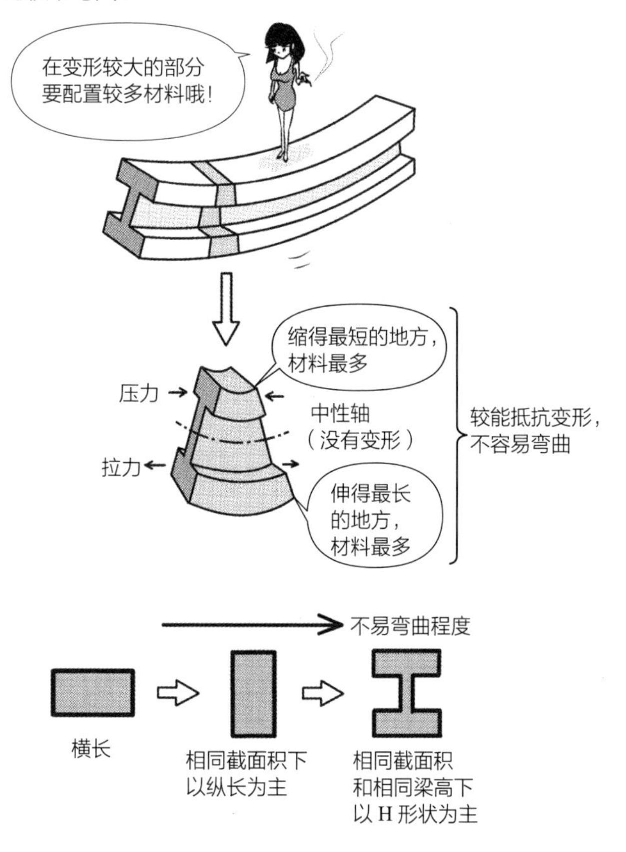

●相同截面积下，相对于横长，以纵长为主较不容易弯曲。而纵长又以上下较大、中央较小的截面形式较佳。钢经过压延可以制作出不同的截面形状，建筑中最常使用 H 型钢，铁路则多用轨道的形状。

Q H 型钢的梁中，用以抵抗弯曲的是翼板还是腹板？

▼

A 翼板。

H 型钢上下的厚板称为翼板（flange），中央的薄板称为腹板（web）。弯曲的时候，上下翼板的缩短伸长现象最明显，也是用以抵抗变形的部位。借由上下翼板的抵抗，使梁整体不容易产生弯曲。

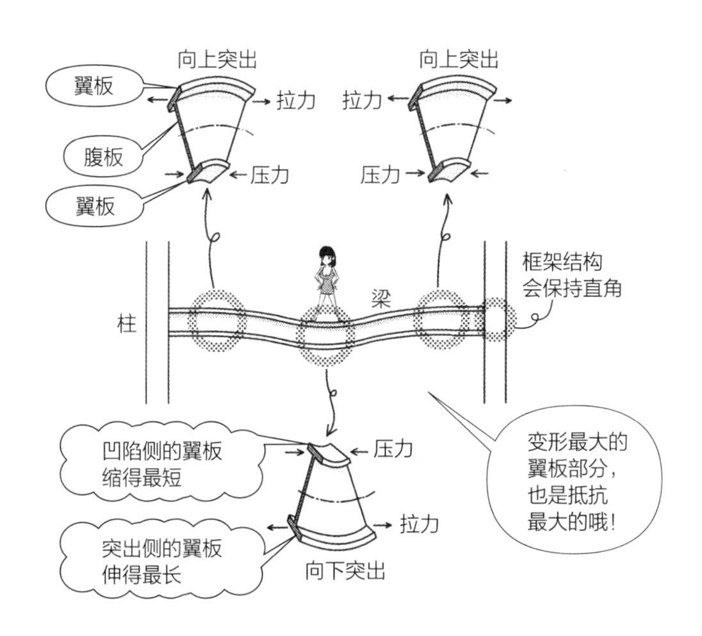

- 钢的价格较高，重量为水的 7.85 倍（钢筋混凝土重量为水的 2.4 倍），截面尽量缩小，减少材料用量，在使用上更符合经济效益。因此，在截面形状上会多下功夫，既可承受合理的力作用，也能减少材料的浪费。常作为梁使用的 H 型钢，在产生较大变形的上下部位会配置较多材料，就是为了增加抵抗弯曲的能力。
- 另外也有 I 型钢，但因为翼板的内侧为倾斜的状态，实际中不常使用。以螺栓锁固时，要使用附倾斜角的垫圈。梁的使用还是以 H 型钢为主。

Q 什么是 H 型钢的强轴、弱轴?

▼

A 与翼板直交的弯曲轴为强轴，与翼板平行的弯曲轴为弱轴。

对抗弯曲的是翼板，因此会配置在梁的上下侧。柱则配置在希望抗弯较强的方向。若希望 x、y 方向的抗弯能力皆强，则可以使用方形钢管。

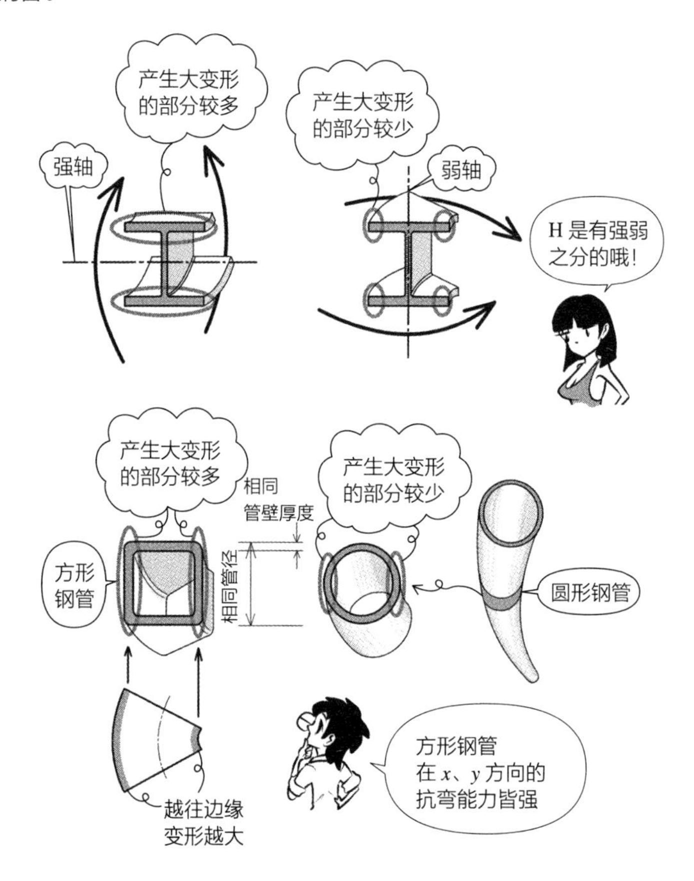

●圆形钢管在边缘的材料比方形钢管少，因此在相同管径下，抗弯能力比方形钢管弱。

Q 用以抵抗弯曲的几乎都是翼板，这样可以省略腹板吗?

▼

A 为了让翼板弯曲，必须有腹板。

将翼板与腹板一体化成为扇形，靠近上下边缘的构件就可以进行较大的伸缩。若是让翼板分散移动，翼板就无法进行大范围的伸缩，变得容易弯曲。

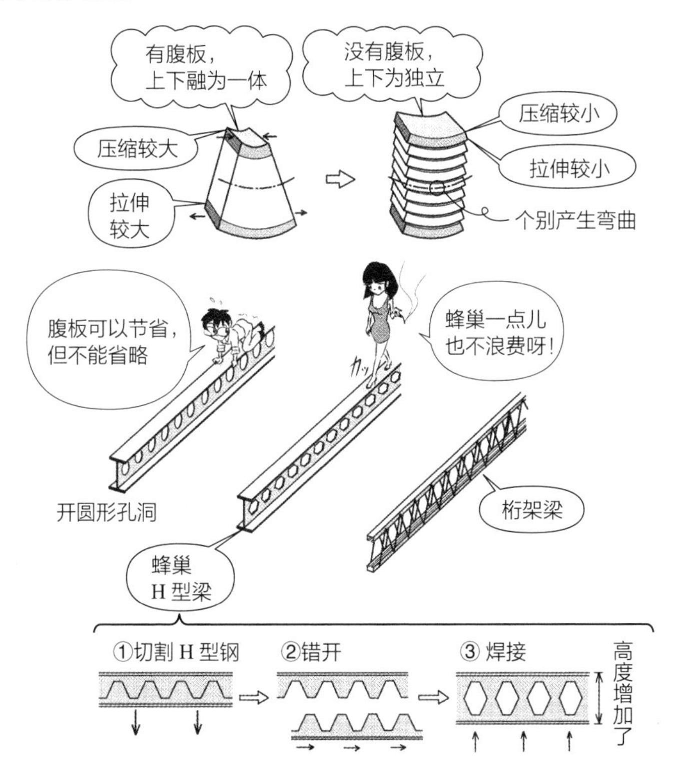

●将塑胶直尺重叠后弯折，它们会各自独立产生弯曲，抵抗弯曲的力比较弱。试着用黏结剂粘起来，弯折时若不让靠近上下端的直尺进行较大的伸缩，就不会产生弯曲。

●虽然无法完全除去腹板，但可以节省一定的程度。例如，在腹板上开圆形孔洞、蜂巢状六角形孔洞（蜂巢 H 型梁），或是将 C 型钢当翼板而以钢筋桁架作为连接（桁架梁）等，有许多不同的方式。

Q 宽为 b、高为 h 的长方形截面的梁，其截面二次矩 I 是多少？

▼

A $\frac{bh^3}{12}$。

截面二次矩是用以表示材料弯曲困难度的一种系数。上式中，是以梁高 h 的 3 次方，乘以梁宽 b 的 1 次方而得。梁高只要稍大，就会有 3 次方的效果。在相同材料下，纵长会比横长难弯曲，从截面二次矩的公式也可以看出这点。

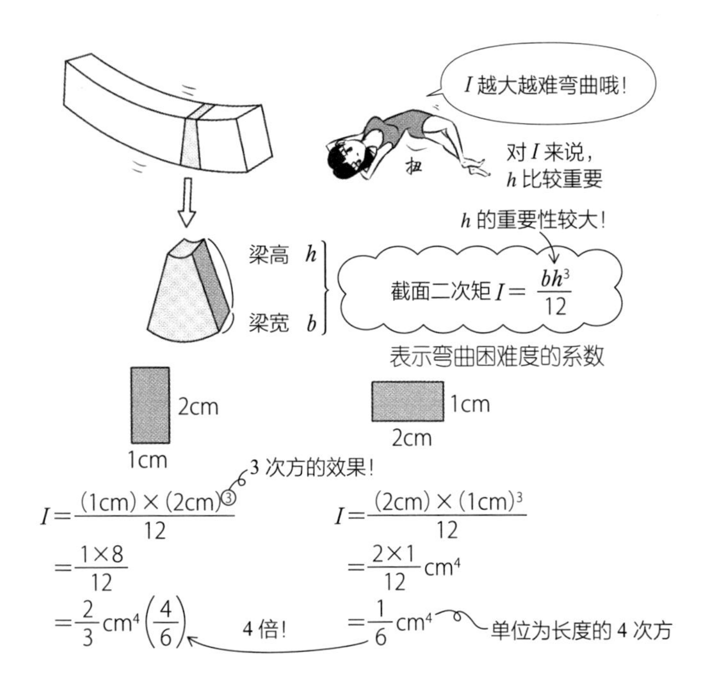

- 译注：我国把截面一次矩称为截面面积矩，又称为截面静矩；把截面二次矩称为截面惯性矩。
- 截面二次矩的单位为长度的 4 次方，如 mm^4、cm^4、m^4 等。符号为 I。
- 1cm × 2cm 的小梁，其纵长的截面二次矩为 $\frac{1\times2^3}{12}=\frac{2}{3}(cm^4)$，横长则是 $\frac{2\times1^3}{12}=\frac{1}{6}(cm^4)$。纵长的截面二次矩为横长的 4 倍。

Q 若为柱的话，$I=\frac{bh^3}{12}$的 h 是什么长度?

▼

A 与弯曲轴直交方向的截面长度为 h。

柱受到地震力等横向力作用时，和梁一样会产生弯曲。柱的 b、h 都是在水平方向，若与弯曲梁的 h 相对应，马上可以知道柱的 h 位置。

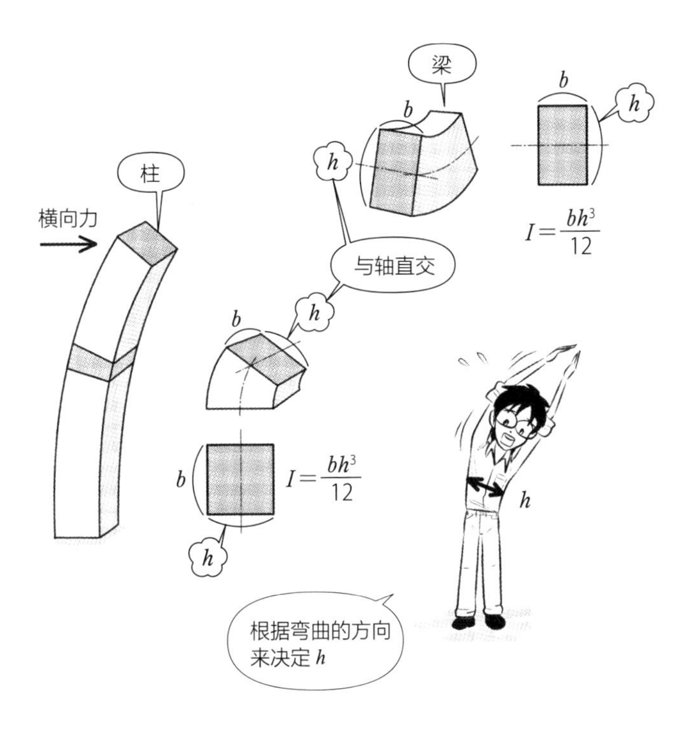

Q H 形的截面二次矩可以先将长方形分割，分别计算 $I=\dfrac{bh^3}{12}$ 之后再加起来吗?

▼

A 长方形的中心轴若是和弯曲轴不同，就不能使用 $I=\dfrac{bh^3}{12}$。

$I=\dfrac{bh^3}{12}$ 是以长方形中央为弯曲轴的公式。下方图解的上图的 $2I_1+I_2$ 是错误的。如下方图解的下图，以弯曲轴为中心轴的大长方形，减去同样以弯曲轴为中心轴的小长方形来计算 H 形的方式，才可以个别使用 $I=\dfrac{bh^3}{12}$。即下图的 I_3-2I_4，才是使用长方形中心为弯曲轴的 $I=\dfrac{bh^3}{12}$ 所计算出来的公式。

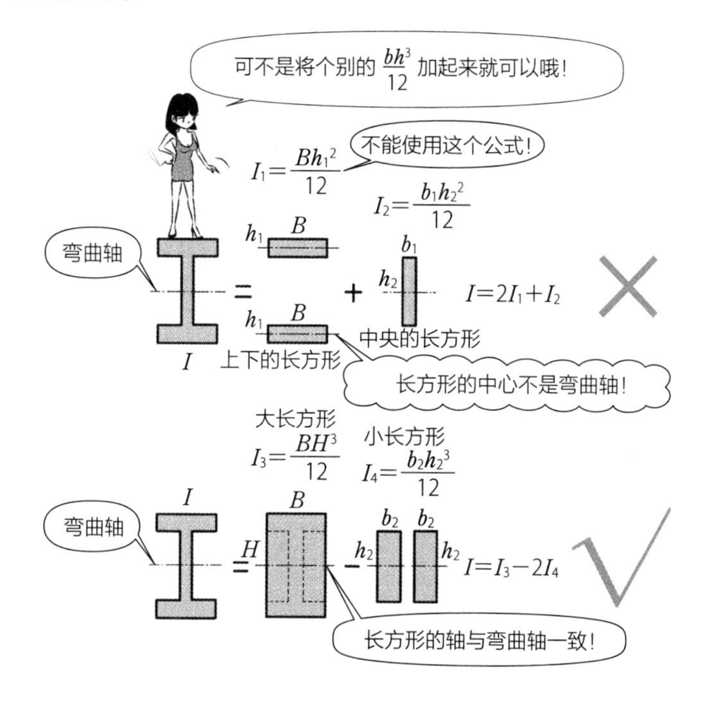

●实际上，H 型钢除了 H 形之外，还有圆弧状的部分，截面形式较复杂，若是不使用积分，无法得到正确的截面二次矩。钢材制品目录中，记载了包括钢材的单位质量、截面积、截面二次矩、截面系数等资料。

Q 截面二次矩的二次是什么?

▼

A 与中性轴距离的 2 次方。

截面二次矩、截面一次矩的定义为:

截面二次矩 I =(面积 × 与中性轴距离的 2 次方)的合计

截面一次矩 S =(面积 × 与中性轴距离)的合计

转动的力，即力矩，为力 × 与转动轴的距离，对于截面二次矩、截面一次矩来说，公式一样是 □ × 距离。代表面积对中性轴的影响力及效果。中性轴受弯曲不会产生变形，也是弯曲的中心轴。

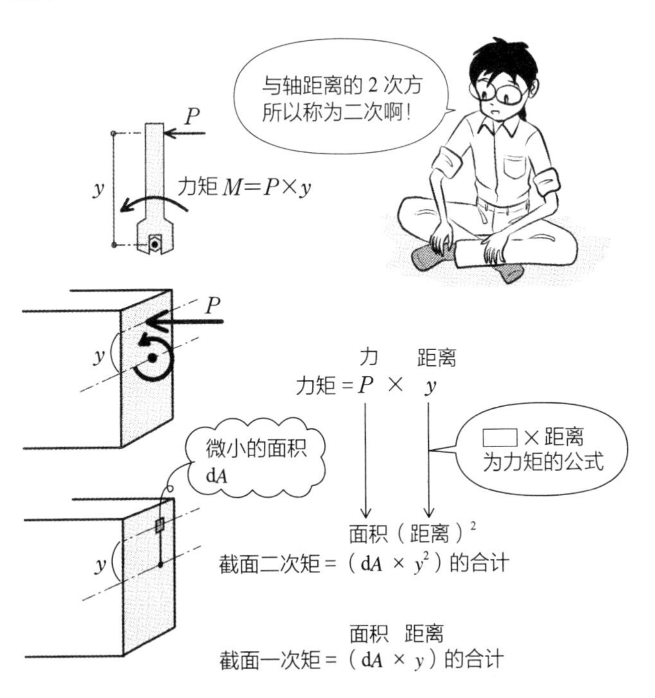

- 有 x^2 的公式为二次式，x^1 则为一次式，而二次矩是(距离)^2 的公式，一次矩则是(距离)^1。
- 计算(面积)×(与中性轴距离的 2 次方)的总和时，若面积非长方形，各自的 y 的位置会跟着改变，需要用积分来计算。截面二次矩、积分等的详细说明，请参见著作《结构力学超级解法技巧》。

Q 为什么在求取截面二次矩 I 的公式中，会出现与中性轴距离 y 的二次方?

▼

A 因为作用在截面上的应力 σ，随着与中性轴距离 y 加大而等比例变大（σ= 系数 $\times y$），而力要再乘以与中性轴的距离 y，才会得到对应于中性轴所产生的力矩作用（σ × 面积 $\times y$）。

截面二次矩之所以称为二次，是因为乘以两次 y 的关系。至于为什么要乘以两次 y，则是由于以力矩公式计算弯矩时，σ 还要再乘以距离的关系，如此一来就出现 y 的二次方。

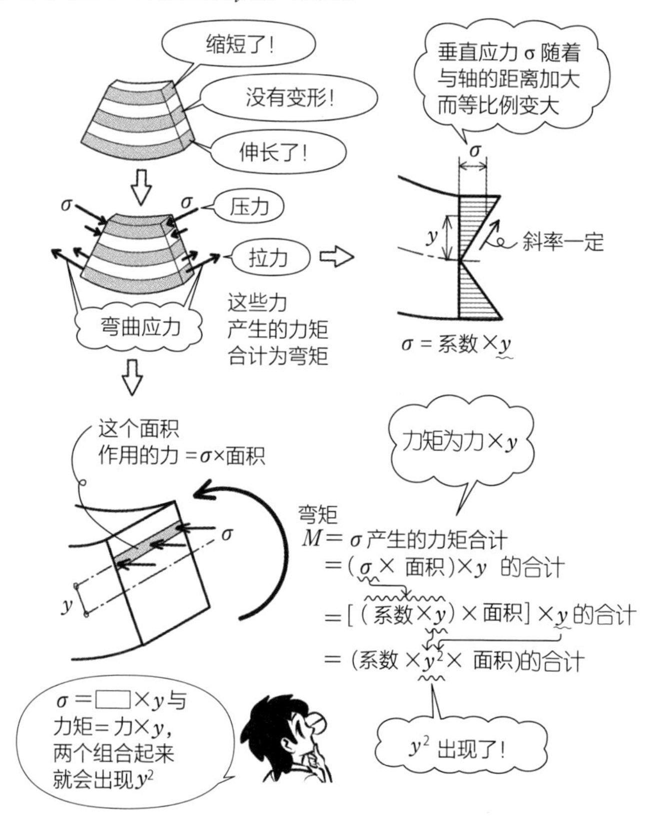

Q 截面一次矩 S 为什么只有 1 次方?

▼

A S =（面积 ×y）的合计，所以 y 只有 1 次方。

相对于截面二次矩 I =（面积 ×y^2）的合计，截面一次矩 S =（面积 ×y）的合计，由于 y 只有 1 次方，所以称为截面一次矩。两者都是面积对中性轴产生的力矩，差别在于距离 y 分别是 2 次方和 1 次方。

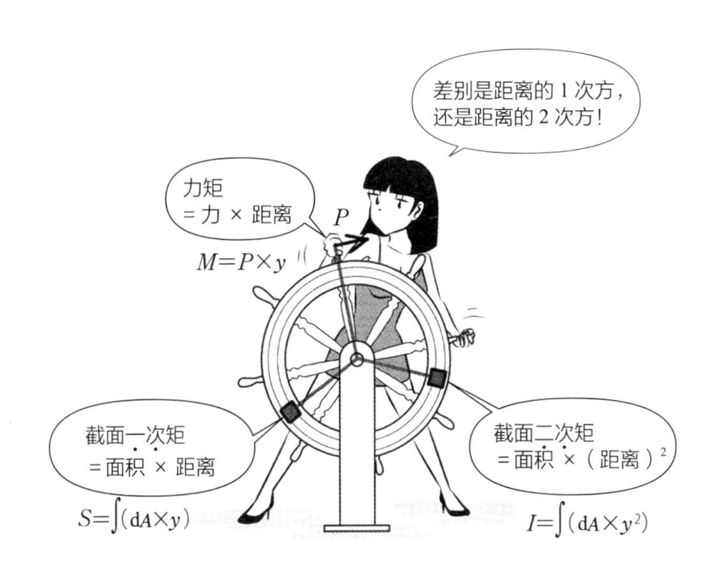

●虽然截面一次矩 S 的使用不像截面二次矩 I 这么频繁，但常用于求取截面的重心位置，或从剪力 Q 求取剪应力 τ 的时候。

Q 通过圆面中心的轴，其对应的截面一次矩 S 是多少？

▼

A 0。

x 轴通过圆心时，x 轴上下的面积 $\times y$ 会互相平衡。y 在 x 轴的上下，数值相同，符号各为正负，合计起来就是零。截面二次矩 I 的 y 为 2 次方，因此一定是正值。

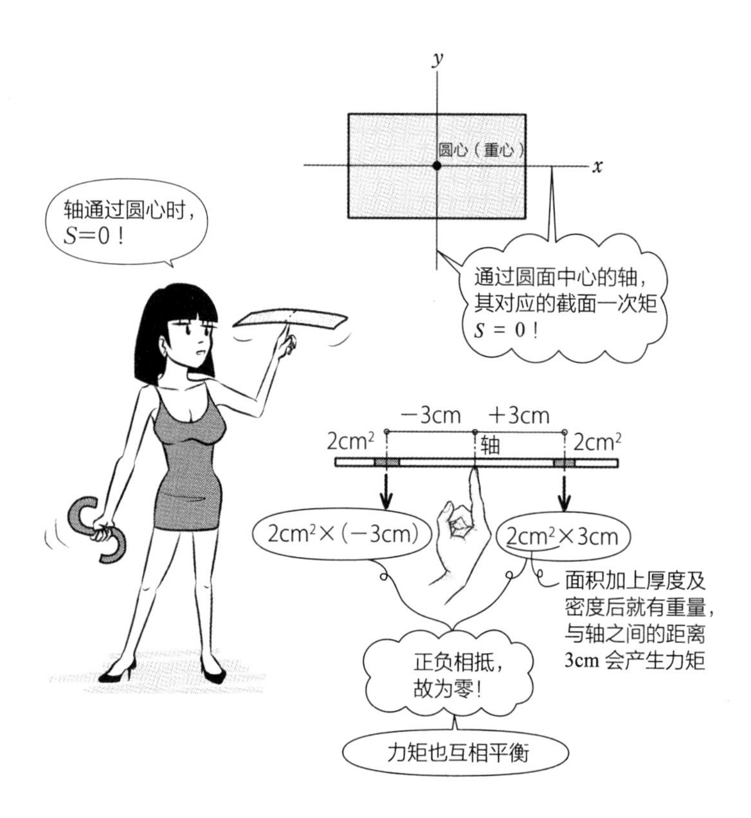

- 物质重量为均质时，截面积与重量等比例。面积对轴产生的效果（面积 × 与轴的距离）会左右相等，互相平衡，轴也会通过重心。若是轮廓复杂的截面，可以利用 S 的计算求得圆心（重心）位置。

Q 弹性模量E与截面二次轴矩I的单位是什么？

▼

A 弹性模量E为MPa，截面二次矩I为mm^4等。

应变ε是长度÷长度而得，所以没有单位（亦称无名数）。弹性模量$E=\frac{\sigma}{\varepsilon}$，$E$会与应力$\sigma$为同单位。$I$为长度的4次方。在结构上会频繁使用$E$与$I$，要好好记住。

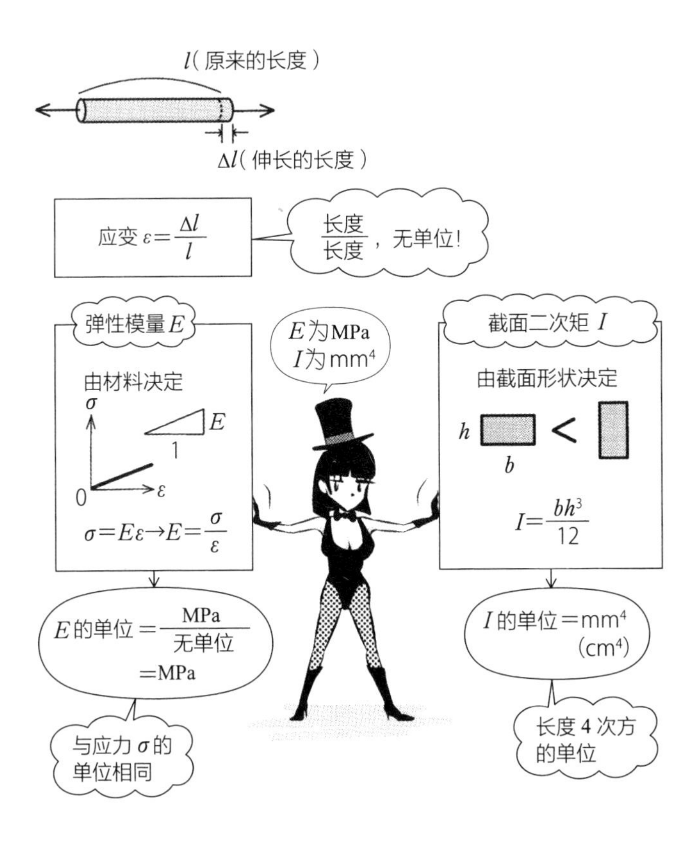

Q 在梁中央附近的弯曲应力 σ_b 会如何作用?

▼

A 越往下，拉力作用越强；越往上，压力作用越强。

从梁切出一个骰子状的立体变形来看。如图所示，为上方压缩，下方伸长，中央没有变形。换言之，上方是受到压力作用，下方受到拉力作用，中央没有力在作用。

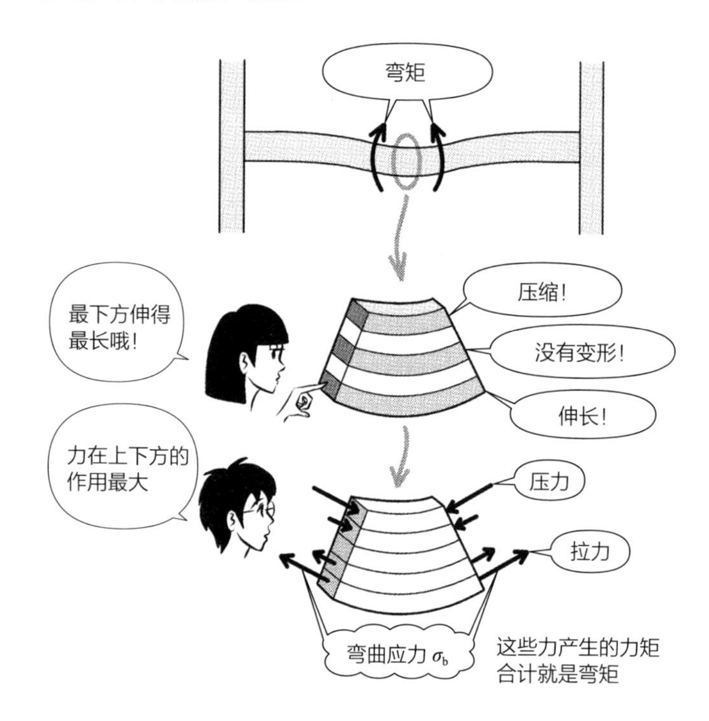

- 压应力、拉应力在截面上的作用是均等的，切割面积就能简单计算出数值。弯曲应力不单只是力 × 距离的力矩，而是单位面积上的作用力。而且它并不是均等的作用，越往梁的上方，压力越强，越往梁的下方，拉力越强，为不均等的作用方式。
- 弯曲应力的弯矩，是通过分解出作用在截面上的垂直力（垂直应力 σ）来计算的。这个微小的力所造成的力矩合计，才是弯矩的来源。垂直应力 σ 中会造成弯曲（bending）的力，也可以特别写成 σ_b 来表示。

Q 弯曲应力 σ_b、弯矩 M、截面二次矩 I，跟与中性轴的距离 y 的关系是什么？

A $\sigma_b=\dfrac{My}{I}=\dfrac{M}{Z}$（$Z$ 为以 $Z=\dfrac{I}{y}$ 表示的截面系数）。

弯矩 M 分解成弯曲应力 σ_b 时，需要截面二次矩 I。I 依截面的形状决定，σ_b 则随着与中性轴的距离 y 而改变。以 $\dfrac{I}{y}=Z$ 替代后，就成为 $\dfrac{M}{Z}$ 的简洁公式。

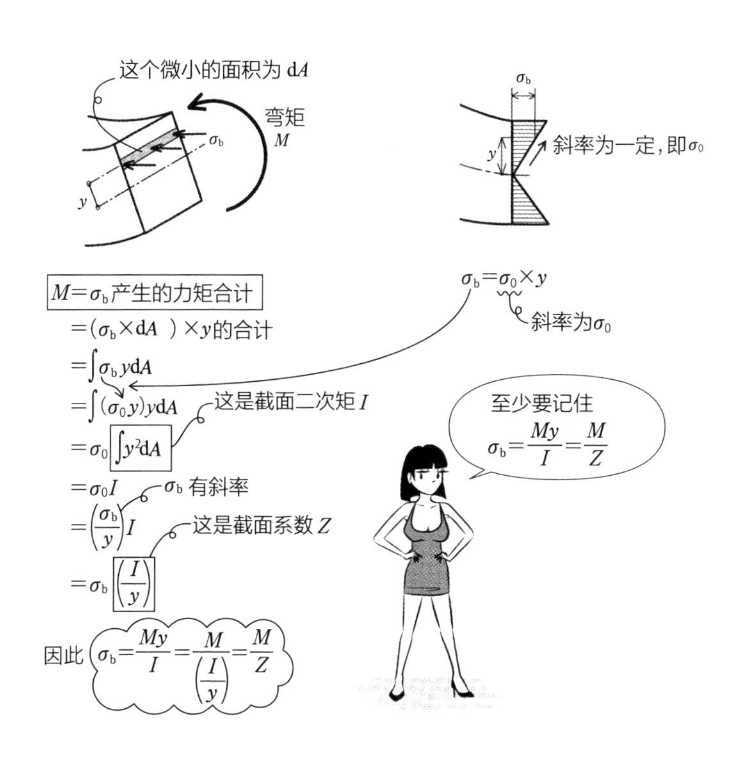

●记载在数表里的 Z 都是从边缘（y_{max}）开始计算，即 $Z=\dfrac{I}{y_{max}}$。

Q 梁的最大弯曲应力在什么位置?

▼

A 梁的上下端边缘。

边缘是缩得最短、伸得最长的地方，这表示有相当的弯曲应力在作用。$\sigma_b=\dfrac{My}{I}$ 中，y 若取最大，就表示 σ_b 为最大。构件若是能够承受 σ_b 的最大值，一定可以承受其他比 σ_b 小的力。只要确认最大弯矩位置的缘应力，便可得知建筑物结构是否安全。

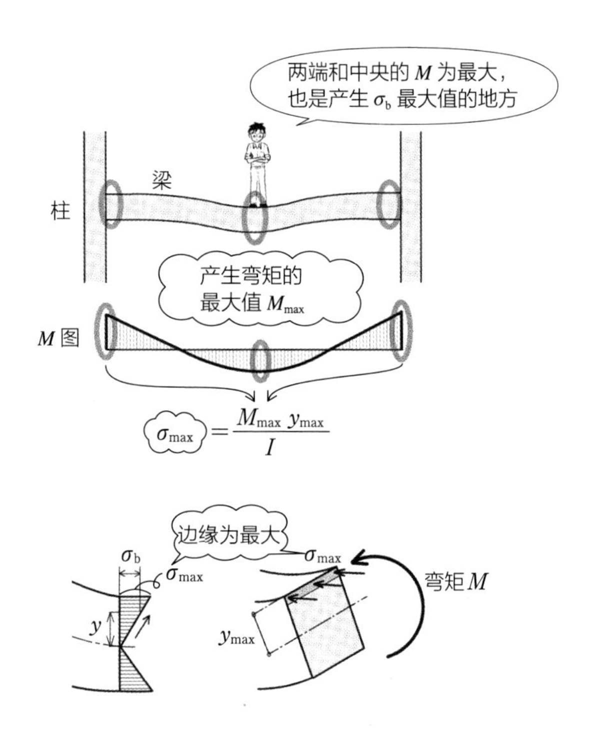

- 作用在垂直截面上的垂直应力以 σ 表示，为了与压力所产生的应力区别，弯矩产生的应力会加上 bending（弯曲）的字首，以 σ_b 表示。
- 从弯矩 M 导出弯曲应力 σ_b 时，会出现等同于截面二次矩 I 的公式。由于积分计算比较复杂，通常会先以截面形状计算出截面二次矩的数值。

Q 如何描述弯曲应力 σ_b 的图解形状？

▼

A 如下图的蝴蝶形或以一条直线表示。

σ_b 以中性轴为界，一边为拉力，一边为压力。中性轴的 $\sigma_b=0$，边缘的 σ_b 为最大，整体变化呈现一条直线。为了清楚表示 σ_b 的大小，上述两种方式都经常使用。

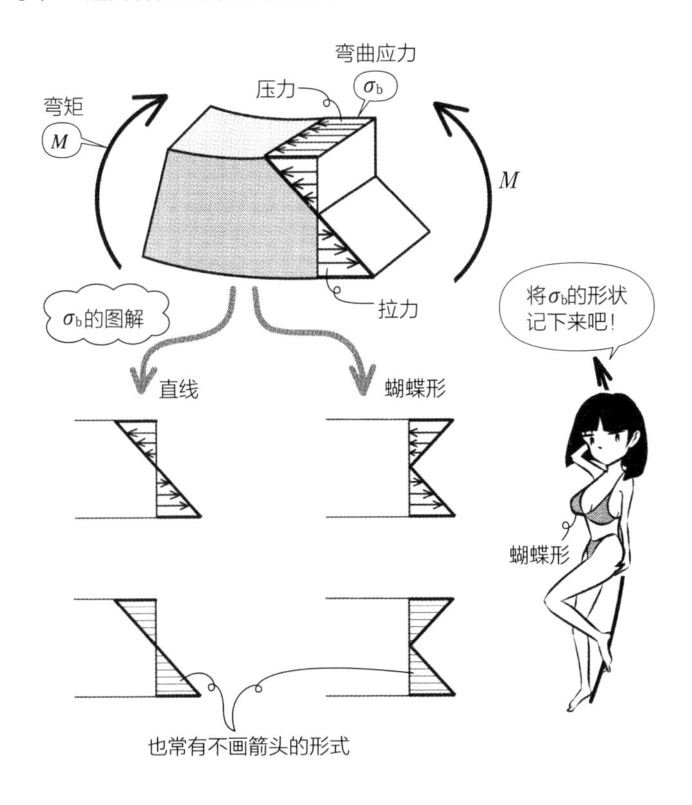

- $\sigma_b=\dfrac{My}{I}$中，M 与 I 为定值时，$\dfrac{M}{I}$作为斜率，形成直线的公式，σ_b 会随着 y 成比例增加。

Q H 型钢是较难弯曲的材料，其截面二次矩 I 大还是小?

▼

A 大。

钢等的相同材料，其弹性系数 E 相等，材料的变形难易度也相同。此时截面形状的不同就会决定弯曲难易度的不同。只要比较钢材目录中的 I ，就可以知道材料弯曲的难易程度。再次牢记 E 与 I 吧。

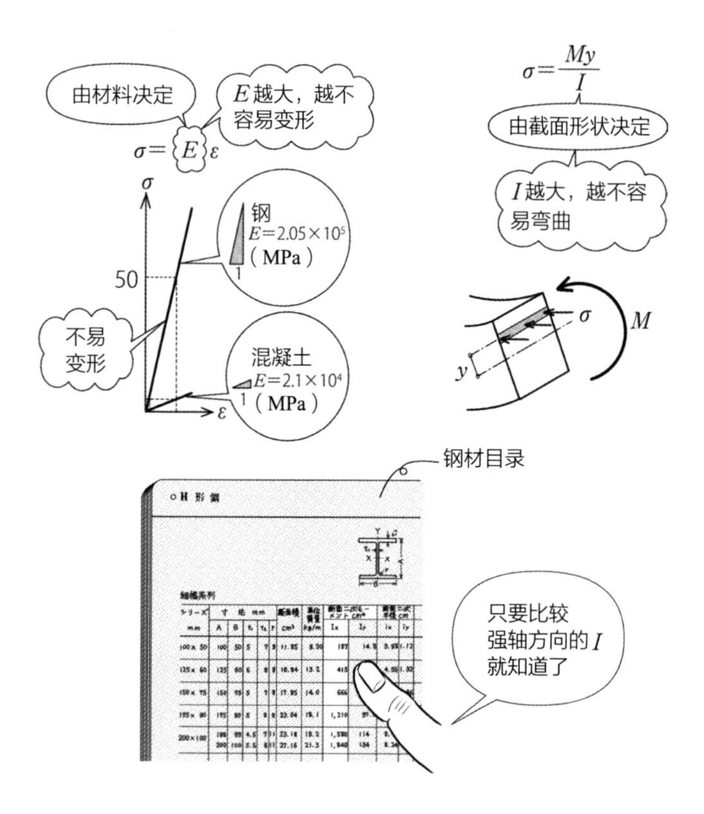

Q 柱受到偏心的压力 N 作用时，应力 σ 是什么形式？

▼

A N 作用的压应力 σ_c，由于偏离中心位置的关系，还会有力矩产生的弯曲应力 σ_b 。

一般是只有压力除以截面积而得的压应力 σ_c ，若 N 的位置不在中心点，也要考虑由此产生的力矩影响。例如，当梁受到来自偏离中心位置很大的力作用时，柱就不只有压力，也要考虑弯曲的作用。

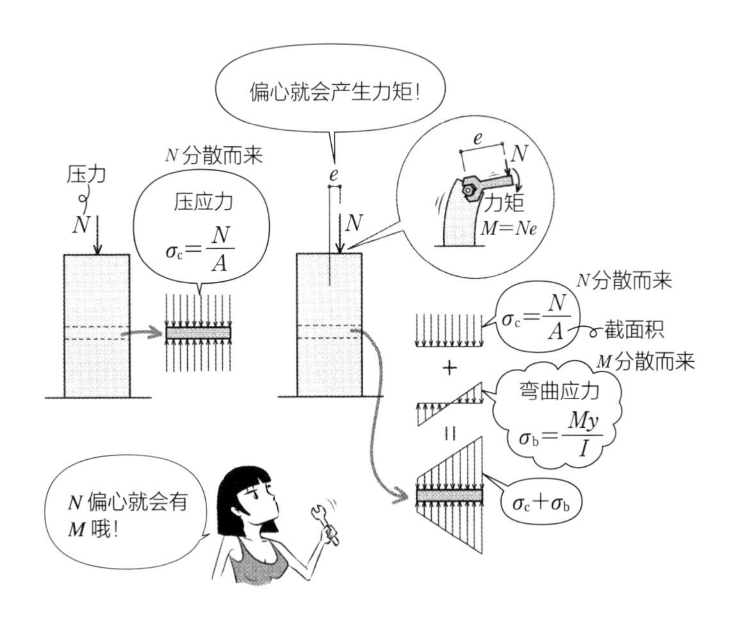

- 偏心距为 e 时，会产生转动的力，即力矩 Ne 。柱受到力矩作用，各个切截面产生弯矩 M。σ_b 的大小会随着与中性轴的距离而改变，公式则使用截面二次矩 I ，以 $\sigma_b = My/I$ 表示。
- σ_c 的下标 c 是 compression（压缩）的意思，σ_b 的下标 b 是 bending（弯曲）的意思。

Q 柱的偏心压力 N 会在构件上产生拉应力吗？

▼

A 偏心距 e 较大时，压力与弯矩作用的合力，可能会在对侧产生拉应力。

偏心距 e 越大，压力 N 越是偏离中性轴，力矩 Ne 越大，弯曲应力$\sigma_b=\dfrac{My}{I}$也越大。拉力侧的弯曲应力 σ_b 越大时，就算加上计算出的$\sigma_c=\dfrac{N}{A}$也仍为负数，就会产生拉力的部分。若是发生在抗压较强、抗拉较弱的混凝土上，就会出现问题。

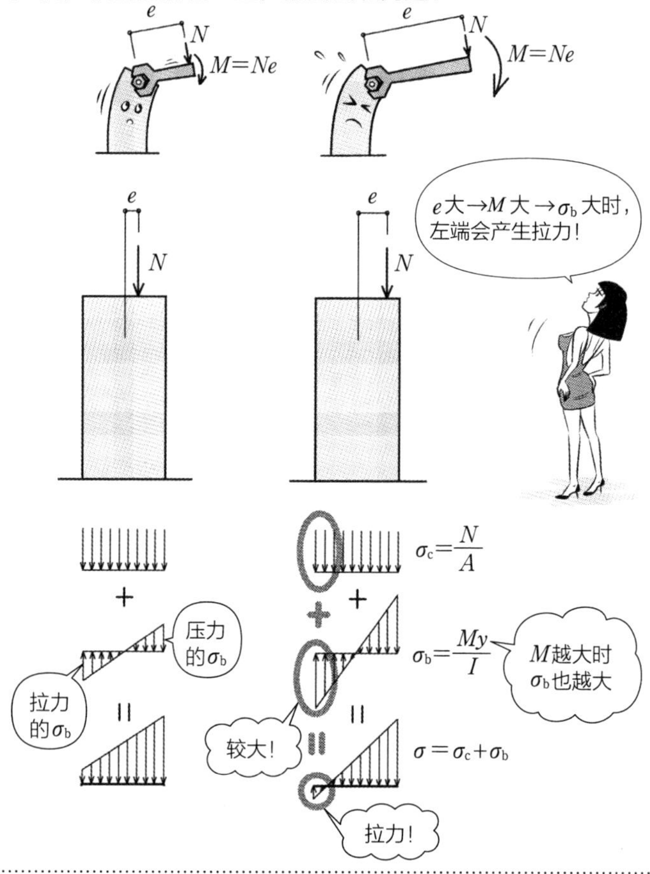

Q 什么是核半径?

▼

A 受到偏心压力作用时，不会发生拉应力的范围称为核（core），该半径（若为菱形则是中心到顶点的距离）就称为核半径（或称最大偏心距）。

核半径上有压力作用时，端部的应力 $\sigma=0$。

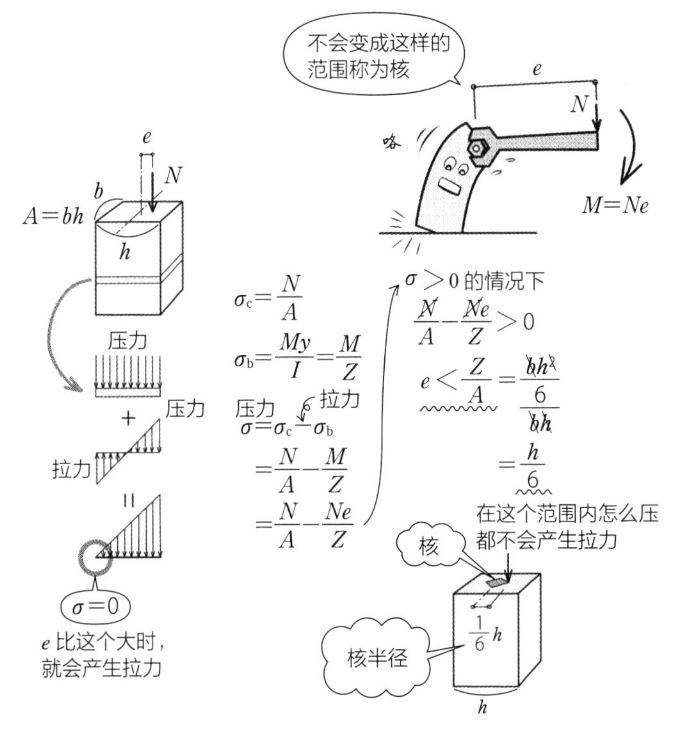

- 核半径 e 以 $\frac{Z}{A}$ 表示。基础底面不会发生拉应力的范围，以其边长 h 表示时，为 $e\leqslant\frac{h}{6}$。若是计算圆形截面的核半径，则为圆直径的 1/8。圆的 1/8× 直径范围内有压力作用时，不会产生拉力。
- 由于土不会拉住基础，压核范围的外侧时，$\sigma<0$ 的部分的基础底面不会有重力作用，成为无法支撑的部分。
- core 的原意为苹果等的芯。

Q 有横向力作用在柱上时，会在构件上产生拉应力吗？

▼

A 依据横向力的大小，有可能产生拉应力。

如图所示，分析柱有横向力 Q 和垂直应力 P 作用的情况。横向力 Q 往下 h 距离的位置，会产生 $M = Q \times h$ 的弯矩。分散在截面上成为 σ_b，左侧边缘有大小为$\dfrac{M}{Z}$的拉应力作用。与压力荷载 P 产生的压应力 σ_c 比较时，若是 σ_b 较大，左侧就会产生拉应力。

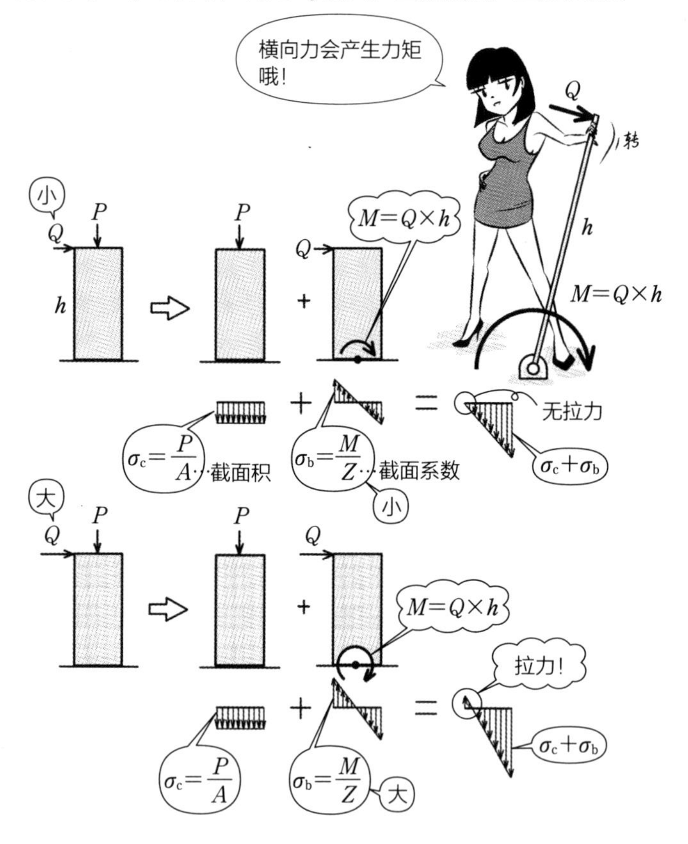

● 有偏心荷载或横向力作用的柱，会有 $\sigma_c + \sigma_b$ 组合而成的应力。

Q 在梁上的剪应力 τ 会如何作用?

▼

A 中央较大，越往上下两端越小。

弯曲应力 σ_b 是越往边缘越大，剪应力 τ 则是越往边缘越小。要注意两者相对于截面都是不均等的作用方式。另外，弯曲应力为直线变化，剪应力为曲线变化。

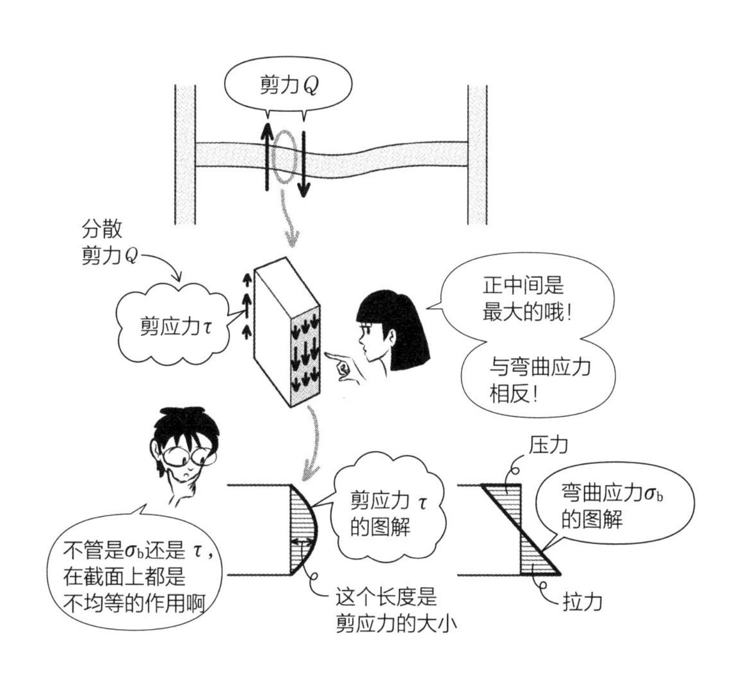

- 可以直接利用内力除以截面积得到应力的，只有单纯承受压力及拉力的时候。其他如弯曲应力要用截面二次矩 I 等来计算，剪应力则用截面二次矩 I、截面一次矩 S 等来计算。

Q 梁的截面有垂直剪应力作用时，也会有水平剪应力作用吗？

▼

A 除了上下端之外，都有水平剪应力在作用。

将梁取出一个骰子状来看，垂直剪应力作用在左右，是一对上下平衡的力。但若是只有上下的剪应力在 y 方向平衡，有可能产生转动。因此，在左右的方向也会有一对抵抗转动的水平剪应力在作用。

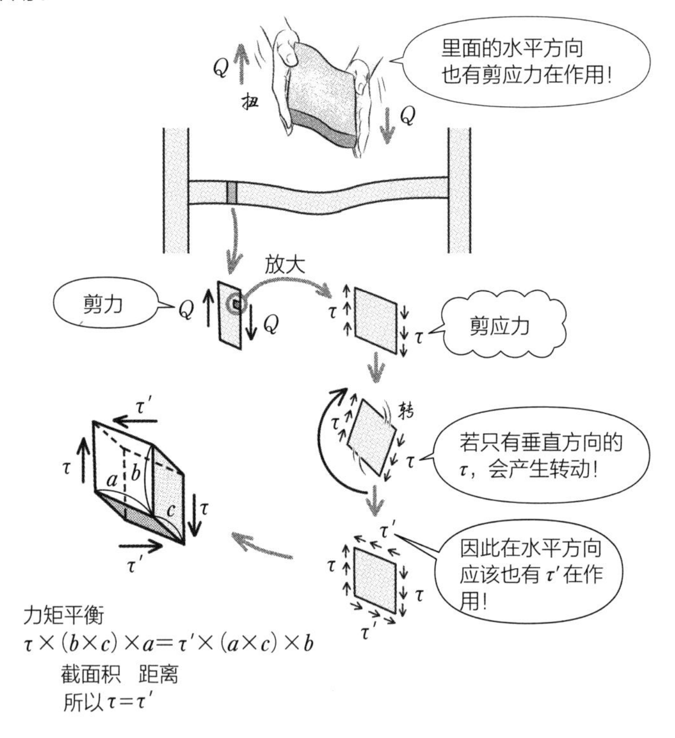

- 即使大小相等、方向相反，作用力不同时，还是会产生转动的力矩。大小相等、方向相反的一对力矩成为力偶（参见 R048）。力偶虽然在 x、y 方向为平衡，但力矩并非平衡，要特别注意。不管以哪里为中心计算，力偶的力矩大小都一样，以一边的力大小乘以力的间隔。

Q 梁的截面上，剪应力 τ 为 0 的地方在哪里？

▼

A 在上下端。

将梁的下端切出骰子状来看，下方什么都没有，也没有往横向作用的水平剪应力 τ'。若是仅骰子上方的面有 τ' 作用，则 x 方向无法平衡，因此上方的面也没有 τ' 作用。没有 τ'，而有垂直剪应力 τ 的话，就会产生转动。所以 τ 也是 0。梁上下端的 τ、τ' 都是 0。

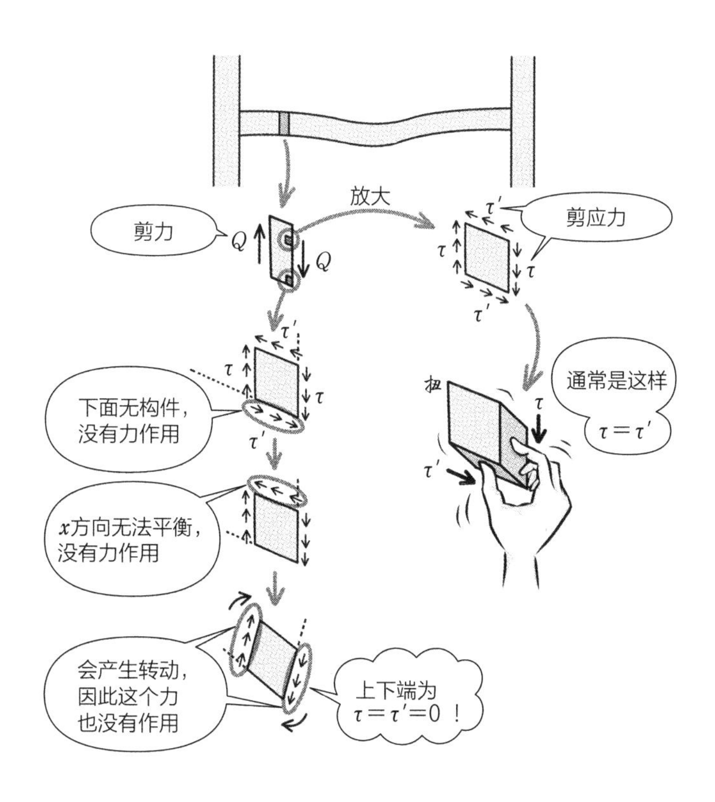

- 除了上下端之外，在横向都有 τ' 作用，因此 $\tau = \tau'$ 的剪应力会在直交的切截面上作用。τ 的方向与剪力 Q 相同，τ' 的方向则是与 τ 的转动方向相反。

Q 梁截面的最大剪应力 τ 在哪里?

▼

A 在中央部位。

剪应力 τ 以中央部位最大，上下端为 0；弯曲应力则是上下端最大，中央部位为 0。

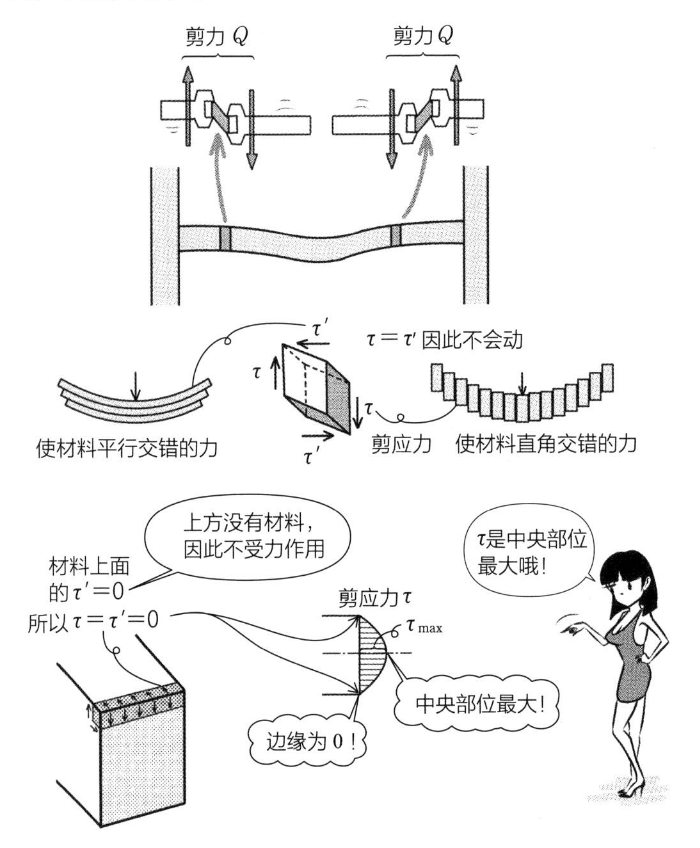

● 虽然剪力 Q 是分散在整个截面，但可分成与构件轴成直交方向的 τ，以及成平行方向的 τ'。如图所示，切出的微小构件并没有转动，因此 τ 与 τ' 的大小相同。来看构件上端的 τ'，构件上端没有平行的力作用，因此 $\tau' = 0$，与之平衡的 τ 也是 0。

Q 剪力为 Q、截面积为 A 时，长方形截面、圆形截面的剪应力最大值 τ_{max} 是多少？

▼

A 分别为$\frac{3}{2}\times\frac{Q}{A}$、$\frac{4}{3}\times\frac{Q}{A}$。

$\frac{Q}{A}$称为纯剪应力或平均剪应力，并非真实的应力大小。实际上，剪力 Q 并不是均匀分布在截面上，而是中央最大，边缘为 0。因此，$\frac{Q}{A}$乘以$\frac{3}{2}$、$\frac{4}{3}$的值分别为长方形截面、圆形截面的剪应力最大值τ_{max}。

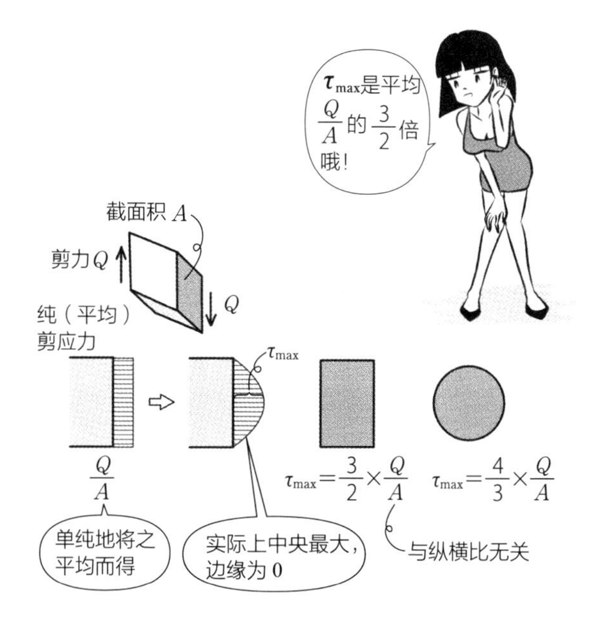

- $\tau=\frac{S_1Q}{Ib}$（S_1 为所求点上的截面一次矩，b 为宽度）可求得各点的 τ。
- 由公式可知，最大剪应力与长方形的纵横比无关，而是由面积决定。不管是纵长还是横长，截面积越大的构件，抗剪力越强。

Q 应力有哪些种类?

▼

A 如图所示。

包括轴力 N 产生的垂直应力 σ（σ_c、σ_t）、弯矩 M 产生的弯曲应力 σ_b、剪力 Q 产生的剪应力 τ。顺带一起记住这些应力的最大值吧。

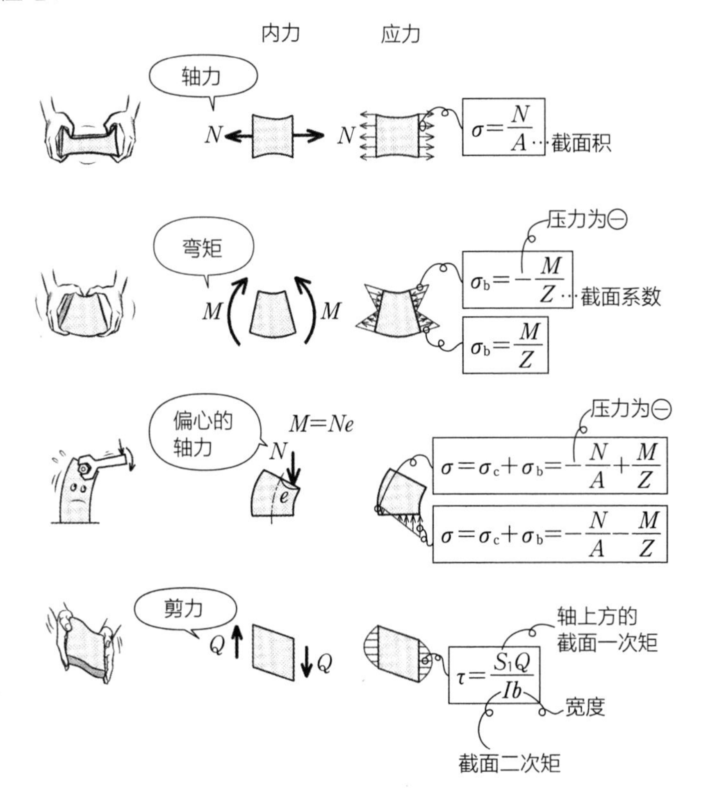

Q 什么是垂直应力、剪应力?

▼

A 作用在切截面垂直方向的应力，以及平行方向的应力。

弯曲、压力、拉力、剪力所产生的应力，分解后可以整理为垂直应力和剪应力两种。弯矩也可以分解成小的垂直应力。一般来说，垂直应力以 σ、剪应力以 τ 来表示。

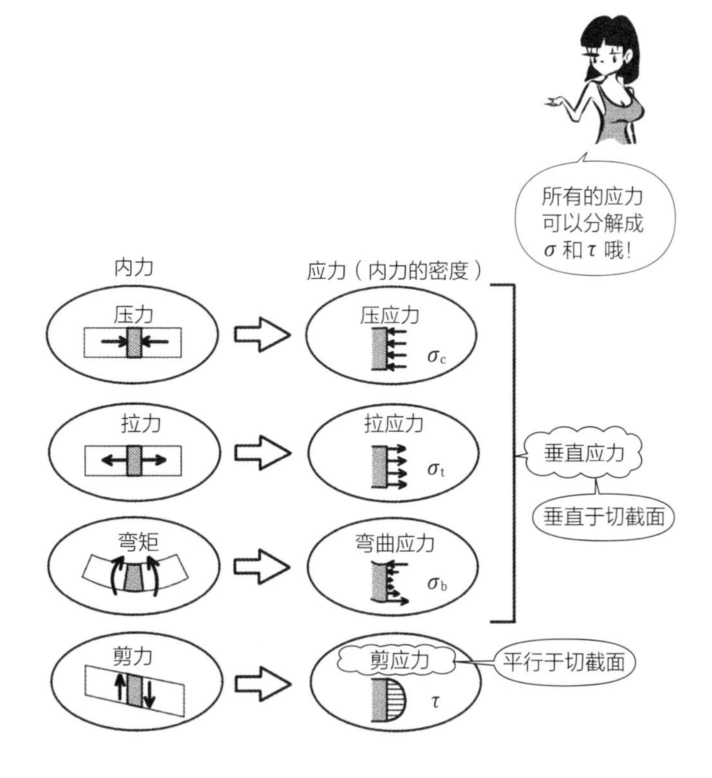

- σ_b 的下标 b 是 bending（弯曲）的意思，以便与压力、拉力的应力 σ（参见 R125）做区别。压力（compression）、拉力（tension）的应力分别以 σ_c、σ_t 表示。压力和弯曲同时作用时，就是 $\sigma_c + \sigma_b$，垂直于截面的合成应力。
- 从建筑物整体的重量、地震或台风的荷载，都可以计算建筑物各部位的内力、应力。先考虑构件是否能够承受建筑物各部位的垂直应力、剪应力，就可得知建筑物的承重程度。

Q 长方形截面的简支梁承受均布荷载时，各点的弯曲应力 σ_b 和剪应力 τ 如何作用?

▼

A 如图所示，弯矩 M 大的地方，σ_b 随之往上下端变大；剪力 Q 大的地方，τ 会从中性轴的位置变大。

随着梁位置的不同，M 与 Q 的大小随之改变，因此 σ_b、τ 也会改变。弯曲应力 σ_b 是在上下端为最大，剪应力 τ 则是在中性轴位置为最大。

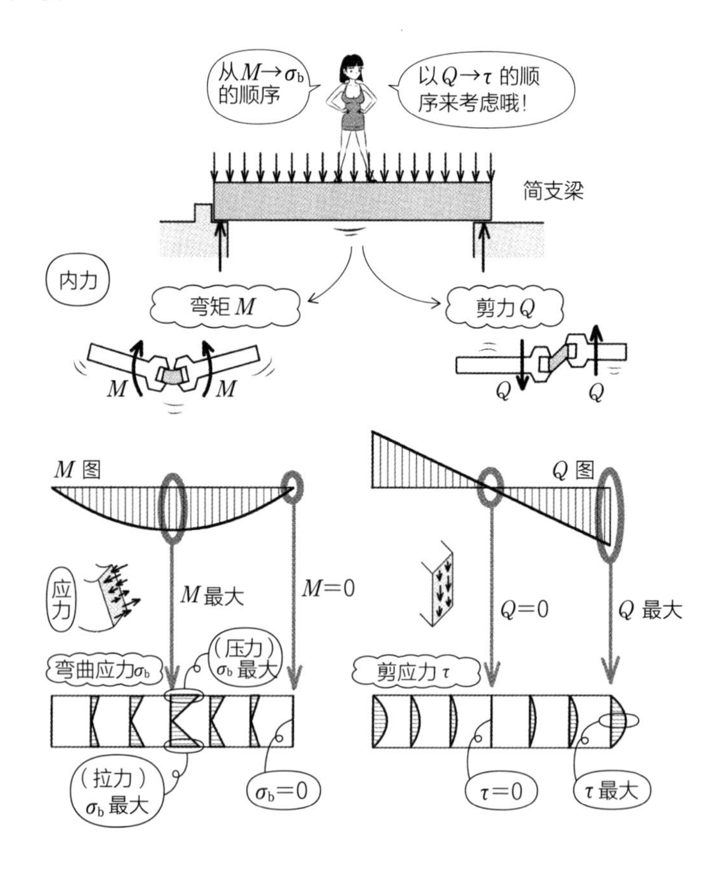

Q 柱端部以直角刚接的长方形截面梁，在承受均布荷载时，各点的弯曲应力 σ_b 和剪应力 τ 如何作用?

▼

A 如图所示，弯矩 M 大的地方，σ_b 随之往上下端变大；剪力 Q 大的地方，τ 会从中性轴的位置变大。

梁端部的拘束状态会让 M、Q 的大小改变，端部和中央的 M 会变大，Q 则是端部会变大。σ_b、τ 随着 M、Q 的大小成比例变化。

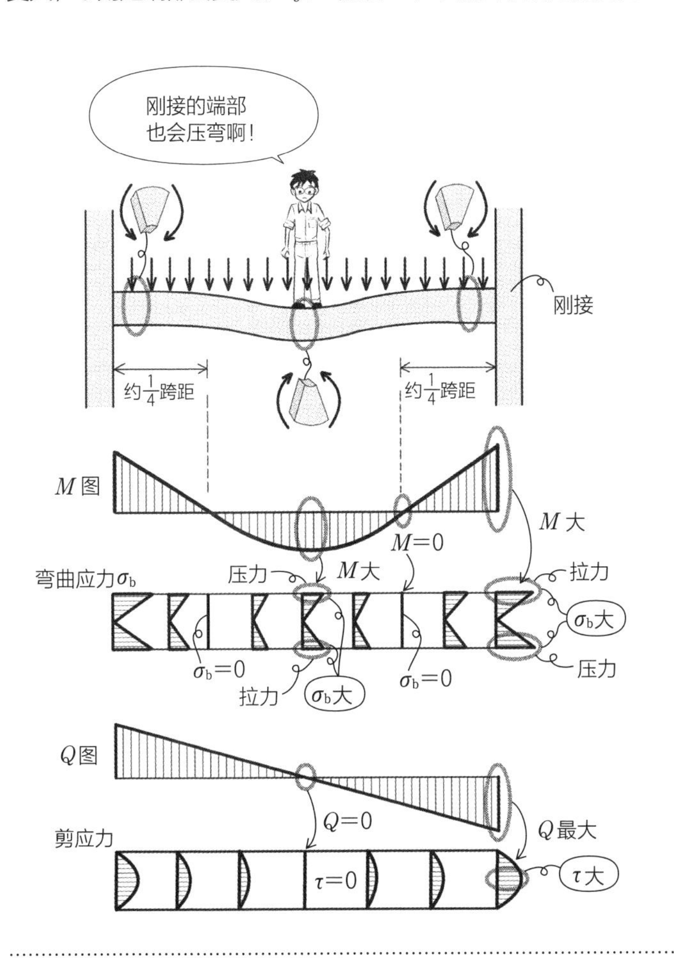

Q 右侧垂直、左侧以 45° 向右下切断，如图所示的静止构件。右侧以向右$\sqrt{2}$N 的拉力作用时，左侧截面的垂直力、平行力是多少？

▼

A 垂直截面的力是 1N，平行截面的力也是 1N。

在求取斜切面的应力时，要考虑力之间的平衡。由于是倾斜之故，截面不只有垂直拉力，还要有水平压力才能平衡。

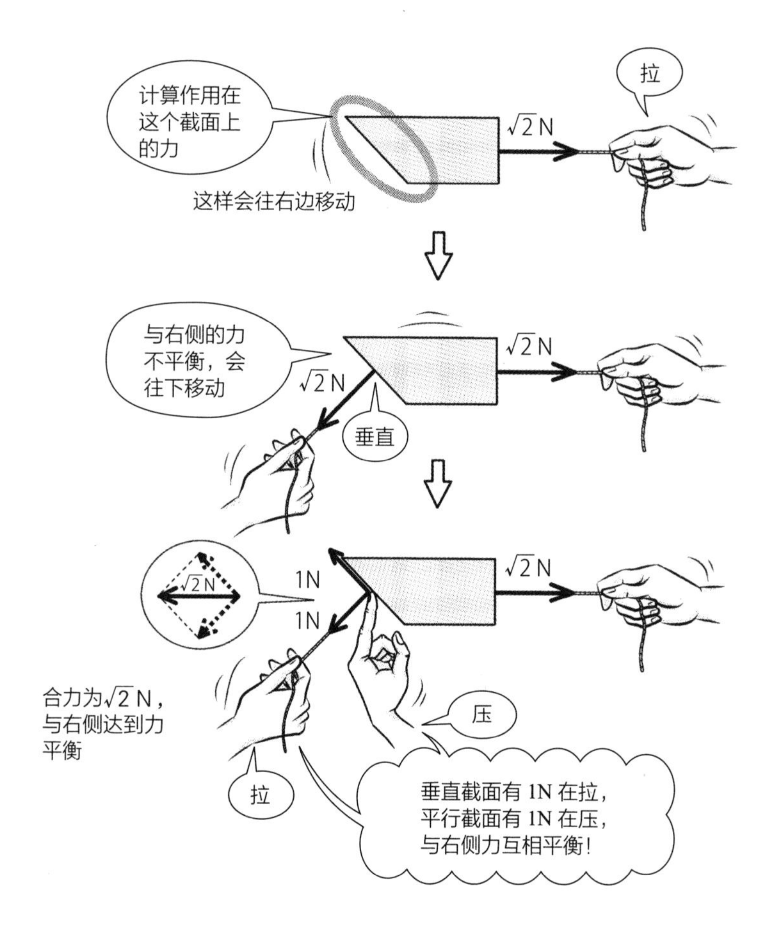

Q 与构件轴线直交的面，以某个角度切断时，该切截面的垂直应力、剪应力会依切断角度不同而异吗？

▼

A 会。

如图所示，左右受拉的构件，考虑沿着 y 轴倾斜 θ 的切截面。先看构件右侧截面的力平衡，σ_θ 向下倾斜，未与 σ_x 平衡。为了与 σ_x 保持平衡，截面上要有平行向上的 τ_θ 作用（τ_θ 和 σ_θ 的合力与 σ_x 平衡）。θ 越大，τ_θ 越大。

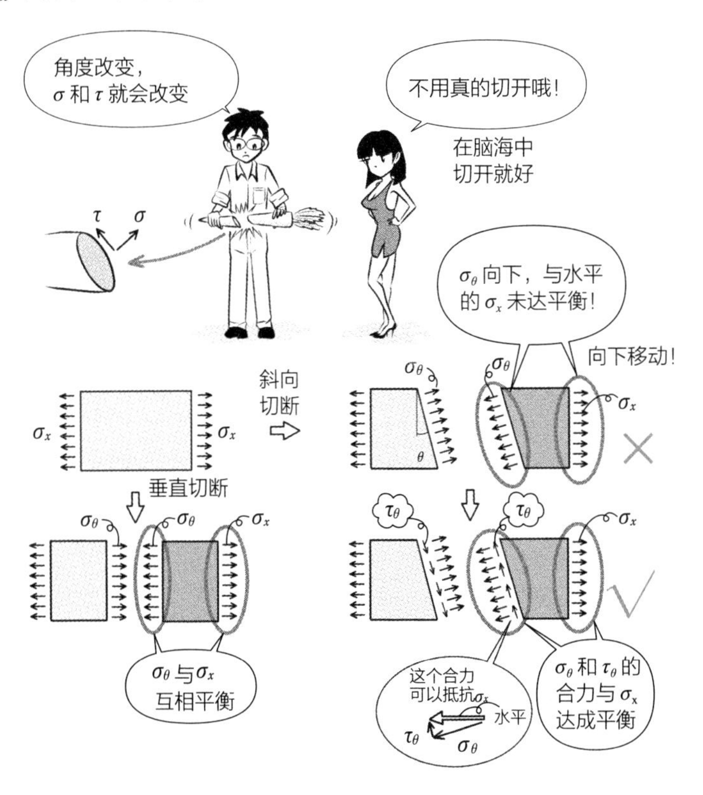

● 构件截面上有两种力作用，一个是垂直截面的垂直应力，另一个是平行截面的剪应力。没有这两种以外的应力作用，弯矩也可以分解成水平、垂直的应力作用。

Q 前述受到拉应力 σ_x 作用的斜切构件，τ_θ 最大时的角度是多少？

▼

A 45° 时为最大。

切截面从垂直渐渐倾斜时，τ_θ 会越来越大。角度为 45° 时，τ_θ 为最大，之后渐渐变小，在 90° 时变成 0。

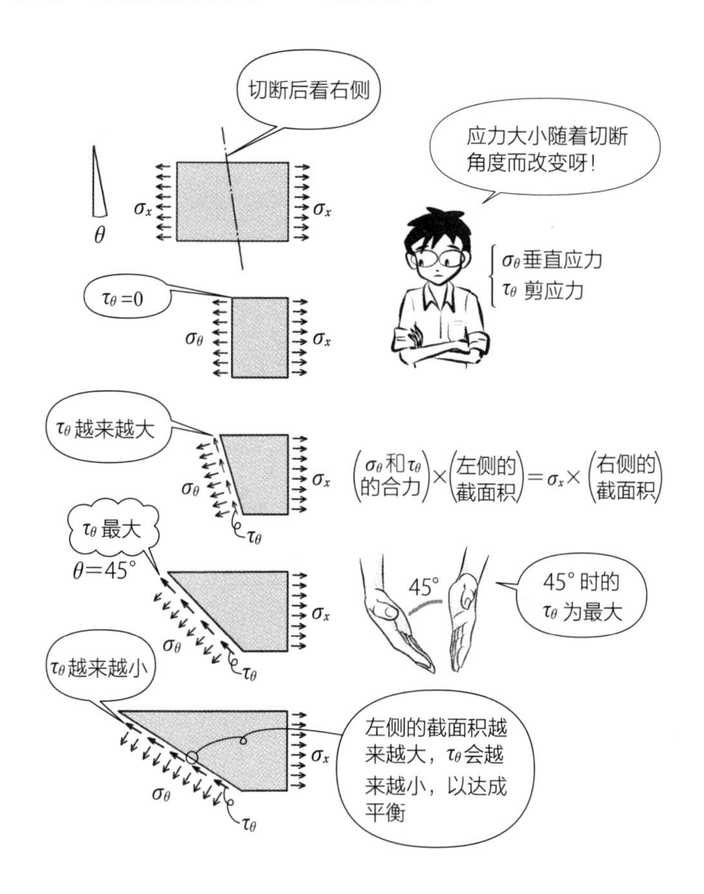

- 斜率越来越大时，切截面的面积也越来越大。即使 τ_θ 越来越小，τ_θ 的合计（τ_θ× 截面积）还是会越来越大。角度大于 45° ，切截面随之变大，τ_θ 虽然变小，还是会与右侧切截面的力 σ_x 达到平衡。

Q 只有拉力作用的话，可以达到剪力破坏吗？

▼

A 45° 方向有剪力作用时，会产生剪力破坏。

钢受到拉力破坏时，原子之间会产生斜向交错。那就是剪力。即使只是受拉力作用，物质内部还是会产生剪应力。

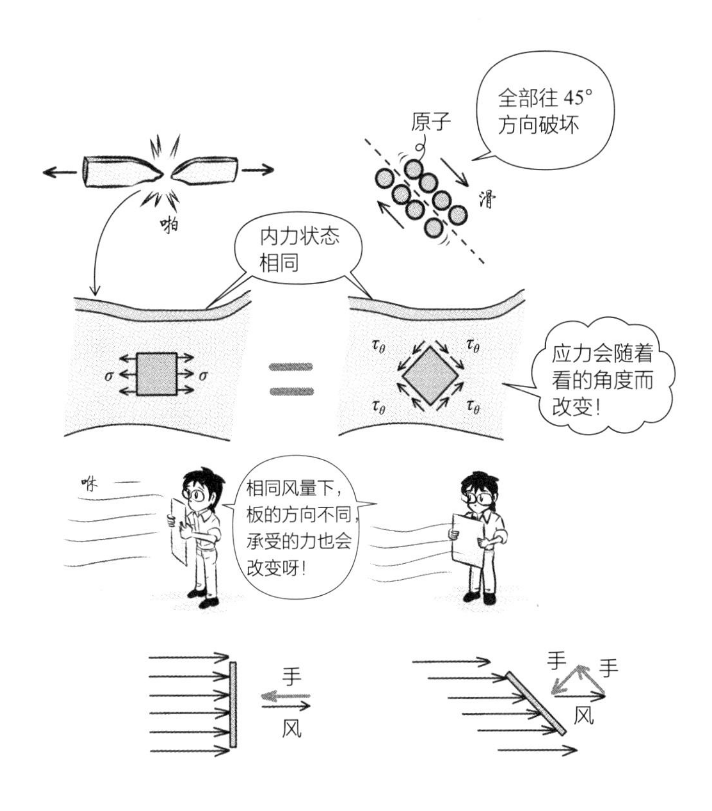

- 如图解的下半部，承受风的板只要改变角度，就算风的强度不变，所承受的力也会改变。物质内部的应力也一样，只要坐标系改变，σ_θ 和 τ_θ 就会改变。只有坐标系改变，而不是物质或内力状态的改变。

Q 将承受拉应力 σ_x 作用的构件，以各种不同角度 θ 切断时，作用在切截面的 σ_θ、τ_θ 的关系，用图解表示会是什么形状？

▼

A 如图所示，为一个圆。

中心为$\left(\frac{\sigma_x}{2}, 0\right)$、半径为$\frac{\sigma_x}{2}$的圆，称为莫尔圆（Mohr's circle）。从 σ_θ 轴转 2θ 角度的（σ_θ，τ_θ），表示构件以角度 θ 切断时的应力大小。

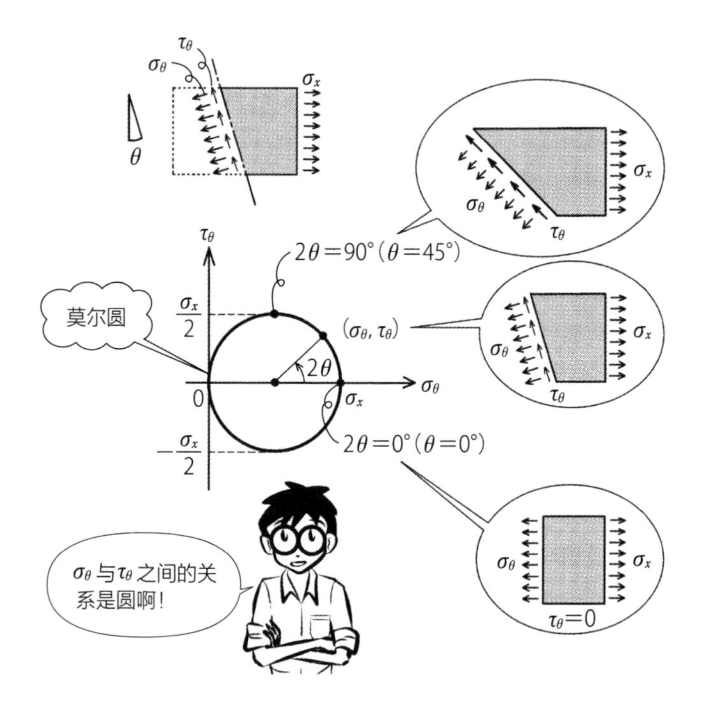

- θ=0° 时，2θ=0，横轴 σ_θ 的最大值等于 σ_x。θ=45° 时，2θ=90°，纵轴 τ_θ 的最大值等于$\frac{\sigma_x}{2}$。
- 即使是没有剪力作用的构件，也会因为拉力、压力（符号与拉力相反）而在 45° 方向产生较大的剪应力。相较于拉力、压力，对于抵抗剪力极弱的材料而言，在承受拉力、压力作用时，就可能在 45° 方向发生剪力破坏。

Q 除了前述水平方向的拉力 σ_x 之外，若是纵向也有拉应力 σ_y，再加上剪应力 τ 的作用时，σ_θ、τ_θ 的关系如何以图解表示？

▼

A 以圆表示。

转动切截面，使 x 方向、y 方向的平衡式成立，重新整理之后，σ_θ、τ_θ 都会成为漂亮的圆方程。请记住 σ_θ、τ_θ 之间的关系为圆吧。

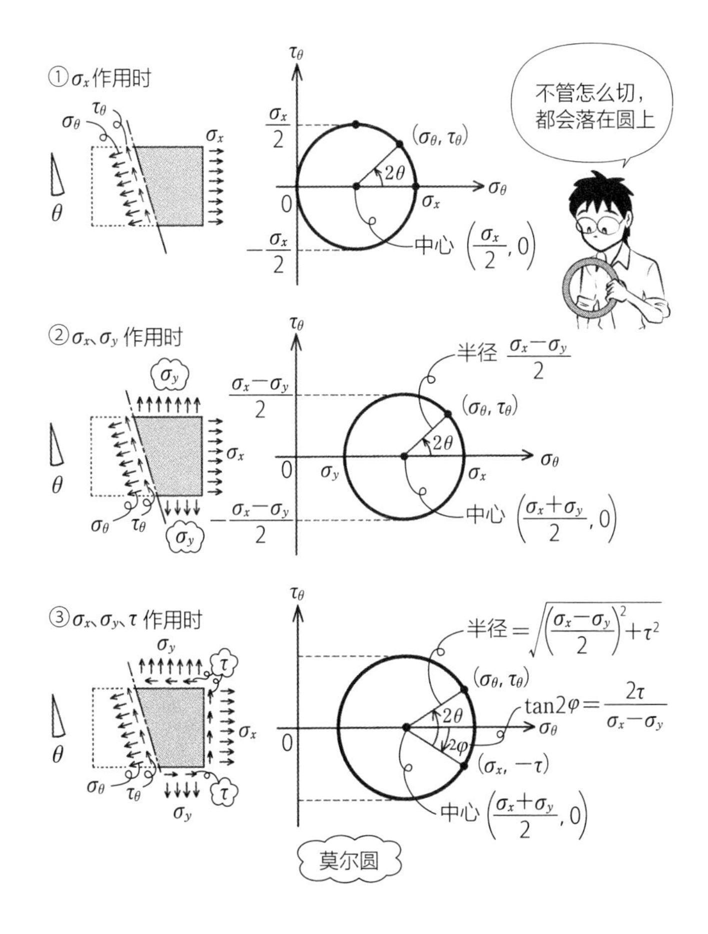

Q 右侧垂直、左侧以 45° 向右下切断，如图所示的静止构件。右侧以向上 1N、上侧以向右 1N 的压力作用时，左侧 45° 截面的垂直力、平行力是多少?

▼

A 垂直截面的拉力为$\sqrt{2}$N。

为了让 1N 的两个力互相平衡，左下 45° 方向必须有$\sqrt{2}$N的力作用。只有平行力（剪力）作用的情况也一样，斜切的截面上会有垂直力作用。

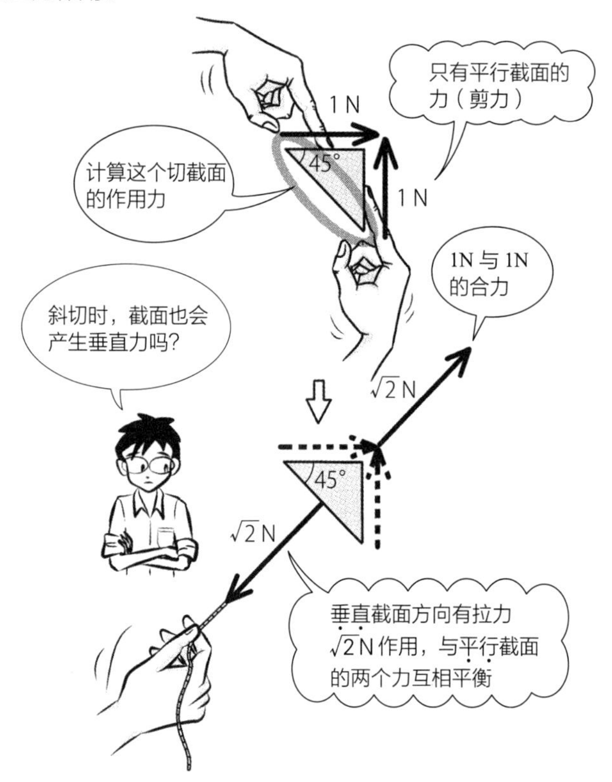

- 垂直切截面只有剪力作用时，力的关系如上述，可以简单表现出剪力与斜向拉力的关系。实际上应该考虑应力 × 截面积 = 内力之间的平衡关系。

Q 梁中性轴上的弯曲应力 $\sigma_b = 0$，在剪应力 τ 最大的地方会有拉应力、压应力的作用吗？

▼

A 会往 45° 方向作用。

中性轴的垂直面 $\sigma_b = 0$，在 45° 方向则有 σ_θ 作用。

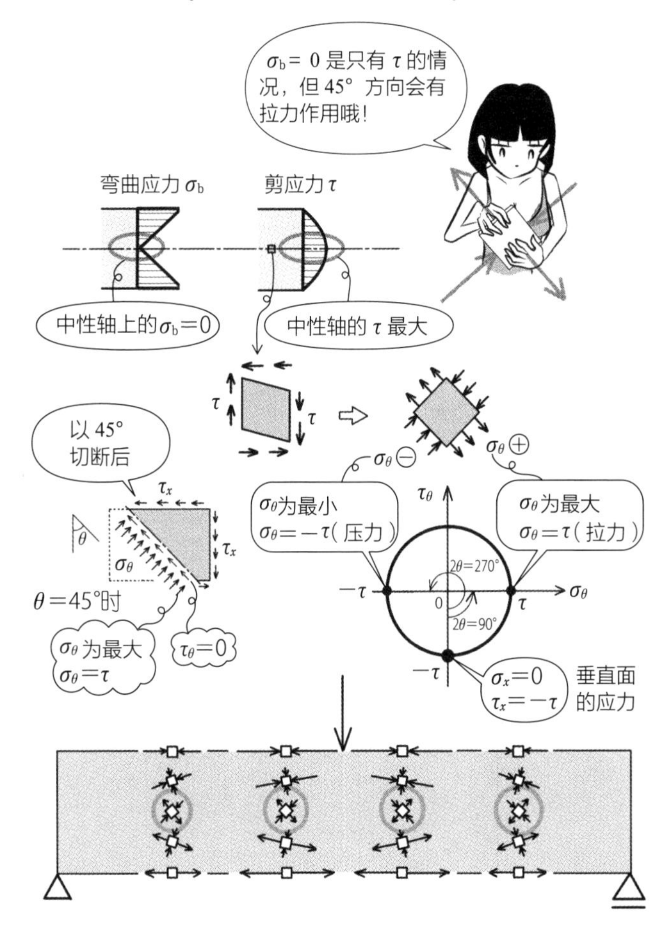

Q 混凝土因剪应力产生开裂时，其方向为何？

▼

A 45° 方向。

剪应力 τ 作用时，45° 方向会有拉应力 σ_θ 作用（参见 R171）。混凝土抗压较强，抗拉较弱，在拉力方向容易开裂。

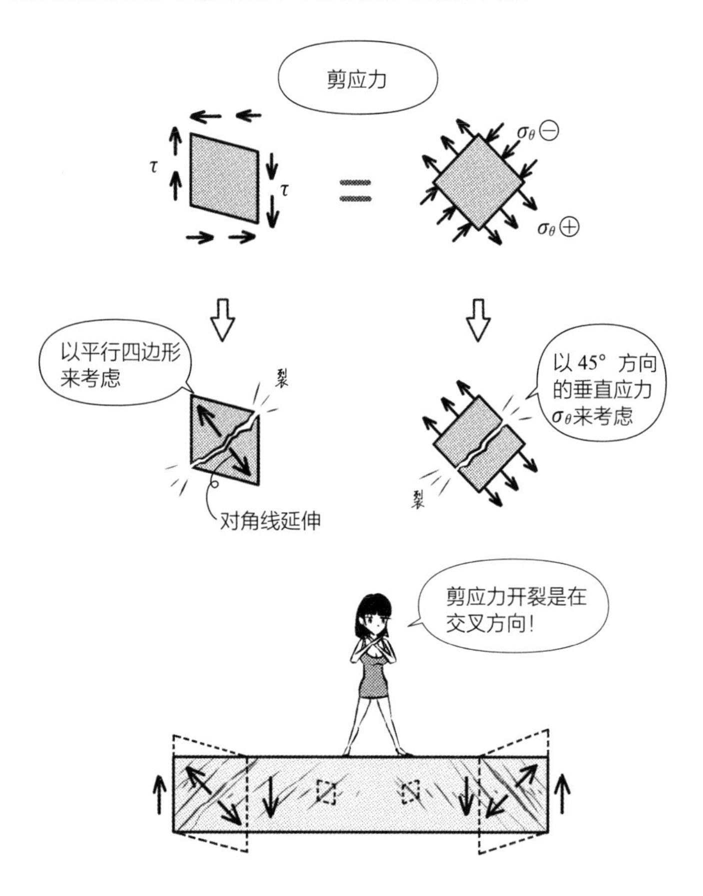

- 莫尔圆中，当 θ= 45° 时，σ_θ 为最大。就算不以莫尔圆考虑，以上图左侧的平行四边形变形来考虑，就可以知道拉的方向，也能想象出可能的开裂方向。

Q 混凝土因弯曲应力产生开裂时，其方向为何？

▼

A 构件的垂直方向。

弯矩 M 产生的弯曲应力 σ_b，以上下端为最大，与构件轴沿相同方向作用，因此是垂直开裂。

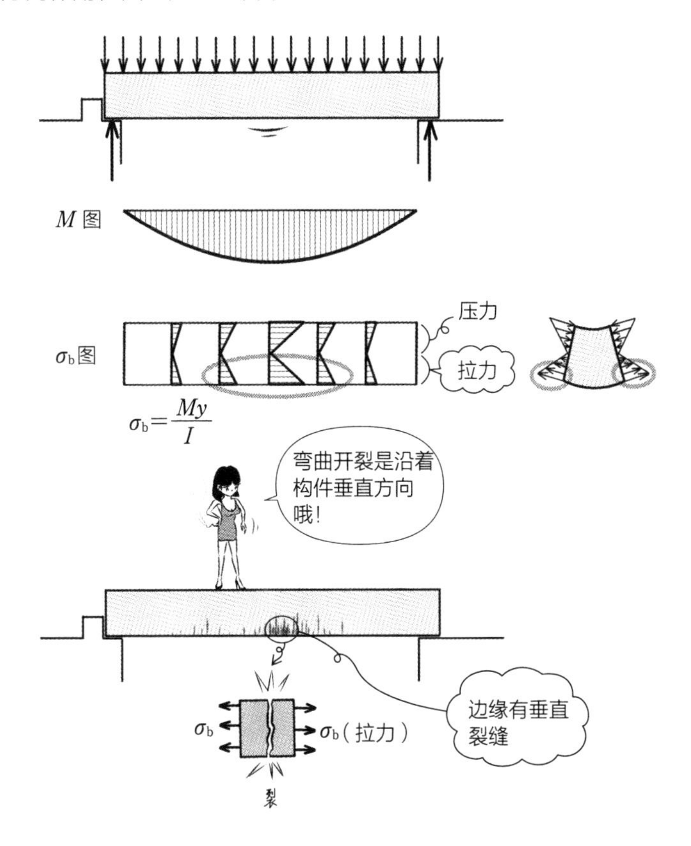

Q 什么是主应力？

▼

A 构件内部依角度的不同，会有剪应力 τ_θ 为 0 的切截面存在。此时的垂直应力 σ_θ 就称为主应力。

直交两方向的主应力中，较大者称为该点的最大主应力，较小者称为该点的最小主应力。

求主应力的方法：

① 计算 M 与 Q；

② 计算中性轴某高度的 σ_b 与 τ；

③ 计算使 $\tau_\theta=0$ 的 θ 与 σ_θ。

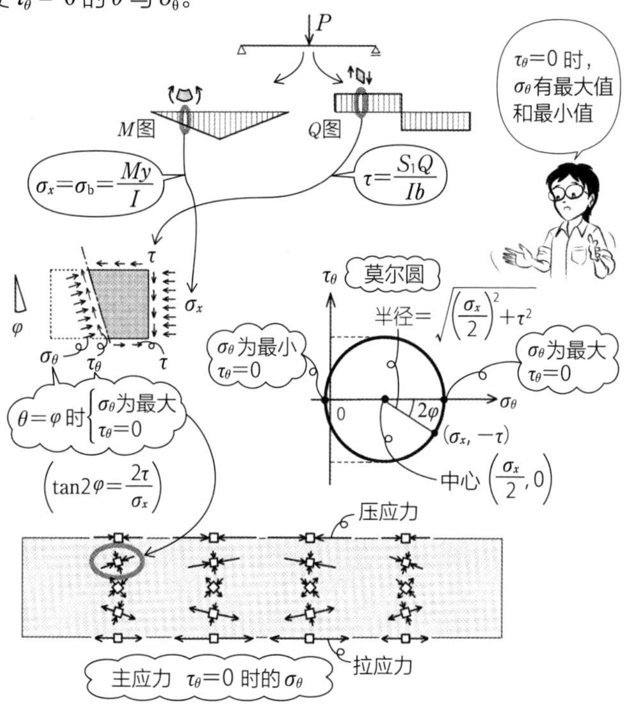

- 求得构件某个点的弯矩 M、剪力 Q，再求出该点垂直切断后的应力 σ_b（$=\sigma_x$）、τ。接着从莫尔圆求得 σ_θ 在最大、最小时的 θ 与 σ_θ。上图的 φ 大小由 σ_x 与 τ 决定。

Q 什么是主应力线?

▼

A 将最大主应力的轨迹连起来，表现出主应力流向的图形。

主应力有最大及最小两种，通常是连接最大的点。下图为简支梁受到集中荷载作用的情况，拉力的主应力线会向下突出，压力的主应力线则是向上突出。

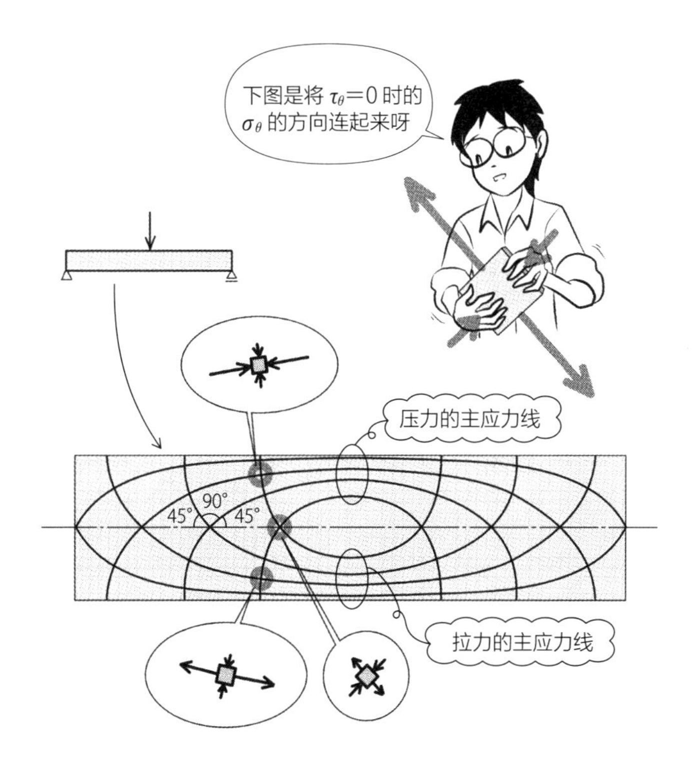

- 拉力的主应力线与压力的主应力线呈 90° 交错，主应力线与中性轴则是 45° 交错。

Q 钢和混凝土的强度与弹性模量的关系是什么？

▼

A 钢的弹性模量为定值，与强度无关；混凝土的强度越高，弹性模量越大。

钢的弹性模量约为 2.5×10^5 MPa，为定值；混凝土的弹性模量随着强度的平方根而成比例变大。

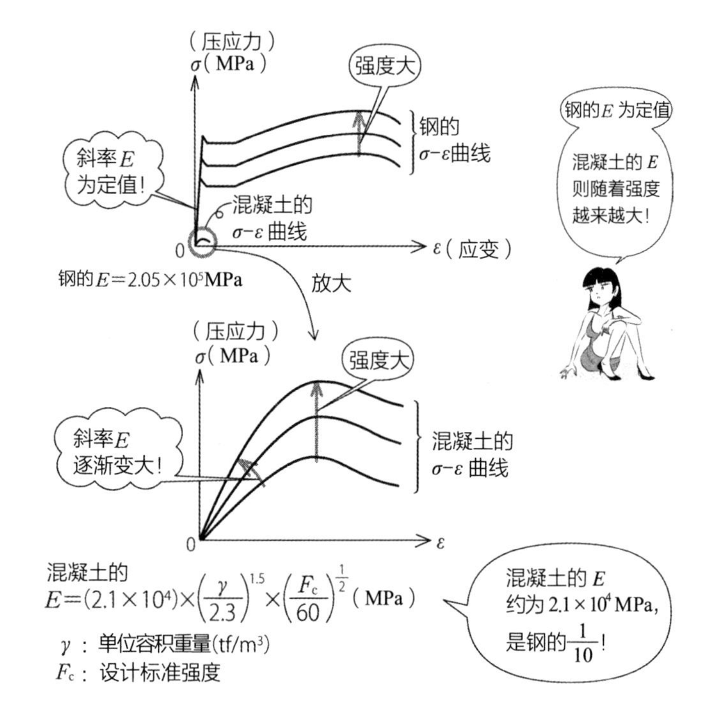

- 用以计算混凝土弹性模量的公式如上，适用于压缩强度在 36MPa 以下的混凝土，超过 36MPa 时适用其他公式。此时的弹性模量会与设计标准强度的立方根成比例变化。
- 混凝土的 σ–ε 曲线（应力–应变曲线）不像钢一样有直线部分，通常以最大强度 1/3 左右的点与原点相连的直线斜率作为弹性模量。

Q 什么是材料强度?

▼

A 材料抵抗应力的最大值。

通过压缩试验、拉伸试验可以得到应力-应变图，该图解的最大值就是强度。不管是钢还是混凝土，越过最大应力之后，就算力不增加，也会持续变形直至被破坏。将钢和混凝土的应力-应变图，以压缩在右、拉伸在左的方式呈现在同一图解中时，会得到如图所示的关系。

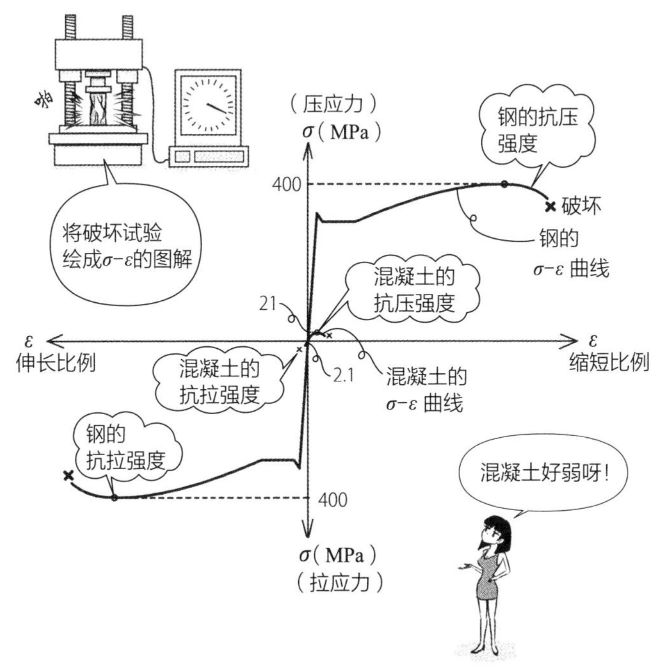

- 相较于混凝土，钢的强度非常高，混凝土几乎没有抗拉强度可言。对于经过精炼的金属材料与水泥、砂、砾石混合的材料，两者的不同点在于，一个是工业制品，一个是现场制作。
- 钢的抗压和抗拉强度都是 400MPa 左右。混凝土的抗压强度是 21MPa 左右，只有钢的约 1/20，和赤松树几乎相同；抗拉强度是 2.1MPa 左右，只有抗压强度的 1/10 左右，相当微弱。因此，混凝土使用在建筑物上时，一定要在拉力侧加入钢筋补强，才能予以支撑。

Q 钢的强度与温度的关系是什么？

▼

A 钢的强度在 200~400℃为最大，之后随着温度上升，强度逐渐降低。

钢加热时容易变形。钢有蓝脆（blue brittleness）现象，在 200~400℃时，强度比在常温时增加，也不容易变形。而强度持续增加会失去黏性，材料变硬后容易脆化破坏。

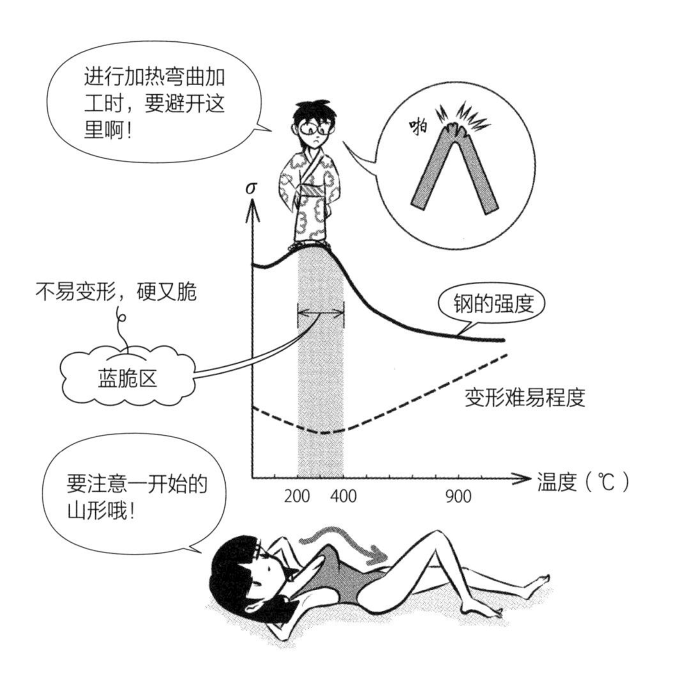

- 钢不耐火，在火灾等的高温下，会像糖果般弯曲变形，失去强度。500℃时，强度约减半。钢不管是强度还是弹性模量都很优良，但缺点是不耐火且怕水。这两个缺点要用混凝土等来补足。
- 加热钢进行弯曲加工时，要避开蓝脆区（200~400℃），在赤热状态（850~900℃）下进行。

Q 混凝土的材龄与强度的关系是什么?

▼

A 如图所示，呈现出往右上弯折的曲线。

从浇筑混凝土到硬固，需要花费数日。浇筑后 28 天，也就是 4 周之后，一定会超过结构设计上的设计标准强度（F_c）。

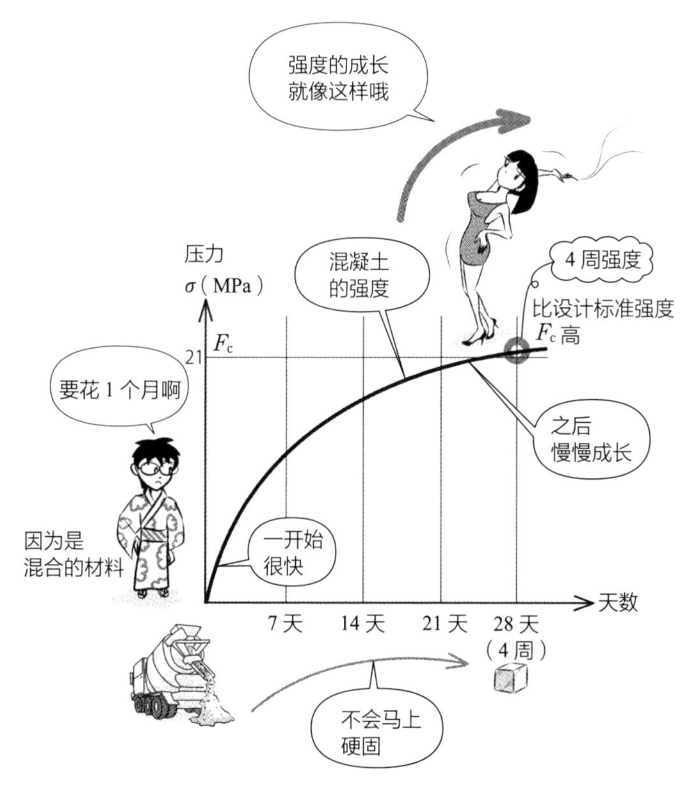

- 混凝土的设计标准强度符号 F_c 的 F 是 force（力），下标 c 是 compression（压缩）。其他还有耐久设计标准强度 F_d（d 为 durability）、品质标准强度 F_q（q 为 quality）等。
- 在日本的标准法条文中，设计标准强度以 F 表示。F_c、F_d、F_q 之间的区别是根据 JASS5 的规定 [译注：JASS 为日本建筑学会出版的建筑标准方法书（含图解），JASS5 是专讲钢筋混凝土工程的章节]。有公式可以确定最后强度，其中包含耐久性与强度的误差。

Q 在水灰比大时，混凝土的强度比较小还是比较大？

▼

A 比较小。

水灰比是指水的用量与水泥的用量的重量比值。水比水泥多时，混凝土的强度会变小。

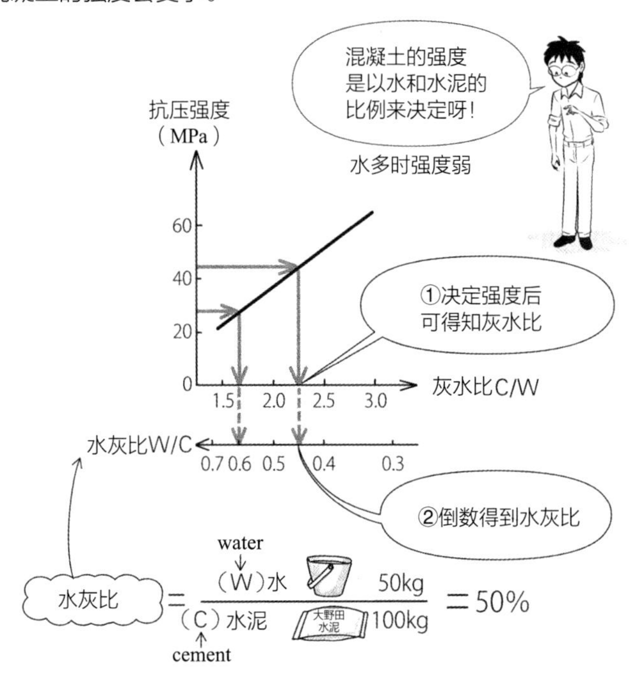

- 混凝土的强度与灰水比几乎等比例，决定好强度之后就可得知灰水比。倒数为水灰比。
- 水灰比大时，混凝土除了强度变小，干缩也会变大，容易发生开裂。但也不是水少就好，水不够时混凝土难以硬固，而且水少会让预拌混凝土无法流动而造成可施工性不佳。水分要在可施工和混凝土可硬固的最小范围内取得平衡，才是最佳状态。

Q 什么是允许应力?

▼

A 不超过结构计算中的各截面应力，同时是日本建筑标准法规定的允许范围内的最大值。

各材料的标准强度依据安全范围而定。混凝土在受压的情况下，相对于设计标准强度 F，其长期允许应力为$\frac{F}{3}$，短期允许应力为$\frac{2F}{3}$。结构计算中得到的应力，都不能超过应力限度。

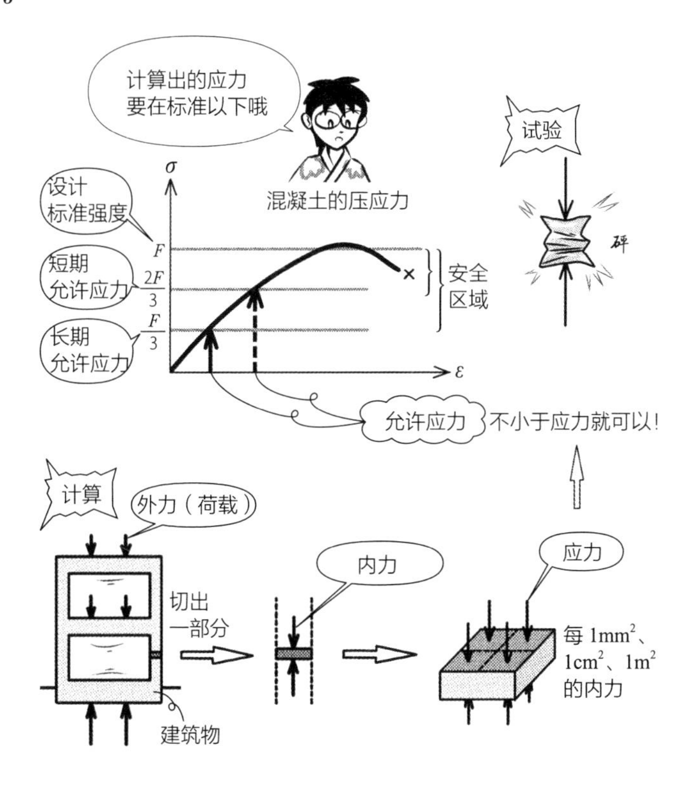

- 调查材料的强度时，混凝土、钢、木材等的材料类别，弯曲、压力、拉力、剪力等的应力种类，承受荷载的长期、短期等，都会影响允许应力的大小。关于长期、短期允许应力请参见 R182。

Q 如何决定钢的允许应力？

▼

A 比较极限应力 ×0.7 与屈服点的值，以较小者作为标准强度 F，以$\dfrac{F}{1.5}$为长期允许应力，F 为短期允许应力。

钢以屈服点与最大值 ×0.7 之中的较小者作为标准强度。弯曲、压力、拉力都同样是$\dfrac{1}{1.5}\left(=\dfrac{2}{3}\right)$，剪力则是$\dfrac{1}{1.5\sqrt{3}}$。

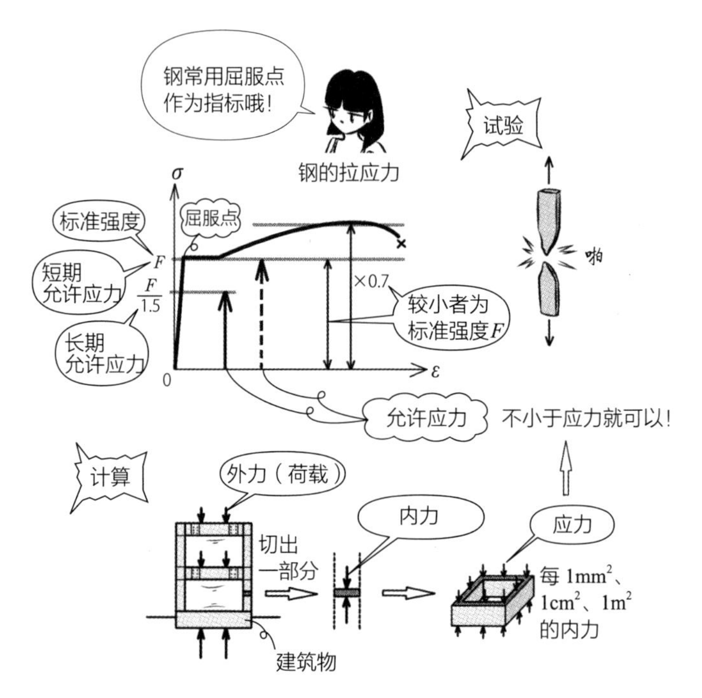

- 正确地说，是比较极限应力 ×0.7 的下限值与屈服点的下限值，以较小者作为标准强度 F。由于试验时无法直接得到极限应力、屈服点的定值，因此以下限值的方式表示。
- 相较于混凝土，钢的强度非常高，弹性区也很大，还有称为屈服点的特异点。不管是标准强度或钢材的名称，都是以屈服点为基础定出来的。
- $\dfrac{F}{1.5}$的 1.5 称为安全系数。混凝土的$\dfrac{F}{3}$中，安全系数就是 3。现场制作的混凝土会规定在安全范围内。

Q 什么是检定比？

A $\frac{\text{应力}}{\text{允许应力}}$。

检定比是将结构计算所得到的应力，与法定的允许应力相比，可以计算出材料还可以承载多少应力。检定比若为 0.6（60%），表示还有 40% 的剩余。

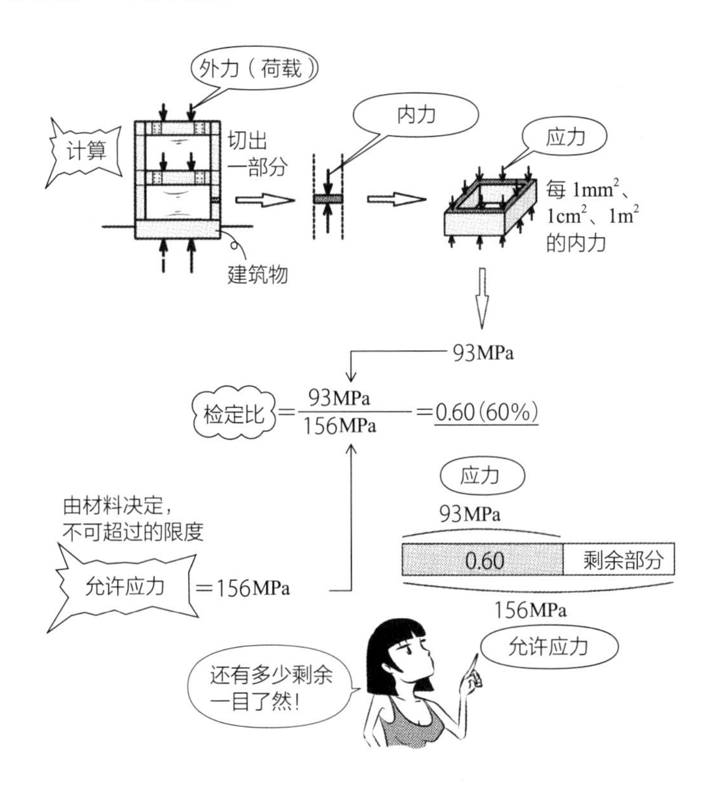

- 由材料决定，不可超过的限度即允许压应力为 156MPa 的材料，结构计算而得的压应力为 93MPa。由于 93 < 156，可知没有问题，但还不知道有多少剩余。此时可以通过计算 93/156=0.60 的比得知，还有 40% 的剩余。

Q 钢材规格 SN400、SS400、SM400 的数字代表什么？

▼

A 表示抗拉强度的下限值为 400MPa。

制铁厂出产的制品常附有 400 的标示，虽然多少会有误差，但保证其最大抗拉强度至少会高于 400MPa。

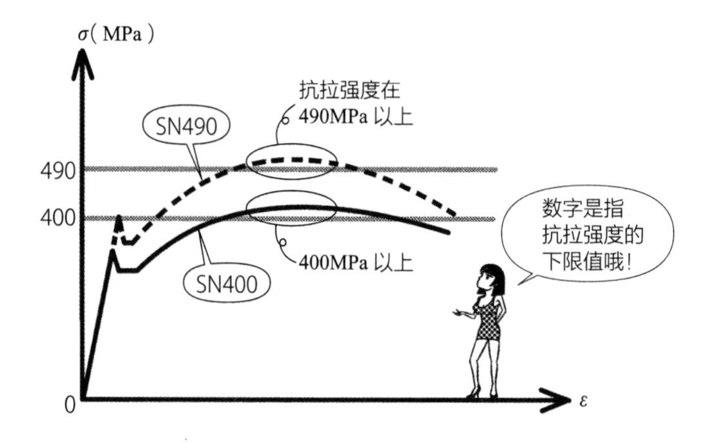

- SN（steel new structure）是建筑结构用压延钢材，SS（steel structure）是一般结构用压延钢材，SM（steel marine）是焊接结构用压延钢材。
- SN 是从使用于土木、造船、机械用的 SS 和 SM 等的建筑结构用材改良而来的规格。为塑性区内变形性能、焊接性能较优良的钢材。SM 的 M 为 marine，是海洋、船舶的意思，开发为造船用易于焊接的钢材。
- 压延是指将高炉中熔化成橘色的钢，“压”成长条状或棒状，再“延”成板状的长形钢材。笔者曾前往君津制铁厂参观，对于制铁的各项工序深受触动。铁放入巨大容器内熔化流动的画面，仿佛看见太阳表面一样震撼。此外，制铁厂内大得不可思议的各种设备，也值得一看。

Q 梁材从 SN400 变更为 SN490 时，挠度会变小吗？

A 由于弹性模量 E 相同，所以挠度也会相同。

SN400、SN490 的数字，是指抗拉强度的下限值。挠度是由弹性模量 E 与截面二次矩 I 所决定的（参见 R206~R208），因此就算变成 SN490，挠度还是一样的。

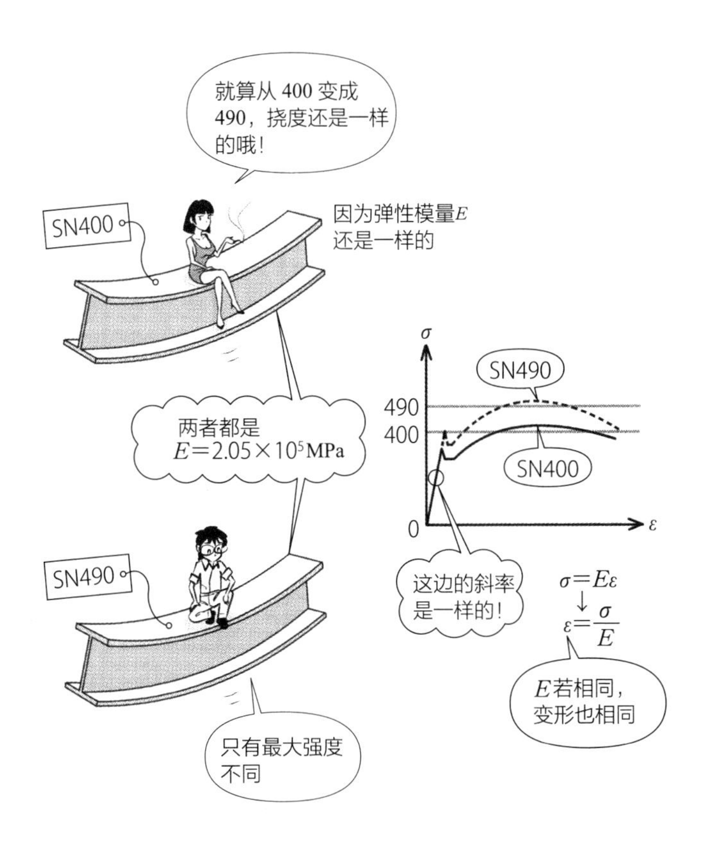

Q 什么是 BCR235？

▼

A 冷滚轧成型为方形的钢管，屈服点的下限值为 235MPa 的规格。

BC 为 box column，即箱形柱，roll 为滚轧成型的意思，合起来就是 BCR。冷滚是指加工时不加热，直接滚压。方形钢管也有称为 BCP（冷压成型方形管）的类型。还有圆形钢管 STKN，也一起记下来吧。

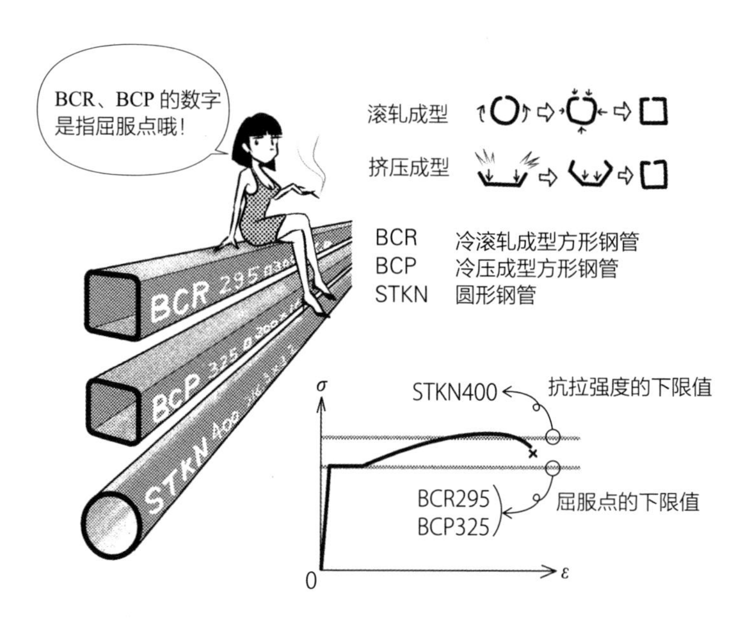

- BCP 的 BC 为 box column。P 为 press，是挤压成角形的意思。STKN 的 ST 为 steel tube，即钢管，K 为 kouzou（日文读音），即构造，N 为 new，即新的圆形钢管规格。BCR295、BCP325 的数值表示屈服点的下限值，STKN400 的数字则表示抗拉强度的下限值。

Q 什么是 SD345？

A 钢筋混凝土用螺纹钢筋，屈服点的下限值为 345MPa 的规格。

螺纹钢筋为 SD（steel deformed bar），光圆钢筋为 SR（steel round bar），数字表示屈服点的下限值。

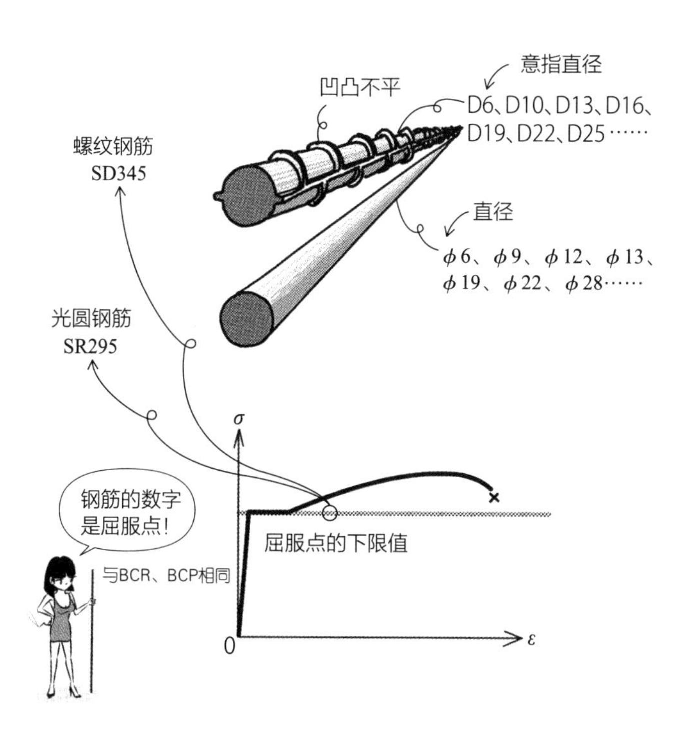

- 螺纹钢筋的表面附有凹凸，与混凝土之间有良好的附着效果。
- 直径约 10mm 的螺纹钢筋为 D10，直径 9mm 的光圆钢筋则写成 ϕ9。

Q 什么是 S10T、F10T?

▼

A 扭剪式（torshear）高拉力螺栓、高拉力六角螺栓的抗拉强度为 1×10^5MPa（10tf/mm^2、100kN/mm^2）的规格。

高拉力螺栓是由强力的拉力效果将板之间紧密接合，以摩擦来传递力的接合方式。普通螺栓是由螺栓的轴来抵抗板的错动。柱梁的接合、柱之间的接合，一般使用高拉力螺栓。T 可以想成是拉力（tension）的 T，或是“10tf/mm^2”的吨（ton）。

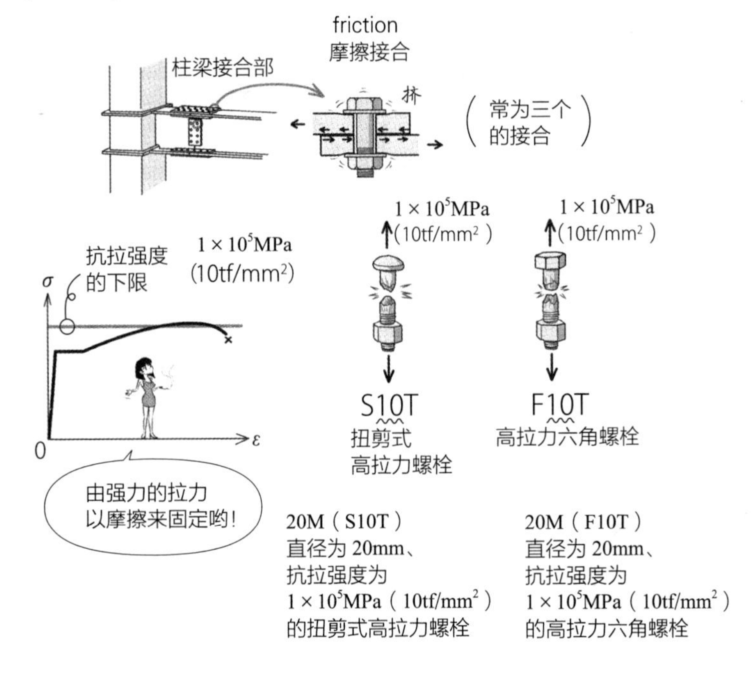

- S 为 structural joint（结构的接合），F 为 friction joint（摩擦接合），T 为 tension（拉力）。
- 高拉力螺栓的直径以 M 表示。直径为 20mm、抗拉强度为 1×10^5MPa（10tf/mm^2）的高拉力六角螺栓可用 20M（F10T）表示。
- 高拉力螺栓为 high tension bolt，也可用 HT 表示。high tension 是高拉力的意思。

Q 1. 钢材 SN400、SS400、SM400 的数字代表什么？
2. 箱形柱 BCR235、BCP325 的数字代表什么？
3. 钢筋 SD345、SR295 的数字代表什么？
4. 高拉力螺栓 S10T、F10T 的数字代表什么？

▼

A 1. 抗拉强度的下限值。
2. 屈服点的下限值。
3. 屈服点的下限值。
4. 抗拉强度的下限值。

钢制品的规格以抗拉强度或屈服点来表示。抗拉强度为应力的最大值，屈服点为弹性上限的应力值。钢具有延展性，从屈服点到最大值之间还有余量。规格后面的数字意义，这里重新一并记住吧。

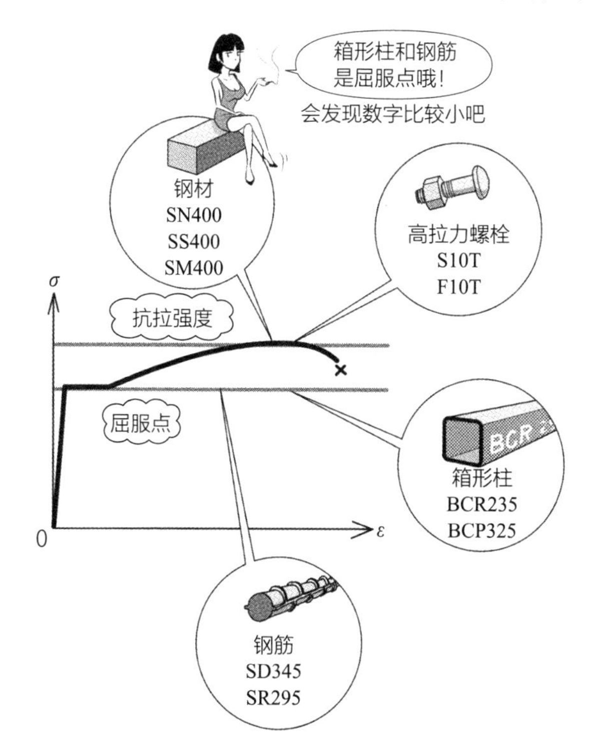

木材的强度

Q 含水率高的木材，其强度如何？

A 会降低。

含水率达 30% 时，强度会下降，30% 的水分形成饱和状态，之后不管吸收再多水分，强度几乎不会改变。含水率 30% 的状态称为纤维饱和点（fiber saturation point，FSP）。

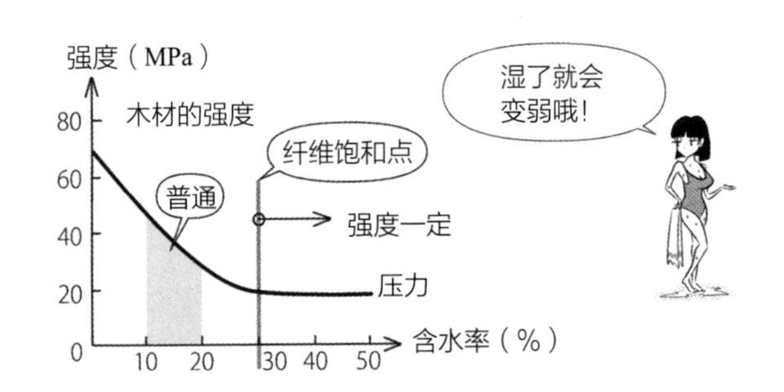

钢材、混凝土、木材的比较

项目	压应力（MPa）	拉应力（MPa）	弹性模量E（MPa）	相对密度（水的数倍重）
钢材	400	400	2.1×10^5	7.85
混凝土	21	2.1	2.1×10^4	2.3
杉木	20～40	15～30	6×10^3	0.4

SN400（钢材）
21MPa 的配比（混凝土）
加入钢筋就变成 2.4（混凝土相对密度）
与混凝土几乎相同（杉木压应力）
比混凝土强（杉木拉应力）
浮在水上（杉木相对密度）

- 日本建筑标准法中的材料强度（规定在保守值），杉木的压应力是 20~40MPa，拉应力是 15~30MPa（依等级而异），压力与混凝土几乎相同，拉力大约是混凝土的 10 倍。
- 笔者曾前往茨城县参观出口桧木的制材厂。该厂利用机械干燥使含水率在 20% 以下，弹性模量保持在 1.3×10^4MPa（130tf/cm^2）以上，木材印上 20 与 130 的数字后再出货。以弹性模量区分木材等级，称为机械等级区分，也就是利用机械在木材上敲打来判断弹性模量。除了机械等级区分，还有目视等级区分。

Q 当梁上的荷重增加，截面的一部分超过屈服点时，弯曲应力 σ_b 会如何分布?

▼

A 如图所示，在靠近边缘侧的 σ_b 分布会出现定值的部分。

σ_b 超过屈服点 σ_y 时，就无法再抵抗，变形虽然增加，但应力会维持定值。边缘的应力会最先达到屈服点 σ_y，就算变形增加，σ_b 也不会比 σ_y 大。如果变形进一步增加，σ_y 的区域会从边缘往中性轴方向扩大。

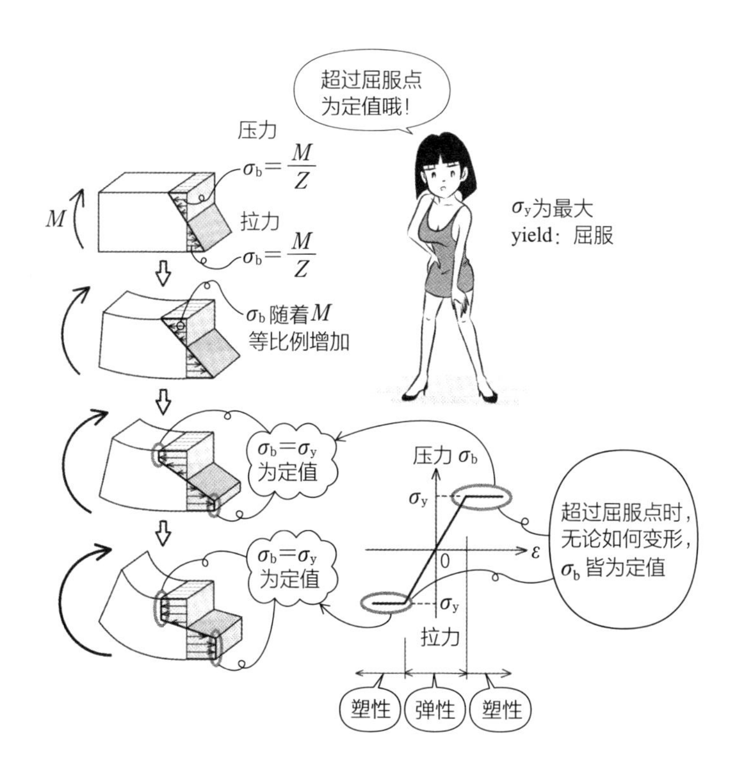

- 上述是假设轴力未作用的状态，就算超过屈服点，弯曲应力 σ_b 仍会维持定值（即完全弹性体），屈服点在拉力侧与压力侧的情况相同。
- σ_y 的 y 是 yield（屈服）的 y。

Q 什么是塑性弯矩 M_p？

▼

A 截面全部成为塑性状态时的弯矩。

前述的梁若是逐渐增加荷载，变形会增加，但 σ_b 不会比 σ_y 大，屈服范围从边缘往中性轴扩大。如果进一步增加荷载，内部所有的点都会达到屈服点，全部成为 σ_y。此阶段的 M 是全部为塑性状态的弯矩，称为塑性弯矩（plastic moment）M_p。

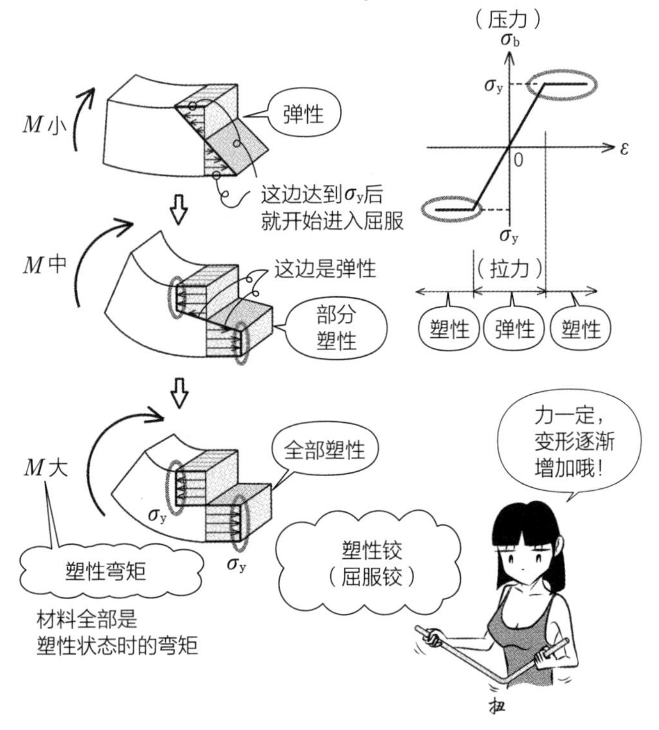

- 屈服点为材料达到可抵抗力的上限，开始产生屈服的点，之后不管变形如何增加，抵抗的力都相同。全截面屈服后，材料全部进入塑性区，应力不会增加，只有变形不断增加。这便称为屈服铰（yield hinge）或塑性铰（plastic hinge）。在弹性状态下，除去力后会像橡皮筋一样恢复原状；在塑性状态下，即使除去力，也不会恢复原状。

Q 如何计算前述梁的塑性弯矩 M_p？

▼

A 将对中性轴的力矩（屈服点的应力 σ_y× 面积 × 距离）合计起来即可得。

"屈服点的应力 σ_y× 面积"是 σ_y 的力总和。应力往中性轴上下方向分布，乘以距离就得到力矩。压力侧与拉力侧的力矩合计，会与塑性弯矩 M_p 平衡，成为材料的抵抗力。

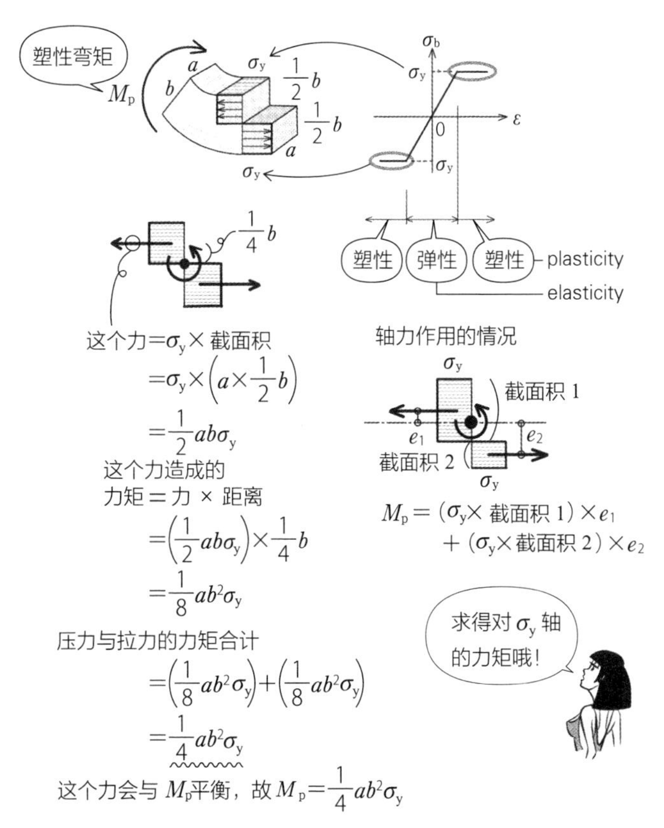

- 上述为没有轴力作用的情况，若轴方向有力作用，σ_y 的分布会变得不对称（上方右侧中间的图），求得对中性轴的力矩和，就能得到 M_p 的大小。M_p 的 p 是 plasticity（塑性）的意思。弹性则是 elasticity。

Q 承受集中荷载，以塑性铰形成的梁，铰接的塑性区是什么形状？

▼

A 如图所示，荷载下的弯矩最大部分会产生全截面的塑性化。其两侧的上下端即为塑性区的状态。

越往上下端，变形越大，弯曲应力越强，上下端会先达到屈服。此外，越靠近荷载的部分，其弯矩作用越强，就会形成如图所示的塑性区。

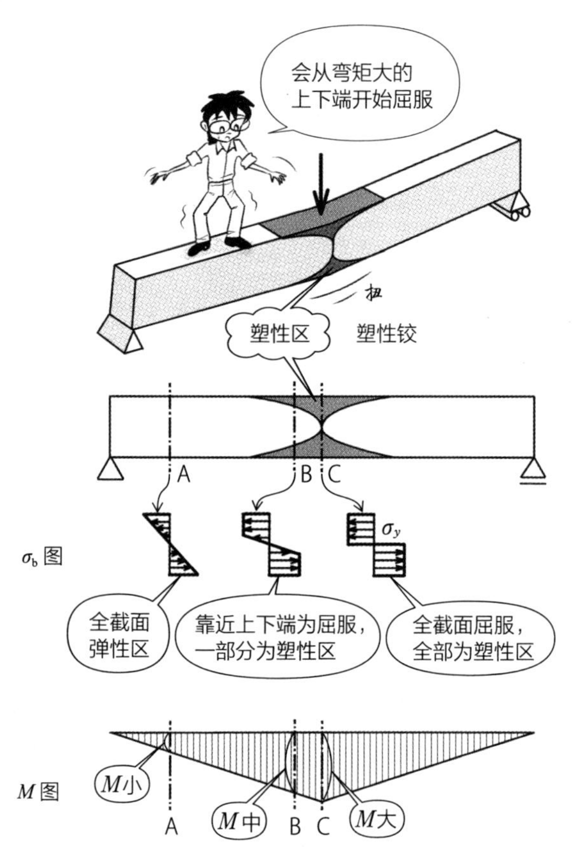

Q 钢筋混凝土结构的梁为塑性铰时，截面的应力是如何作用的？

▼

A 如图所示，拉力侧是钢筋的屈服强度，压力侧是混凝土的最大强度在作用。

混凝土在拉力侧容易产生开裂，使中性轴向上移动。当混凝土达到最大强度、钢筋达到屈服强度时，几乎是以相同的力产生变形。

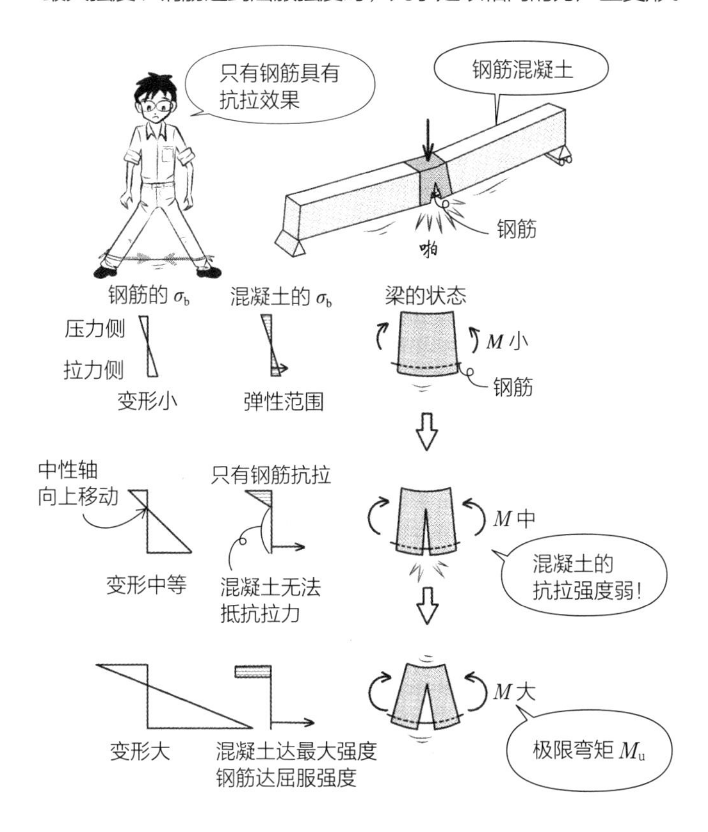

- 全截面皆为屈服状态时的力矩称为极限弯矩，以 M_u 表示。M_u 的 u 是 ultimate（最终的）之意。钢有明确的弹性界限，即屈服点，混凝土则以山形的顶点取代屈服点来表示。

Q 如何求得钢筋混凝土结构梁的极限弯矩 M_u？

▼

A 由钢筋的屈服强度 σ_y 来求得。

由横向平衡可知，拉力 T 与压力 C 相同，即 $T = C$。T 与 C 对中性轴的力矩合计就是极限弯矩 M_u。就算不知道中性轴的位置，由于是力偶的关系，也可以由力乘以两者之间的距离来求得。

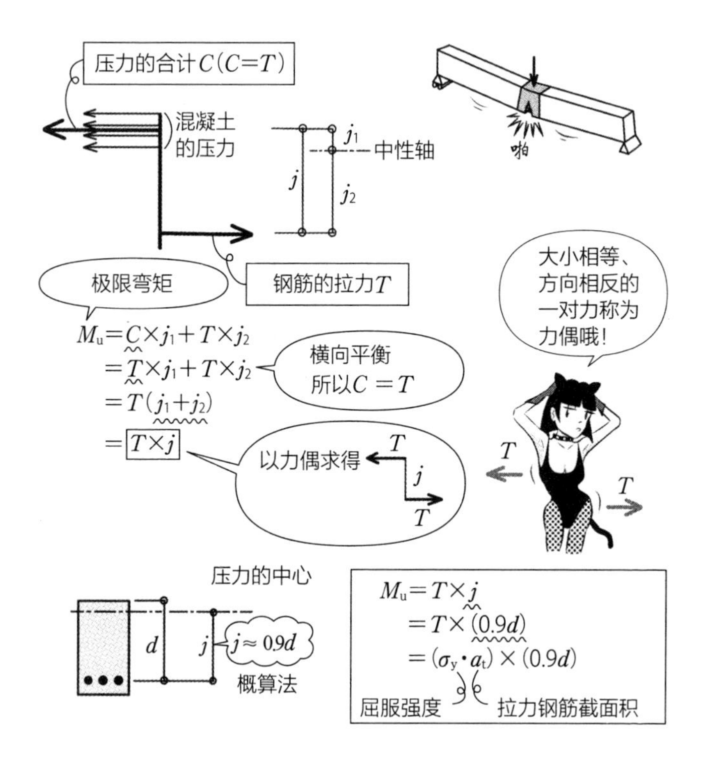

- 从钢筋中心到梁上端的距离乘以 0.9，大约就是极限弯矩出现时的应力间距，因此可以概算求得 M_u。
- 力偶是力矩的一种特殊情况，为大小相等、方向相反的一对力。不管以哪里为中心计算两个力的力矩，合计起来都会是相同的值（力 × 间距）。

Q 求取 H 型钢梁的塑性弯矩 M_p 的公式是什么？

▼

A $M_p = \sigma_y \times Z_p$ 。Z_p 为塑性截面系数。

钢筋混凝土梁的情况下，要考虑钢筋与混凝土的屈服状态，钢骨梁则不管压力或拉力都是钢铁，应力的状态比较单纯。可以从$\sigma = \frac{M}{Z}$得到屈服状态的公式 $\sigma_y = \frac{M_p}{Z_p}$，就可以求得 M_p 。

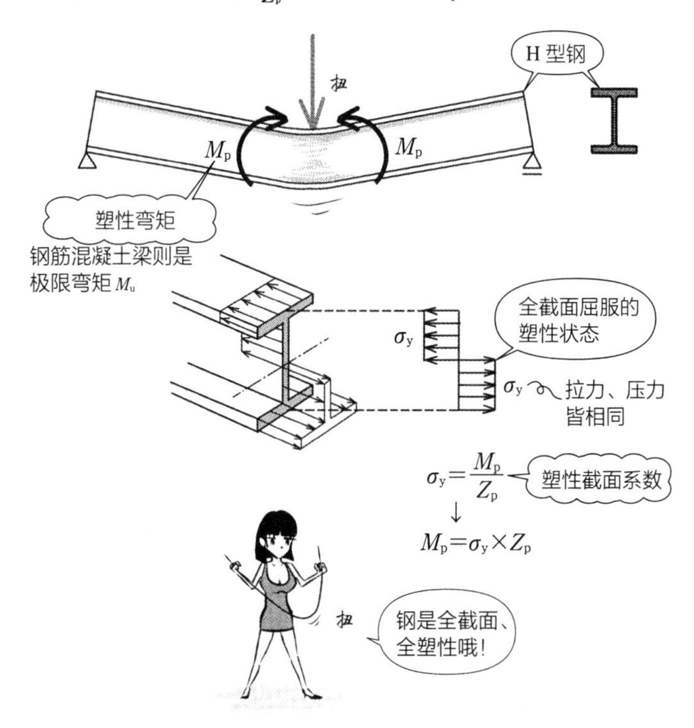

- H 型钢在塑性铰的情况下，会形成全截面屈服的塑性状态，称为塑性弯矩 M_p。钢筋混凝土梁则如前述，混凝土的一部分截面与钢筋屈服的塑性铰，称为极限弯矩 M_u。
- Z_p 在结构力学教科书中有以列表方式记载的数值，计算时由中性轴的上下着手，上方面积 × 至重心的距离 + 下方面积 × 至重心的距离，即（σ_y × 上方面积）× 至重心的距离 +（σ_y × 下方面积）× 至重心的距离 =σ_y 造成的力矩合计。

Q 柱、梁刚接的塑性铰状态是什么？

▼

A 柱与梁，哪个弯矩 M 先达到塑性弯矩 M_p，哪个就形成塑性铰。

梁的 M_p 较小时，梁的全截面会先达到屈服点 σ_y 产生屈服，形成塑性铰。反之，若是柱的 M_p 较小时，柱的全截面会先达到 σ_y 屈服，形成塑性铰。

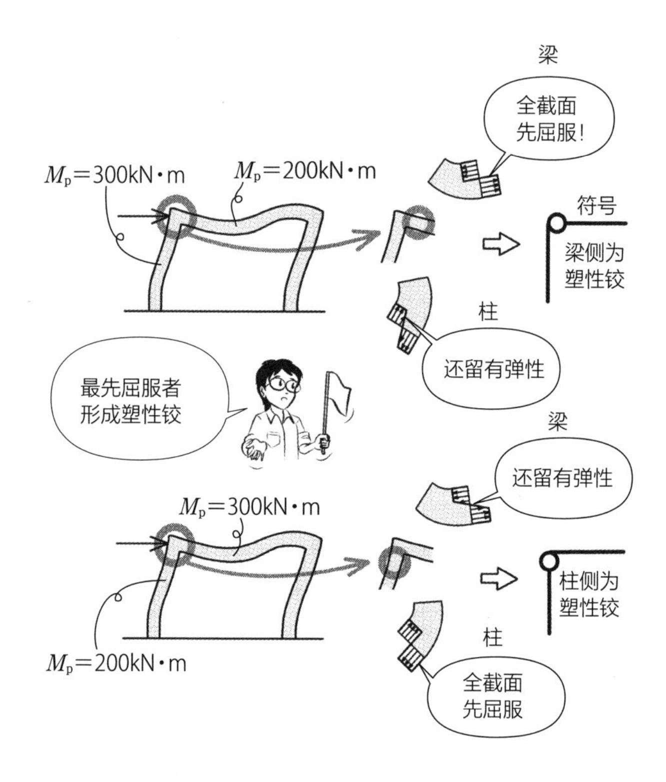

- 在上图中，节点的构件只有两个，在各构件端部产生的弯矩 M 会相等，若是多个构件集结的节点，各个 M 就不尽相同了。在这种情况下，要以所产生的 M 及各自的 M_p 关系，来决定哪个构件会先形成塑性铰的状态。

Q 1.θ 很小时，$\tan\theta$ 约等于什么？

2. 弧度是什么？

A 1. $\tan\theta \approx \theta$。

2. 弧度 $= \dfrac{弧的长度}{半径}$（$\theta=\dfrac{l}{r}$）。

两者都是与角度有关的数学公式，一起记下来吧。在结构力学中经常用到。

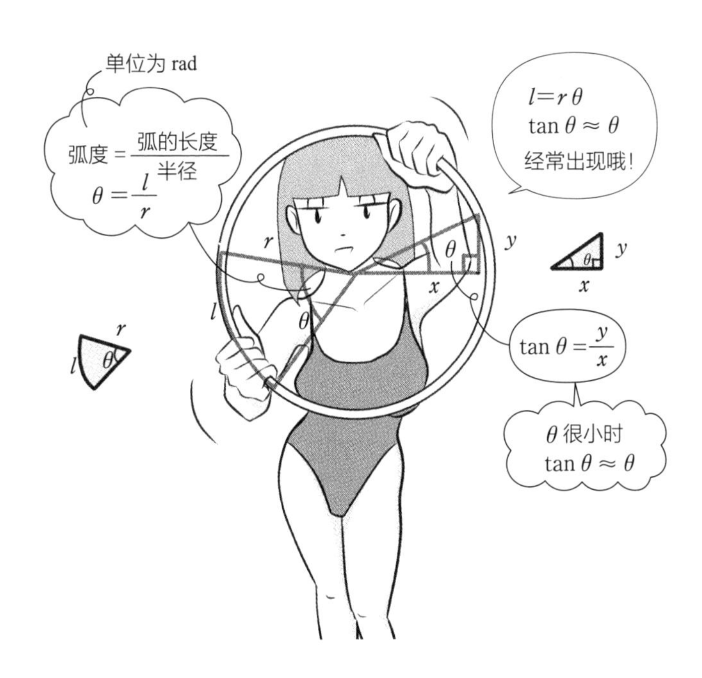

Q 力矩 M 转动 θ 角所做的功（能量）是多少?

▼

A $M\times\theta$。

力所做的功可用“力 ×（力方向的移动距离）”求得。变形成“力矩 M= 力 × 距离 $=P\times r$”时，可得到$P=\frac{M}{r}$。移动圆弧长度 l 与半径 r 的关系为 $l = r\theta$（弧度的定义参见 R199），因此可推得 P 所做的功$P\times l =\frac{M}{r}\times r\theta=M\theta$。

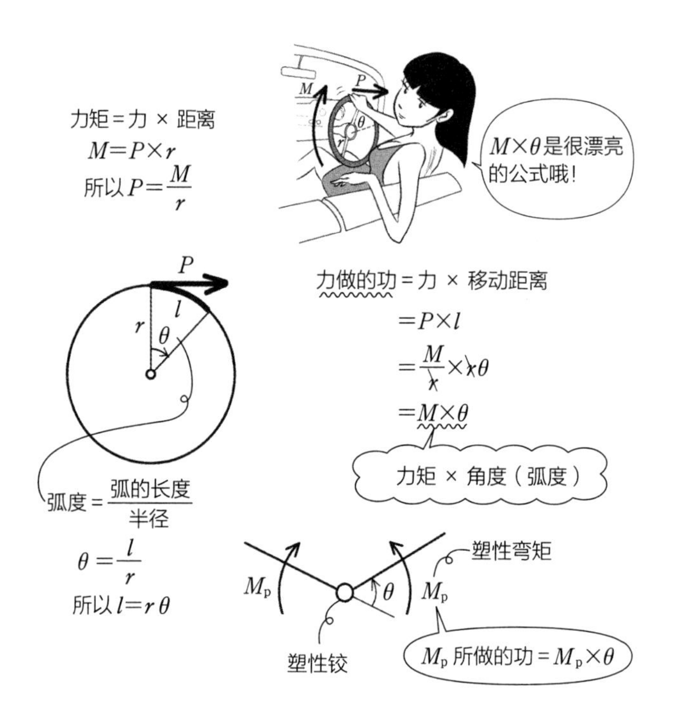

- 塑性弯矩 M_p 的塑性铰转动 θ 时，塑性弯矩所做的功为 $M_p\times\theta$。
- 功与能量的概念几乎相同，做功的能力亦称为能量。单位同样是 J（joule，焦耳）。J=N（牛顿）×m（米）。1N 的力使物体移动 1m 时，就使用了 1J 的能量，即做了 1J 的功。

Q 如何从塑性弯矩 M_p 求得破坏时的荷载 P_u？

▼

A 由 P_u 所做的功 = M_p 所做的功求得。

破坏瞬间的荷载 P_u 所做的功，会从内部传递，转变成 M_p 所做的功。能量理当会相等（能量守恒定律）。

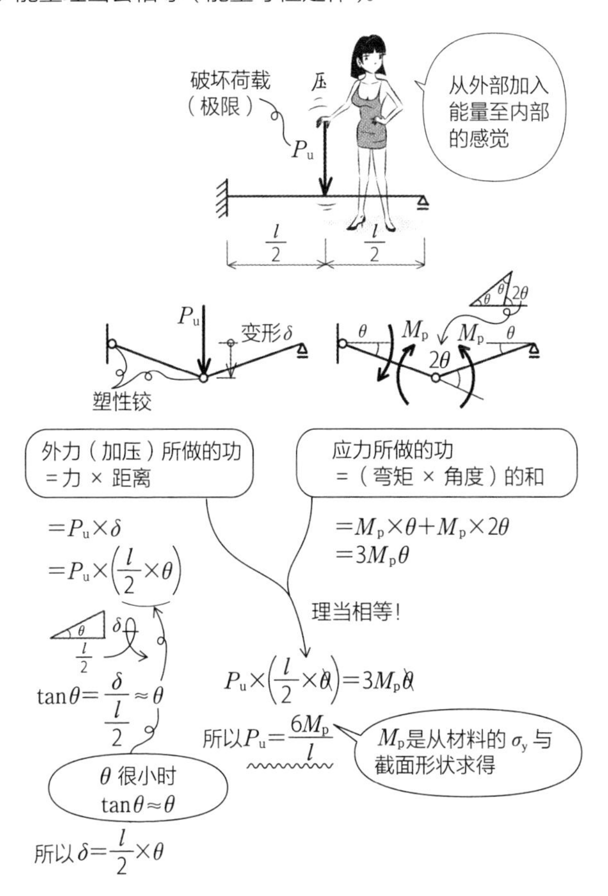

- 梁的全截面超过屈服点，进入塑性区，形成塑性铰时的荷载，即破坏瞬间的荷载 P_u，称为破坏荷载、极限耐力等。P_u 的 u 是最终的、极限的之意的 ultimate 的 u。
- 其他应力所做的功比 M_p 小得多，可以忽略。

Q 门形框架要如何从塑性弯矩 M_p 求得破坏荷载 P_u？

▼

A 由 P_u 所做的功 = M_p 所做的功求得。

和梁的情况相同，以外部能量 = 内部能量的等式求得。

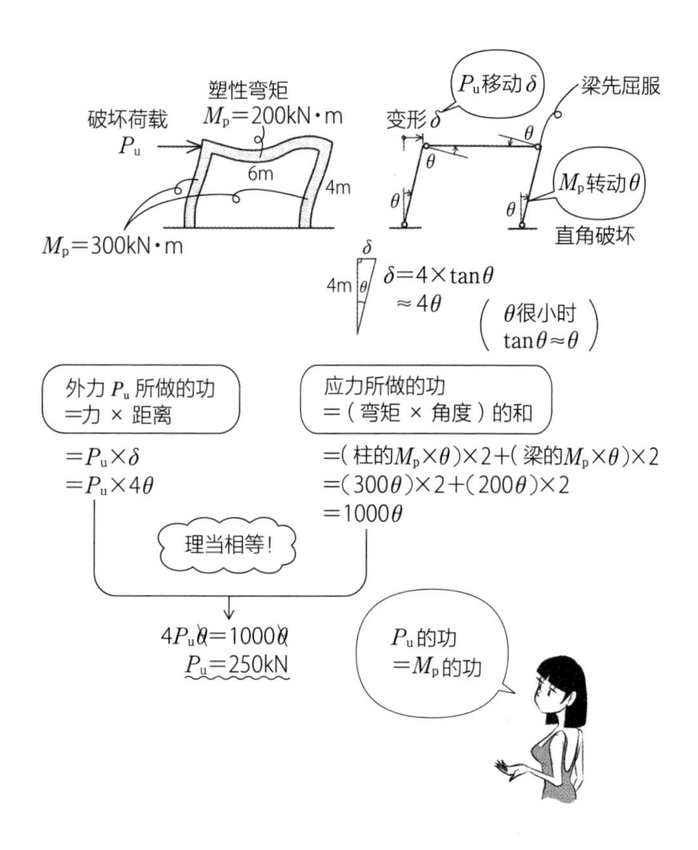

- 不管能量如何变化，其总量维持一定者，称为能量守恒定律。形成外力所做的功 = 内力所做的功 = 储存的变形能量的等式。公式中的 P_u 是假想只以 $P_u\times\delta$ 所做的功所形成，也可称为虚功原理（virtual work principle）。

Q 什么是共轭梁法?

▼

A 假想虚拟荷载为$\frac{M}{EI}$，以此求得挠度 y（δ）、挠角 $\frac{\mathrm{d}y}{\mathrm{d}x}(\theta)$ 的方法。

只要让构件承受虚拟荷载，就可以很方便地求得挠度 y 和挠角 θ 的方法，称为共轭梁法（conjugate beam method）。现在先记住虚拟荷载的公式$\frac{M}{EI}$吧。

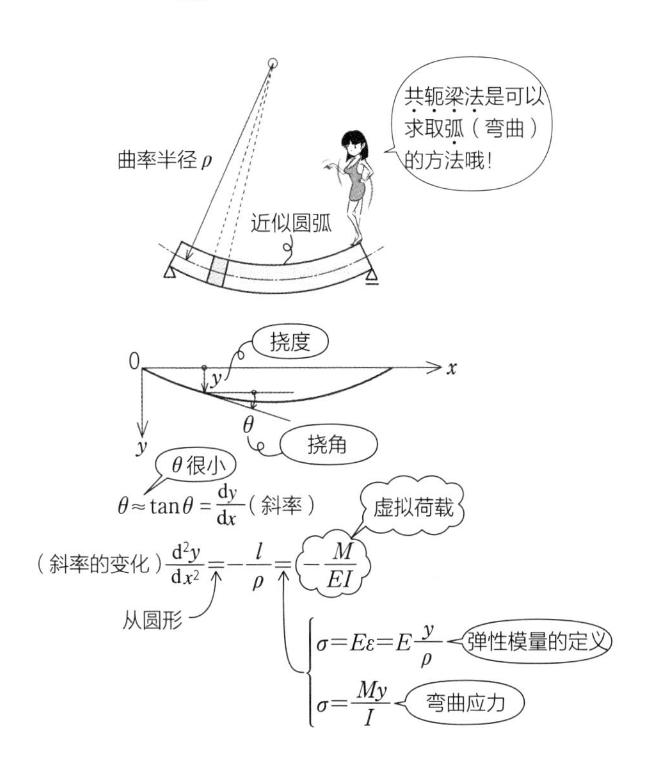

- 构件挠度可以利用半径 ρ 的圆弧，将弹性模量的定义式 $\sigma=E\varepsilon=E\frac{y}{\rho}$、弯曲应力的公式 $\sigma=\frac{My}{I}$ 加入 $\frac{\mathrm{d}^2y}{\mathrm{d}x^2}=-\frac{1}{\rho}$ 之中整理一下，就可以导出挠度 y 的 2 次微分公式 $=-\frac{1}{\rho}=-\frac{M}{EI}$。

Q 虚拟荷载$\frac{M}{EI}$与挠度 y（δ）、挠角$\frac{\mathrm{d}y}{\mathrm{d}x}$($\theta$) 的关系是什么?

▼

A 承受虚拟荷载时的弯矩 M 会造成挠度 y，剪力 Q 会造成挠角 θ。

M 微分会得到 Q，Q 微分会得到 $-w$ 的关系（参见 R111），对应到 y、$\theta=\frac{\mathrm{d}y}{\mathrm{d}x}$、$\frac{\mathrm{d}^2y}{\mathrm{d}x^2}=-\frac{M}{EI}$的公式，也可以推导出如上述的关系。

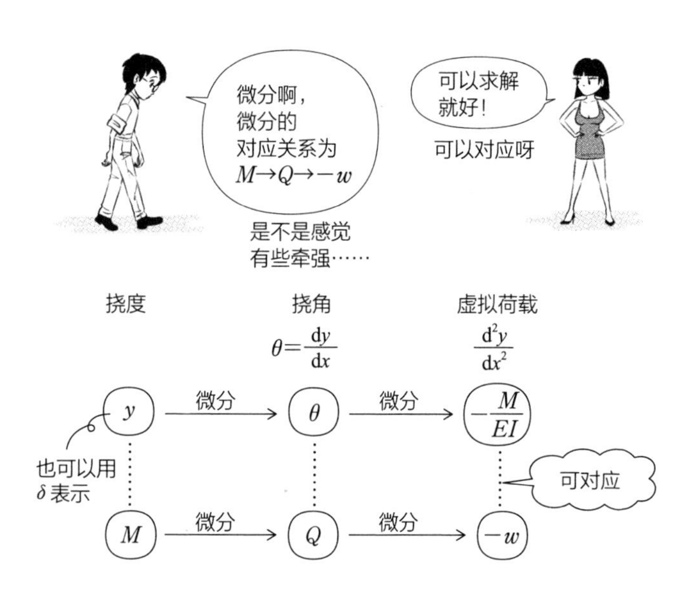

- 挠度由有 y 的 $\frac{\mathrm{d}y}{\mathrm{d}x}$ 等公式组成，一般以符号 δ 来表示挠度。最大挠度写成δ_{max}等。挠角的 $\frac{\mathrm{d}y}{\mathrm{d}x}$ 则常用 θ 表示。

Q 计算出简支梁、悬臂梁的最大挠度δ_{max}、最大挠角δ_{max}的顺序是什么?

▼

A ①计算弯矩 M；②承受虚拟荷载$\frac{M}{EI}$；③计算出虚拟荷载下的剪力即为 θ；④虚拟荷载下的弯矩即为 δ。

若为悬臂梁，固定端的 θ=0、δ=0，承载虚拟荷载时会变成自由端，自由端则成为固定端。

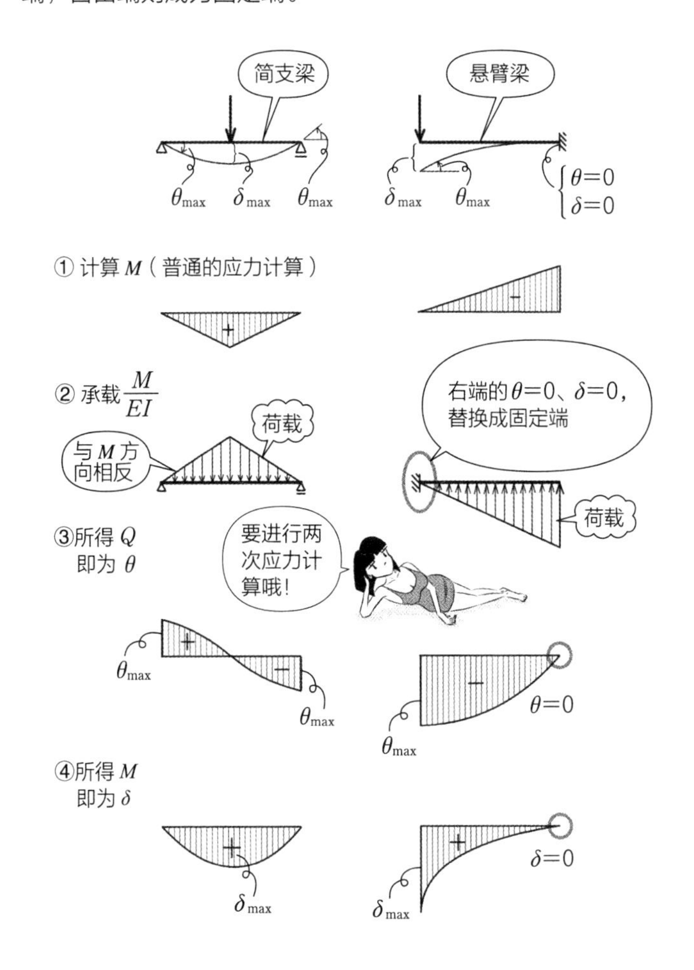

Q 两端固定、长度 l 的梁承受均布荷载 w 时，最大挠度 δ_{max} 是多少？

▼

A $\dfrac{Wl^3}{384EI}$ （$W=wl$）。

形变量挠度与弹性模量 E 和截面二次矩 I 的乘积成反比。挠度公式的分母一定会出现 EI。这是因为导入虚拟荷载（$\dfrac{M}{EI}$）的关系。EI 由材料的变形难易度 E 和截面形状的弯曲难易度 I 合起来计算而得，称为抗挠刚度（flexural rigidity）。EI 越大，表示产生的挠度越小。

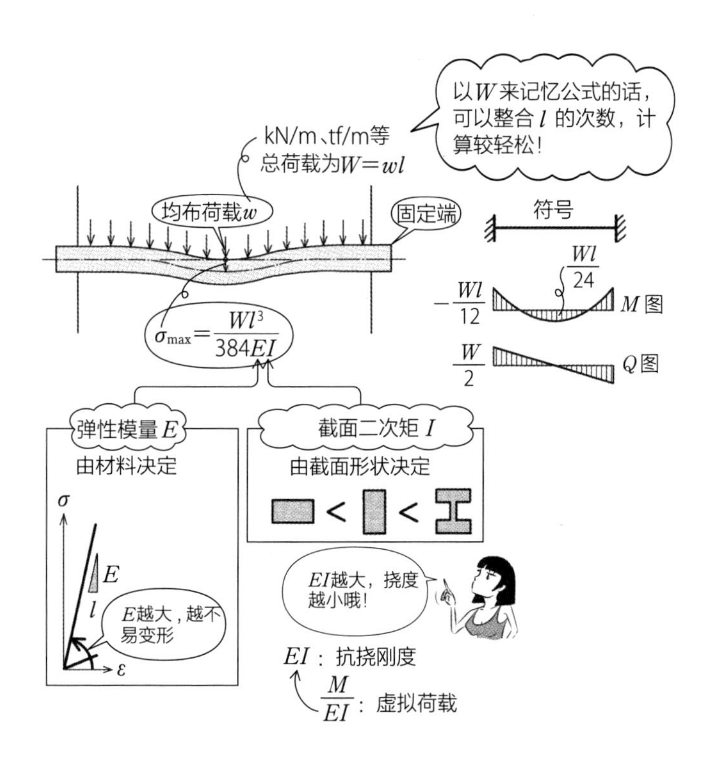

- 形变量的符号常用 δ 表示。x 的形变量写成 Δx。Δx 小到某个极限后，就以微分符号 dx 表示了。

Q 下图左侧结构的δ_{max}、θ_{max}是多少?

A 如下图右侧所示。

和 M 图的形状或M_{max}（参见 R114）一样，现阶段就记下其代表的挠度、挠角的最大值，之后会比较轻松哦。

力×l^3　　力×l^2

结构	δ_{max}	θ_{max}
$\frac{l}{2}$ P $\frac{l}{2}$　θ_{max}　δ_{max}	$\frac{Pl^3}{48EI}$	$\frac{Pl^2}{16EI}$
w　θ_{max}　δ_{max}	$\frac{5Wl^3}{384EI}$	$\frac{Wl^2}{24EI}$
M A B　θ_A　θ_B		$\theta_A=\frac{Ml}{3EI}$ $\theta_B=\frac{Ml}{6EI}$
P　θ_{max}　δ_{max}	$\frac{Pl^3}{3EI}$	$\frac{Pl^2}{2EI}$
w　θ_{max}　δ_{max}	$\frac{Wl^3}{8EI}$	$\frac{Wl^2}{6EI}$
$\frac{l}{2}$ $\frac{l}{2}$　δ_{max}　$\theta=0$	$\frac{Pl^3}{192EI}$	分母一定有EI哦!
w　δ_{max}	$\frac{Wl^3}{384EI}$ $W=wl$	

● max 是 maximum（最大）的缩写。

Q δ_{max}、θ_{max} 的公式中，长度 l 的次数是多少？

▼

A δ_{max} 是 3 次（3 次方），θ_{max} 是 2 次（2 次方）。

弯矩 M 的变化率、斜率，微分后会得到 Q。承受虚拟荷载 $\frac{M}{EI}$ 时，M 会对应成挠度 δ，Q 对应成挠角 θ，因此，δ 的变化率、斜率微分后会得到 θ。l^3 微分后会得到 l^2。

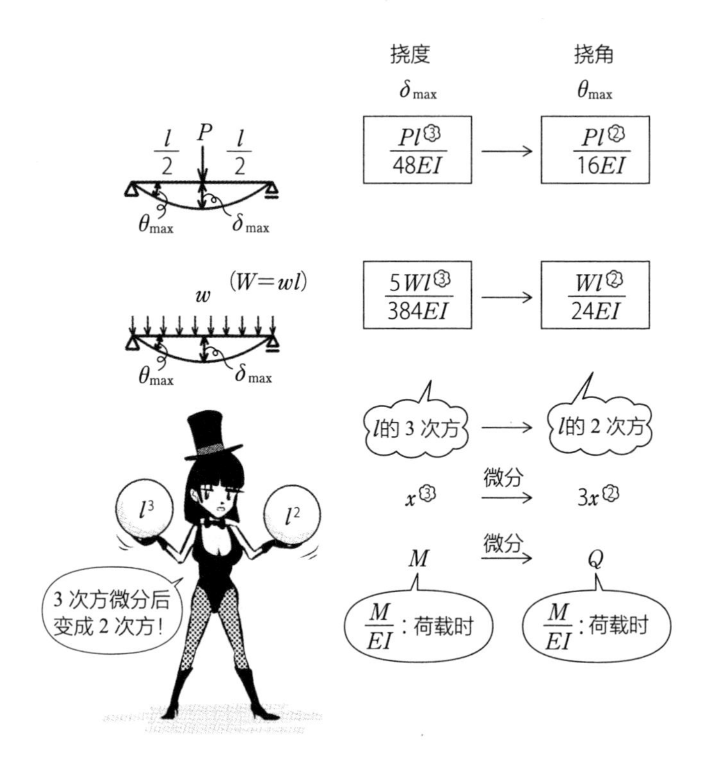

Q δ、θ 公式的单位是什么？

▼

A δ 为 mm（cm），θ 没有单位。

弹性模量 E 的单位为 MPa（N/mm^2），截面二次矩 I 是 mm^4（cm^4），因此 EI 的单位是 $N \cdot mm^2$。Pl^3 的单位是 $N \cdot mm^3$，所以 $\frac{Pl^3}{EI}$ 的单位为 mm。

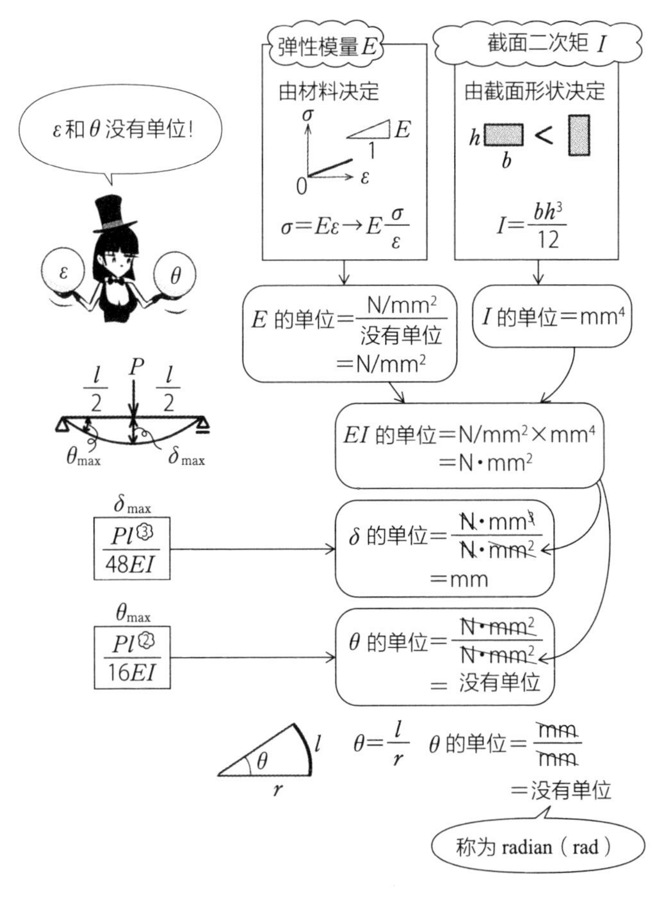

- 物理公式与数学公式不同，一定都伴随着单位。借由单位的组合，也可以发现次数是否有误。

Q 什么是长细比λ?

A 表示结构细长度的系数，定义为$\lambda=\frac{l_k}{i}$（l_k: 屈曲长度，i: 截面二次半径）。

若是细长柱，在压缩破坏之前可能弯折产生屈曲。普通的细长度以$\frac{长度}{宽度}$表示，结构上为了得到正确的系数，宽度会用截面二次半径$i=\sqrt{\frac{I}{A}}$。长度也会因为两端固定形式的不同而改变，两端若为铰接（可转动）则取全长，两端若为固定则取 1/2 的长度等。

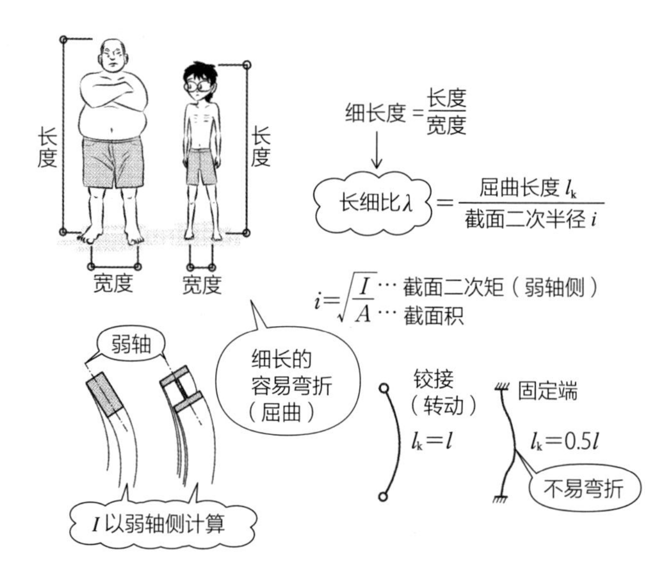

- 根据日本建筑标准法的规定，木结构柱的长细比λ要在 150 以下，钢结构柱要在 200 以下。
- 由于柱会从弱轴侧弯折，因此要计算弱轴侧的截面二次矩I。
- 因压缩而破坏的柱称为短柱，因屈曲而破坏的柱称为长柱。

Q 屈曲荷载 P_k 等于什么？

▼

A $\frac{\pi^2 EI}{l_k^2}$（l_k：屈曲长度）。

柱弯折时的荷载称为屈曲荷载 P_k。以上式表示，抗挠刚度 EI 为分子。抗挠刚度越大，表示使之弯折屈曲的力要越大。屈曲长度 l_k 在分母，而且是 2 次方，表示长度越长，要使之弯折的力就越小，也就越容易弯折。

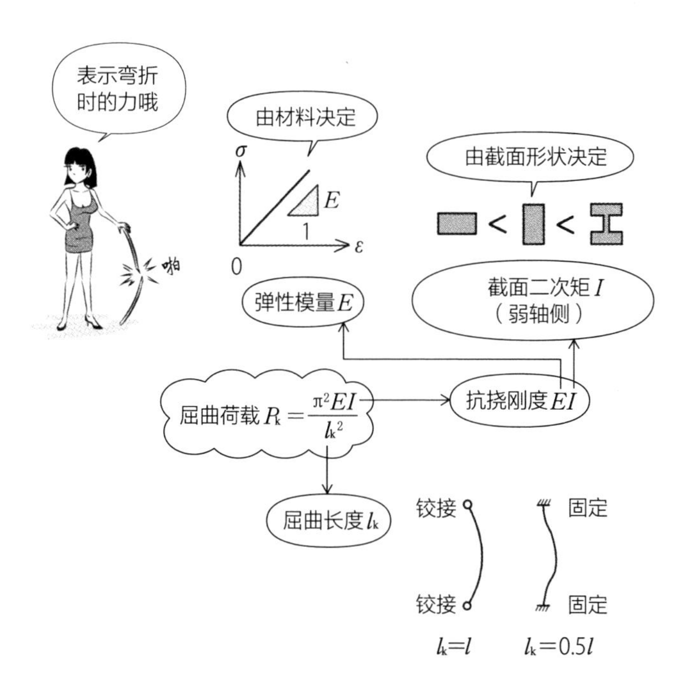

- 即使长度相同，两端固定的柱的屈曲长度 l_k 也是两端铰接柱的一半，如此屈曲荷载会变大，不容易屈曲。

Q 柱的屈曲长度 l_k 与实际长度 l 的关系是什么？

▼

A 依据拘束（接合）条件的不同，如图所示。

以两端铰接的长度 l 为基础，屈曲长度会随着转动或移动与否而改变。

上端的横向移動	拘束			自由	
两端的转动	两端铰接	两端固定	一端固定 一端铰接	两端固定	一端固定 一端铰接
屈曲形式					
屈曲长度 l_k	l	$0.5l$	$0.7l$	l	$2l$

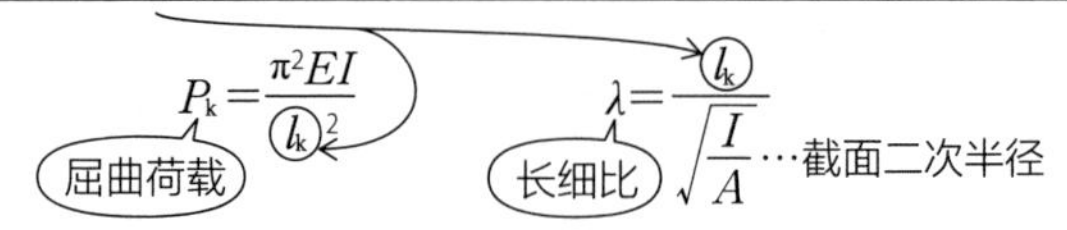

- 在共轭梁法中，出现$\frac{d^2y}{dx^2}=-\frac{1}{\rho}=-\frac{M}{EI}$的公式（参见 R203），解开这个微分方程就可以得到弯曲时的曲线公式（微弯的 sin 曲线）。从这个公式可以导出屈曲荷载和屈曲长度的公式。
- 拘束越大时，屈曲长度 l_k 越短，屈曲荷载 P_k 越大；当自由度增加时，屈曲长度 l_k 越长，屈曲荷载 P_k 越小。支撑条件常是理想化的状况，实际的建筑物不会有完全拘束、完全自由的情况。

Q 如何决定屈曲长度 l_k？

A 以反曲点到反曲点之间的长度来决定。

弯折（屈曲）是指弯曲的部分。没有弯曲的部分不算入长度。曲线从凸到凹、从凹到凸产生变化的地方称为反曲点，从反曲点到反曲点之间就是弯曲部分，该长度即为屈曲长度。

上端的横向移动	拘束			自由	
两端的转动	两端铰接	两端固定	一端固定 一端铰接	两端固定	一端固定 一端铰接
屈曲形式	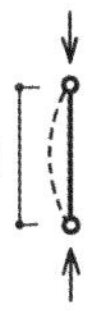				
屈曲长度 l_k	l	$0.5l$	$0.7l$	l	$2l$

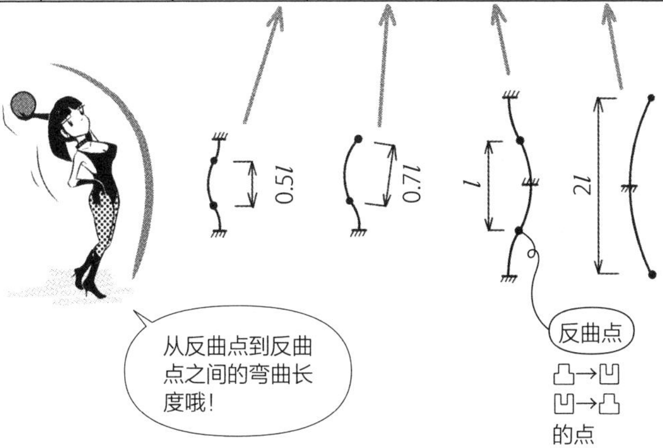

从反曲点到反曲点之间的弯曲长度哦！

反曲点

凸→凹
凹→凸
的点

- $P_k=\dfrac{\pi^2 EI}{l_k^2}$的公式是在弹性范围内的屈曲方程，称为弹性屈曲。超过弹性限度的屈曲为非弹性屈曲，有另外的计算公式。

Q 框架结构柱的屈曲长度 l_k 是多少?

▼

A 如图所示，对应至不同的柱屈曲形式。

考虑梁完全是刚接的状态，如图所示。实际上为非刚接，屈曲长度较大，屈曲荷载变小，较容易屈曲。

上端的横向移动	拘束			自由	
两端的转动	两端铰接	两端固定	一端固定 一端铰接	两端固定	一端固定 一端铰接
屈曲形式	l				
屈曲长度 l_k	l	$0.5l$	$0.7l$	l	$2l$

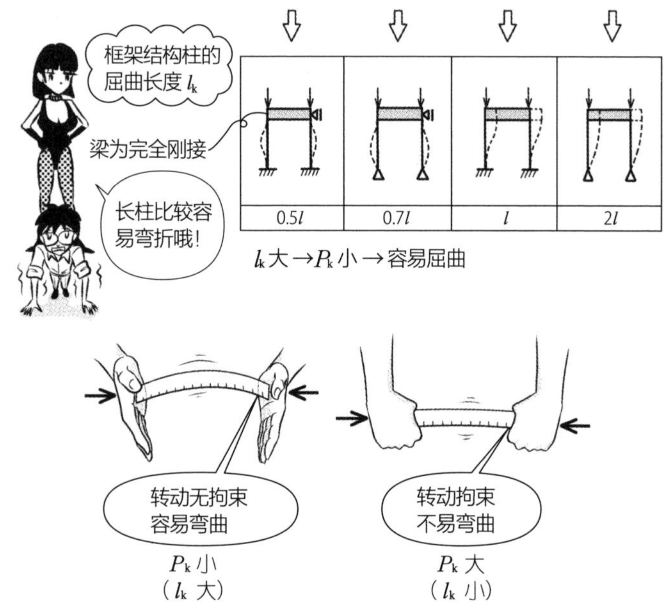

- 用两手握住直尺的左右两端，观察弯曲状态。若是两手紧握住直尺的两端，则施压时比较不容易弯曲。若是两手张开用掌心压直尺，就很容易弯曲了。拘束小的柱也一样，屈曲荷载较小，比较容易弯折。

Q 如何得知结构物是安定还是不安定？

A 通过判别式，反力数 + 构件数 + 刚接接合数 − 2× 节点数（$m=n+s+r-2k$）≥ 0 时为安定，$m<0$ 的负值时为不安定。

上式是只以转动的拘束状态判断结构物移动与否（安定、不安定）的公式。不是判定实际上是否安全的公式。$m \geq 0$ 是安定的必要条件。

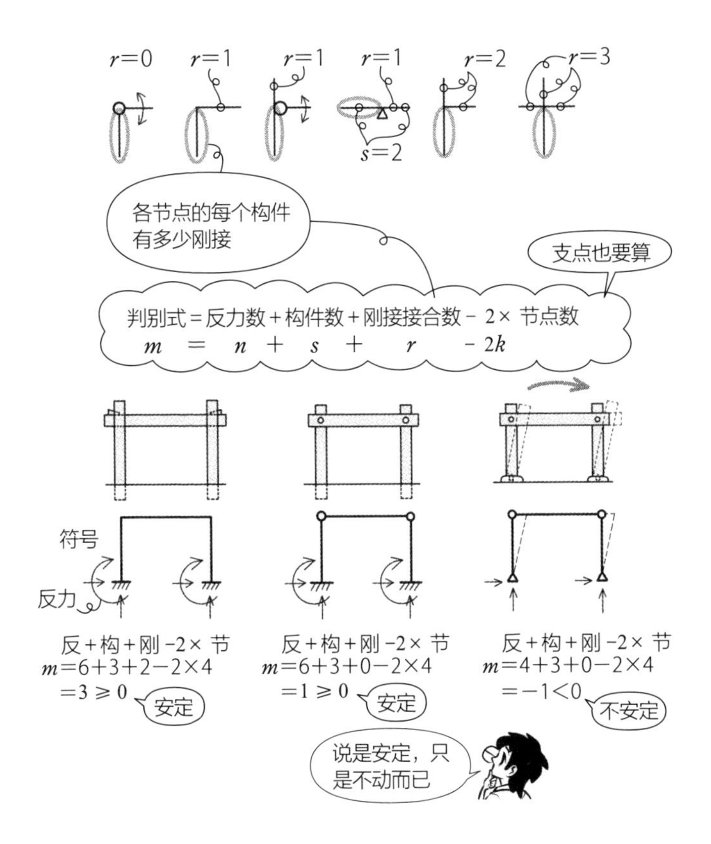

- 刚接接合数 r，是指一个构件中，与之为刚接接合的构件数有几个。另外要注意，节点数 k 也包含支点和自由端。

Q 如何得知结构物是静定还是静不定（即超静定）？

▼

A 判别式为 0 是静定，为正是静不定。

在安定结构物中的静定结构，只要通过力平衡，就可以求得反力、应力。静不定结构则是要再考虑变形等才能够解开。

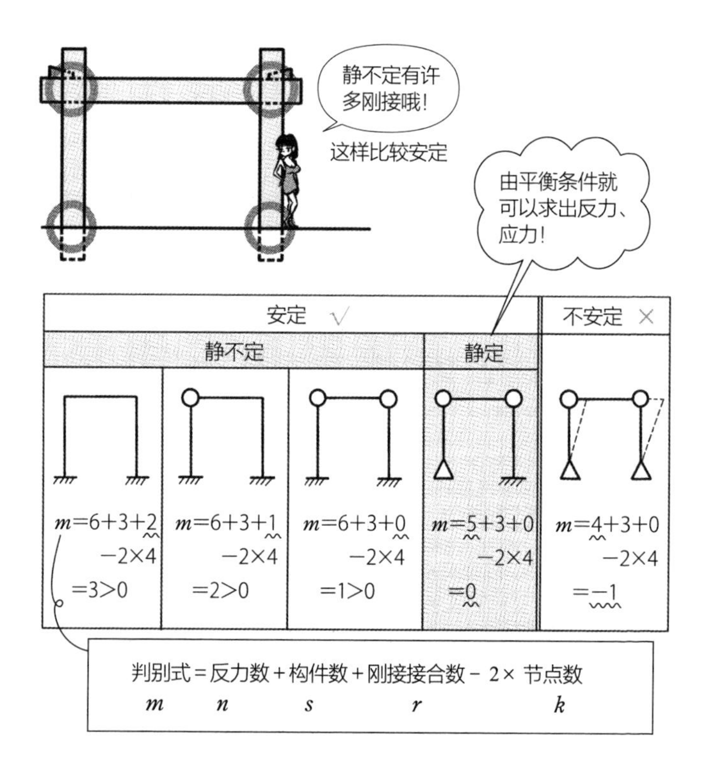

- 将各个支点、节点的作用力以 x 方向、y 方向、转动方向等列出平衡方程，当未知的力数比方程多时，就无法以联立方程得解。“未知力的数量－方程的数量”，整理之后会得到上述判别式。这个公式的推导格外复杂。
- 以字义来看，静不定或许让人有不安定的感觉，但其实是安定的结构。这是因为其反力数较多，安定度多半比静定高。世界上的结构物几乎都是静不定。不知道为什么要取这样的名称，对学生来说容易误解，语感也不好。

Q 如图所示的静不定梁，如何使用简支梁的支点承受力矩作用时的挠角来求解？

▼

A 将静不定梁替换成简支梁，在简支梁的端点加上固定用的虚拟力矩来求解。

①在固定条件相同的情况下，将静不定梁强制换成简支梁；②将简支梁分成两部分；③求得各自的 M、Q；④组合起来。

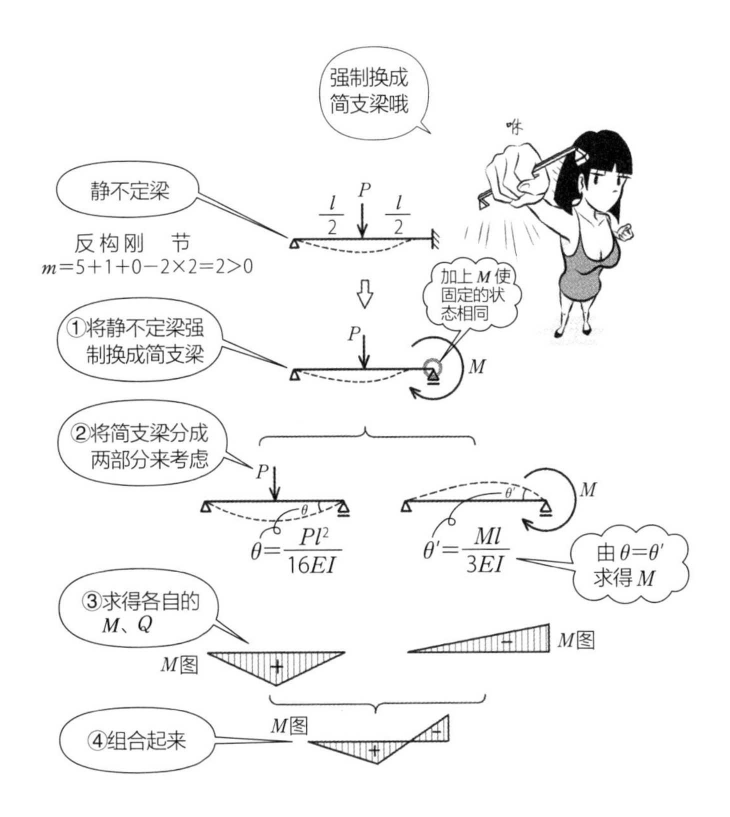

Q 如图所示的静不定连续梁，如何使用简支梁承受荷载时的挠度来求解？

▼

A 将静不定梁替换成简支梁，在简支梁的中央加上从下往上、固定用的虚拟的力来求解。

①在固定条件相同的情况下，将静不定梁强制换成简支梁；②将简支梁分成两部分；③求得各自的 M、Q；④ 组合起来。

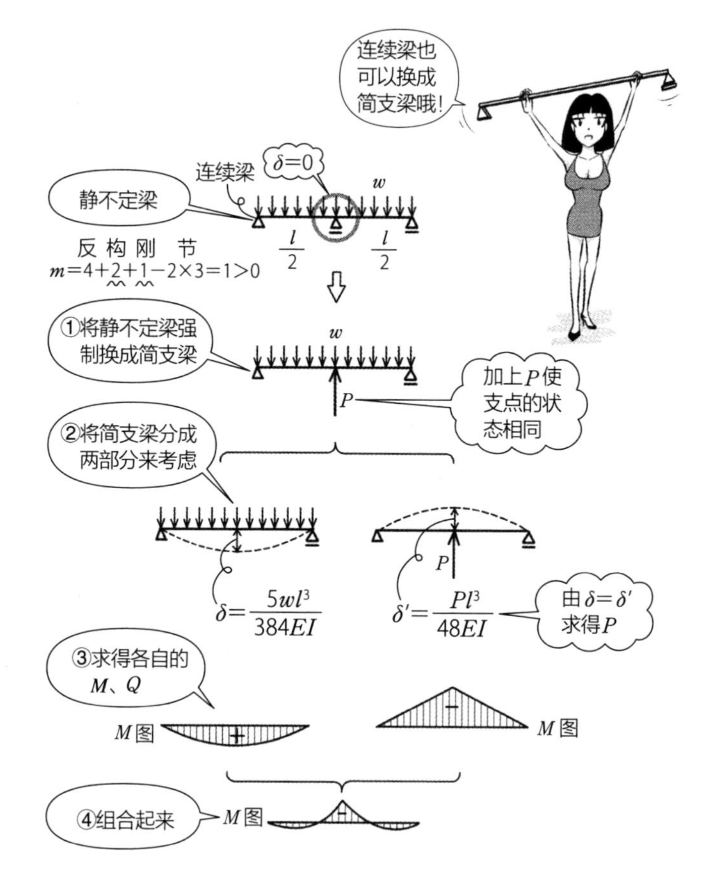

Q 如图所示，柱顶部的挠度 δ 与水平力 P 的关系式是什么？

▼

A 支点为铰接时，$P=\frac{3EI}{h^3}\delta$；支点为固定端时，$P=\frac{12EI}{h^3}\delta$。

可使用悬臂梁的挠度 $\delta=\frac{Pl^3}{3EI}$ 求得。门形框架的楼板（梁）都是假设为完全刚接，因此可以应用悬臂梁的挠度 δ 的公式。支点为固定与铰接，公式就不一样了。记住这个公式会让解题很便利。

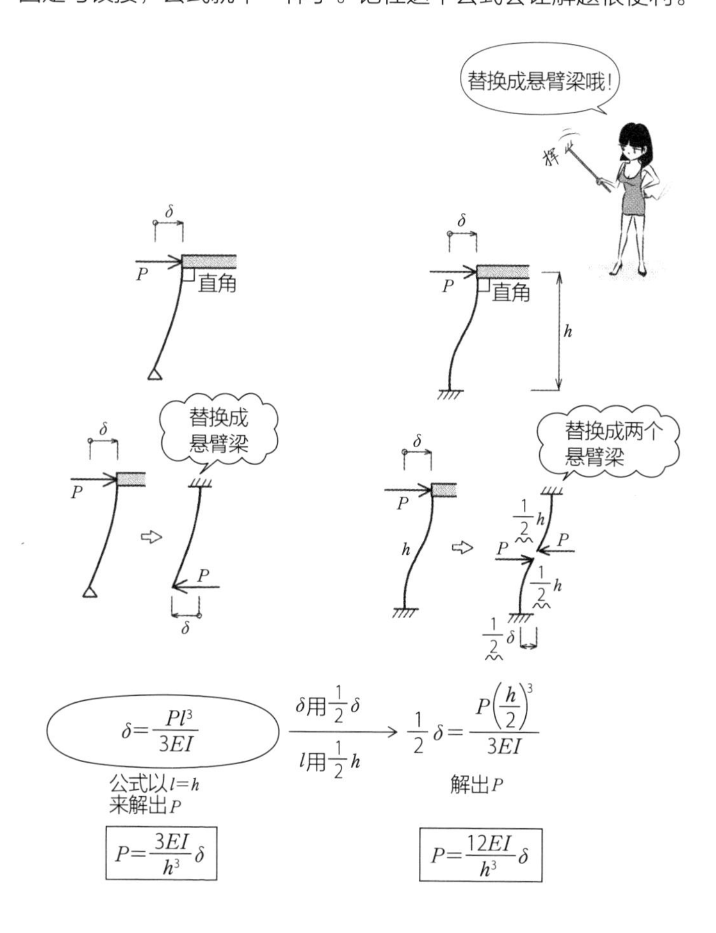

Q 前述柱所承受的水平力 P 与形变量 δ 的关系是正比还是反比?

▼

A 成正比关系。

在 P 的公式中，δ 前面的 $\frac{3EI}{h^3}$、$\frac{12EI}{h^3}$ 是固定量，即系数，因此，P 与 δ 是通过原点的直线关系，也就是成正比关系。若是 P 变成 2 倍，δ 也会变成 2 倍；δ 变成 1/3，P 也一定会变成 1/3。

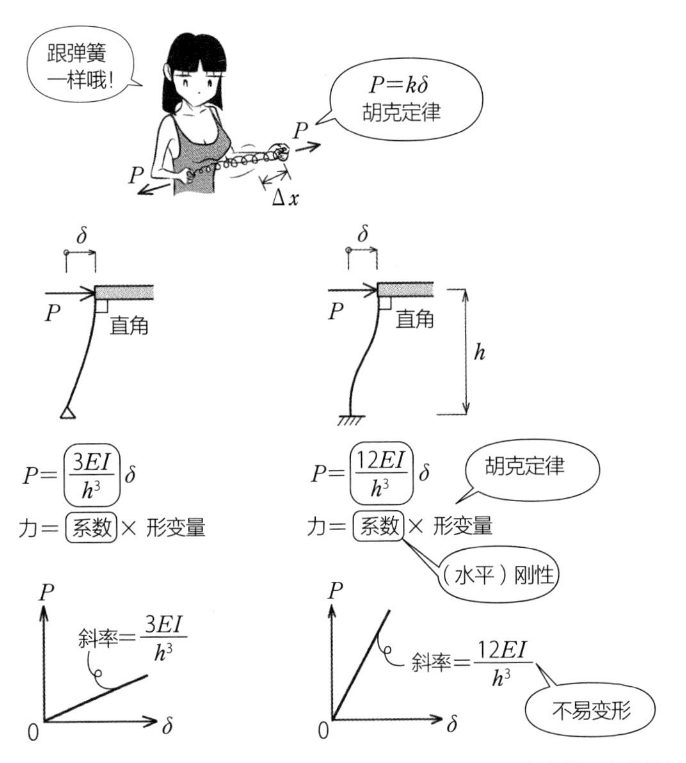

- 力 = 系数 × 形变量，即弹簧或橡皮筋等弹性体常见的胡克定律。在弹性范围内的结构物，胡克定律也会成立。比例系数亦称为刚性，表示其为固定值，弹性模量也是其中一种。水平方向的刚性可称为水平刚性。若为弹性模量，力是每单位面积的力（应力），长度则变为与原长的比（应变）。力与长度同样用比来计算。

Q 各柱承受的水平力 P，与这个力产生的剪力 Q 的关系是什么？

▼

A 由于水平方向力平衡，因此 $P = Q$。

柱 A 承受的力 P_A 与柱内部的剪力 Q_A 会互相平衡，也可以说因为 P_A 而产生 Q_A。因此 $P_A = Q_A$。同样地，$P_B = Q_B$，$P_C = Q_C$。

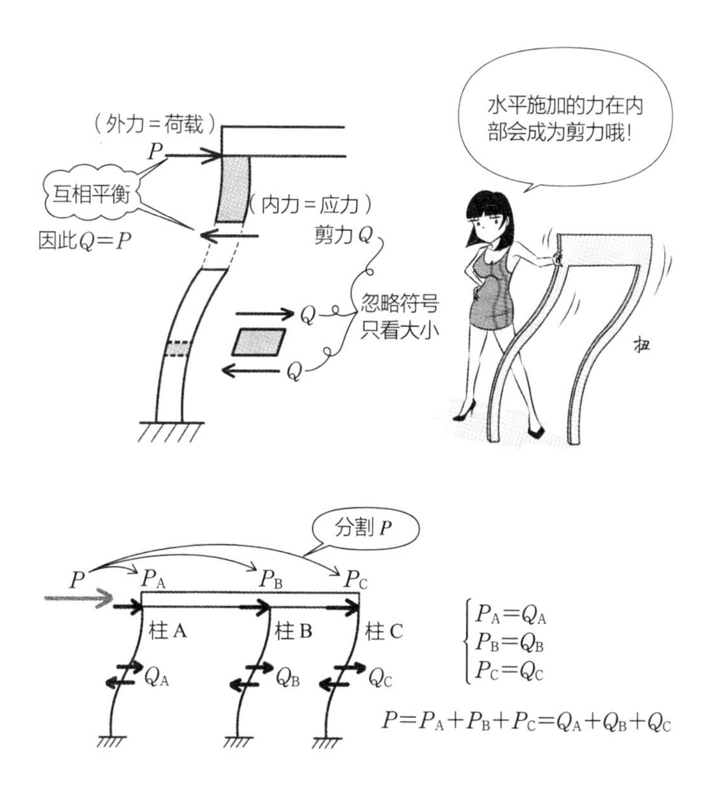

- 外部施加的水平力 P 分成 P_A、P_B、P_C，会在柱 A、B、C 上，各自产生剪力 Q_A、Q_B、Q_C。P_A、P_B、P_C 会根据柱的固定状况、刚性等来分配。

Q 承受水平力 P 的门形框架，如图所示，在柱长短不一的情况下，如何求得各柱的剪力 Q？

▼

A 由挠度 δ 相等来计算。

弹性模量 E、截面二次矩 I 相同，梁为完全刚接的情况下，方法如下：①列出柱的 P =□× δ；② 求得共同的挠度 δ；③求得各柱的剪力 Q。（①的 P 与 δ 关系式参见 R219）。

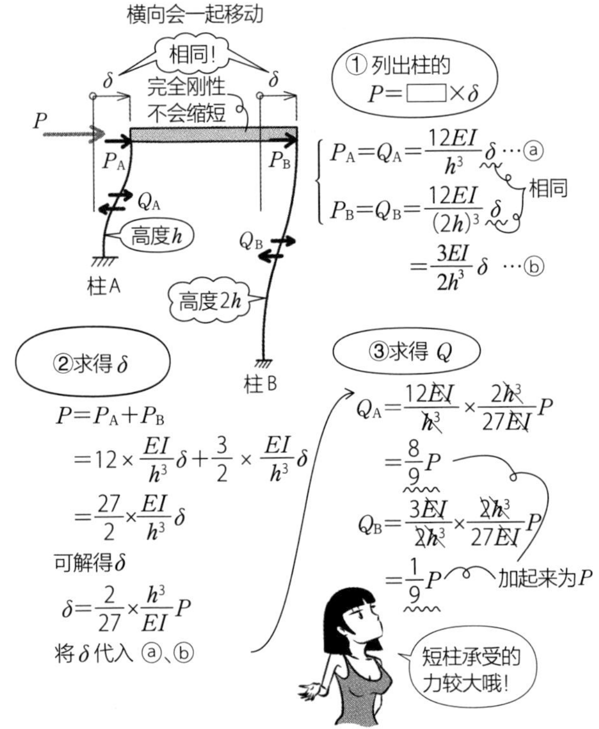

- 依据图解③的结果可知，短柱负担较多的水平力。水平力的负担由①式可知，与柱高 h 的 3 次方成反比。短柱较容易受到剪力破坏，就是因为刚性较高，在产生相同挠度的情况下需要较多的力，所受到的剪力作用较多的缘故。
- 计算水平力所产生的剪力，多半假设梁、楼板为完全刚性，也就是假设梁、楼板没有变形，以便简化结构计算。实际上钢筋混凝土的楼板也很接近刚性的状态。

Q 承受水平力 P 的门形框架，如图所示，在单边支点固定、另一端为铰接的情况下，如何求得各柱的剪力 Q？

▼

A 由挠度 δ 相等来计算。

承受水平力 P 时，梁不会缩短，两个柱的挠度 δ 会相同。和前述一样，①列出柱的 P =□ ×δ；② 求得共同的挠度 δ；③ 求得各柱的剪力 Q 。

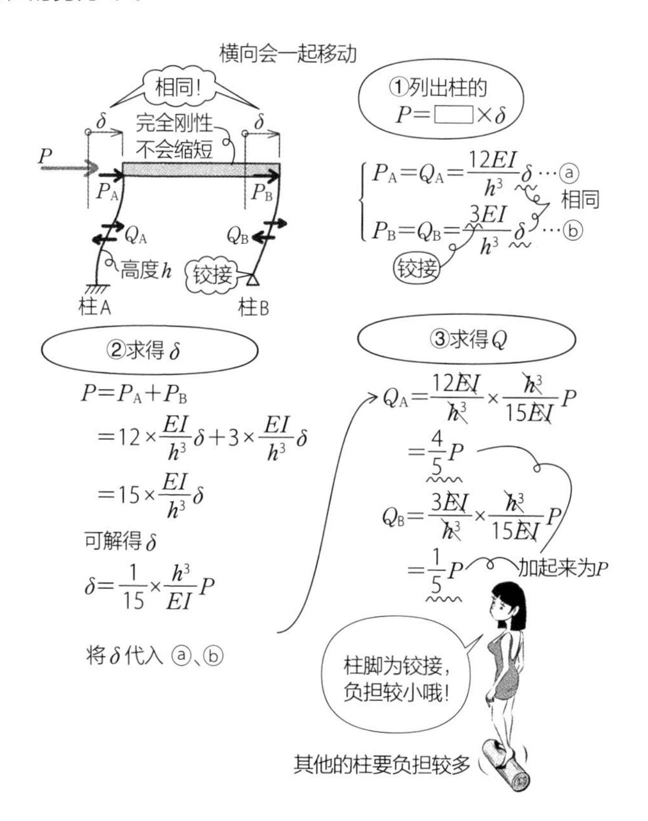

- 柱脚为固定者需要负担较多的水平力。短且固定、不会移动的柱负担较大的水平力，长且柔韧、可转动的柱负担的水平力较小。地震的水平力会让一部分的柱产生偏移，该柱容易产生剪力破坏。若要平均分散水平力，就要让柱的刚性相同。

Q 有 $P=k\delta$（k：系数）的关系、质量为 m 的物体振动时，其周期 T 是多少？

A $T=2\pi\sqrt{\dfrac{m}{k}}$。

无论弹簧、橡皮筋或钟摆，胡克定律 $P=k\delta$ 的关系都成立，其振动时的周期由 m 与 k 决定。不受振动的幅度（振幅）影响，周期固定。物体固有的、原来就具备的周期称为固有周期。如图所示的门形框架的 k，可按照图解的顺序求得，并因柱的固定状态而变化。

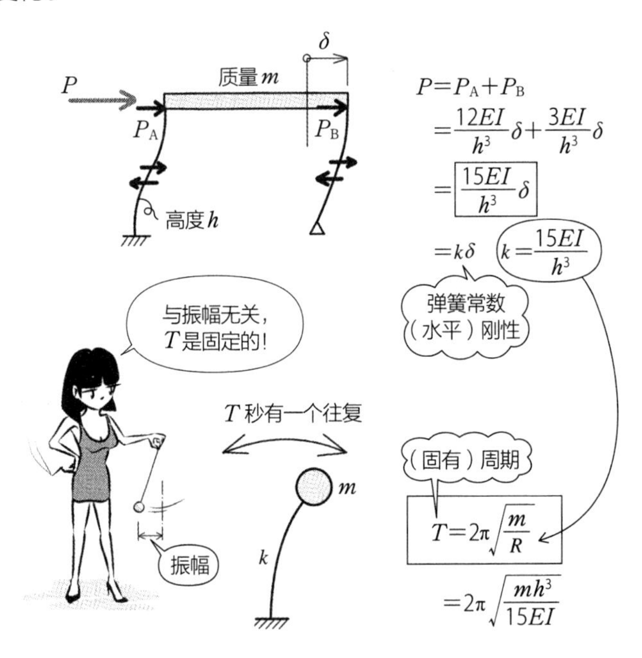

- 由 $P=k\delta$ 求得 k，就可以得到固有周期。要特别注意公式内的分子不是 1000kgf 或 10kN 等的“重量 = 力”，而是 1t、1000kg 等的质量。系数 k 称为弹簧常数、刚性等，建筑中常用在地震的水平力，因此亦称水平刚性。

Q 梁非完全刚接时，水平力的分担（剪力 Q）是外柱较大还是中柱较大?

▼

A 一般是中柱比较大。

节点对转动的拘束越强，则负担越多，拘束越弱，则负担越少。中柱左右都有梁，受到的转动拘束较多，所以比外柱负担更多的水平力。

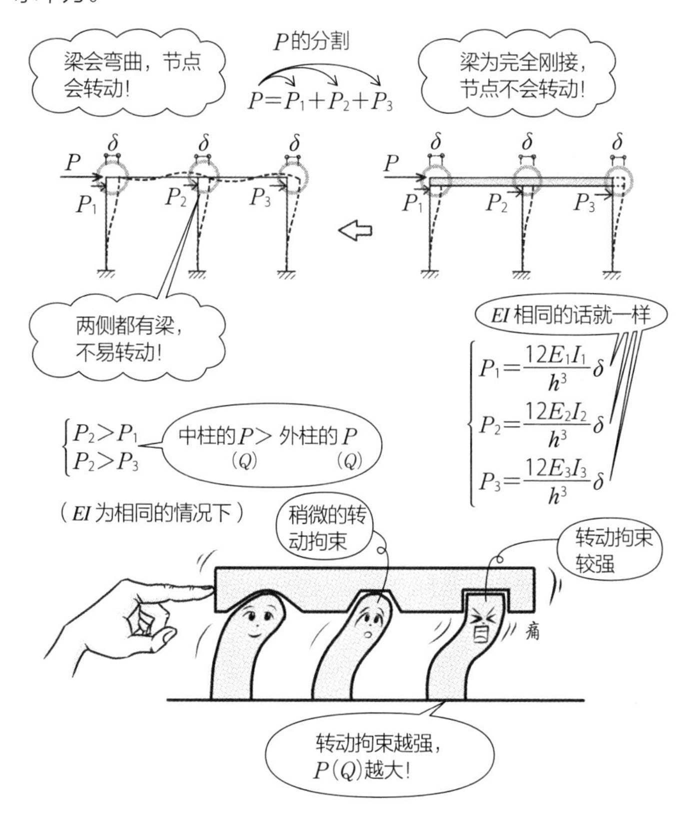

- 截至目前，都是以梁为完全刚接，与柱顶部是不会转动的情况来考虑水平力的分担。柱的 EI（抗挠刚度）与 h（高度）决定负担的水平力、剪力，而当柱上下的节点可转动时，也会与梁的弯曲难易度有关。

Q 如图所示的两层框架，水平力 P 与剪力 Q 的关系是什么？

▼

A $P_2=Q_{A2}+Q_{B2}$，$P_1+P_2=Q_{A1}+Q_{B1}$。

在各层将柱切断，考虑上半部的水平方向的力平衡。计算 1 楼的水平力时，与之平衡的剪力会比较大。

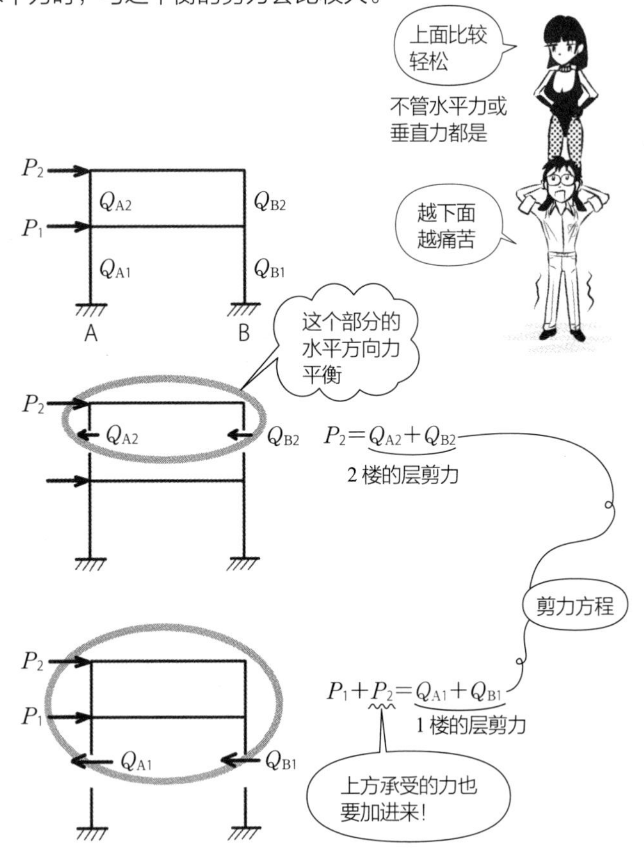

- 各层的剪力 Q 合计，称为层剪力。层剪力越往下层计算，水平力会一直加进去，变得越来越大。因此越往下层，地震水平力越大，越容易产生剪力破坏。
- 各层的平衡式称为剪力方程（参见 R260 ）。

Q 如图所示的三层框架，水平力 P 与剪力 Q 的关系是什么？

▼

A $P_3=Q_{A3}+Q_{B3}$，$P_2+P_3=Q_{A2}+Q_{B2}$，$P_1+P_2+P_3=Q_{A1}+Q_{B1}$ 。

与前述相同，在各层切断，考虑水平方向的力平衡。各层剪力的合计为层剪力的关系，形成越往下越大的图解。

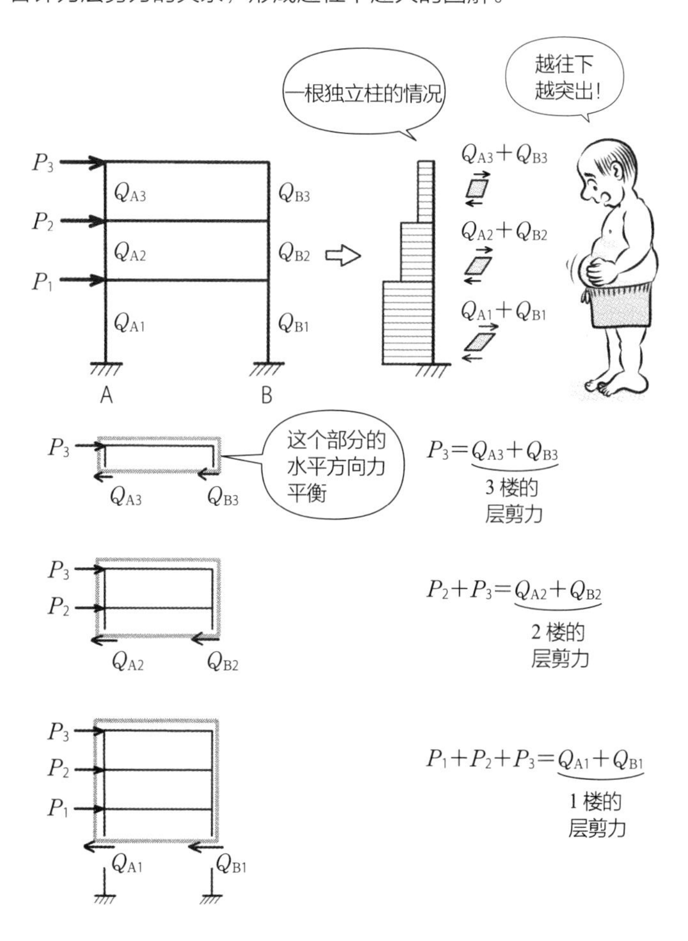

Q 如图所示的三层框架，水平力 P、水平刚性 k 与层间位移 δ 的关系是什么?

▼

A $P_3=k_3\delta_3$，$P_3+P_2=k_2\delta_2$，$P_3+P_2+P_1=k_1\delta_1$。

力 = 刚性 × 形变量。水平刚性由各层的柱组合而成。层间位移是各层的水平位移。

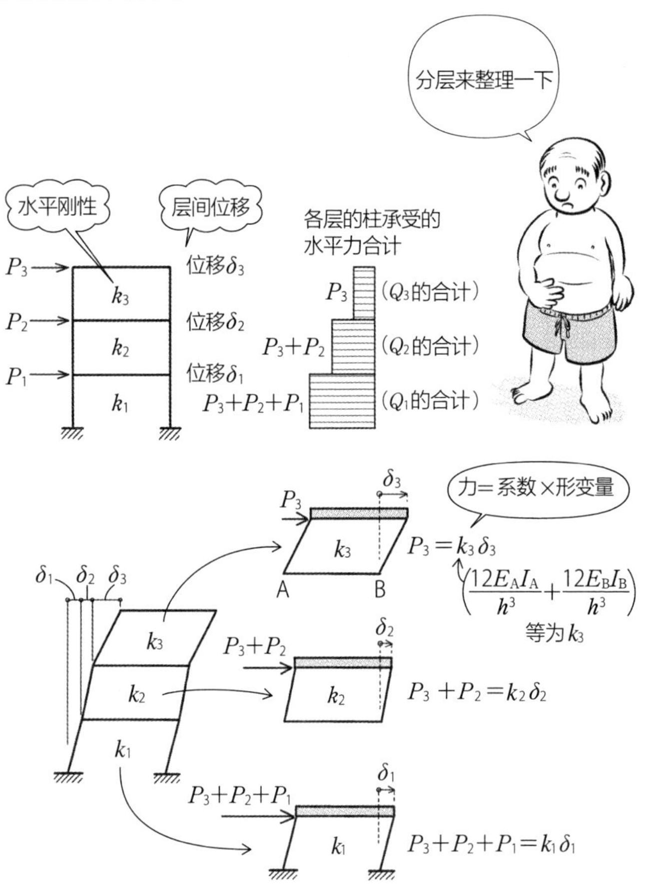

Q 从下图门形框架的弯矩 M 图来看，如何求得柱与梁的剪力 Q?

▼

A 从 M 的斜率求得 Q。

将 M 微分可得 Q，当 M 为直线时，M 的斜率就是 Q（参见 R111）。

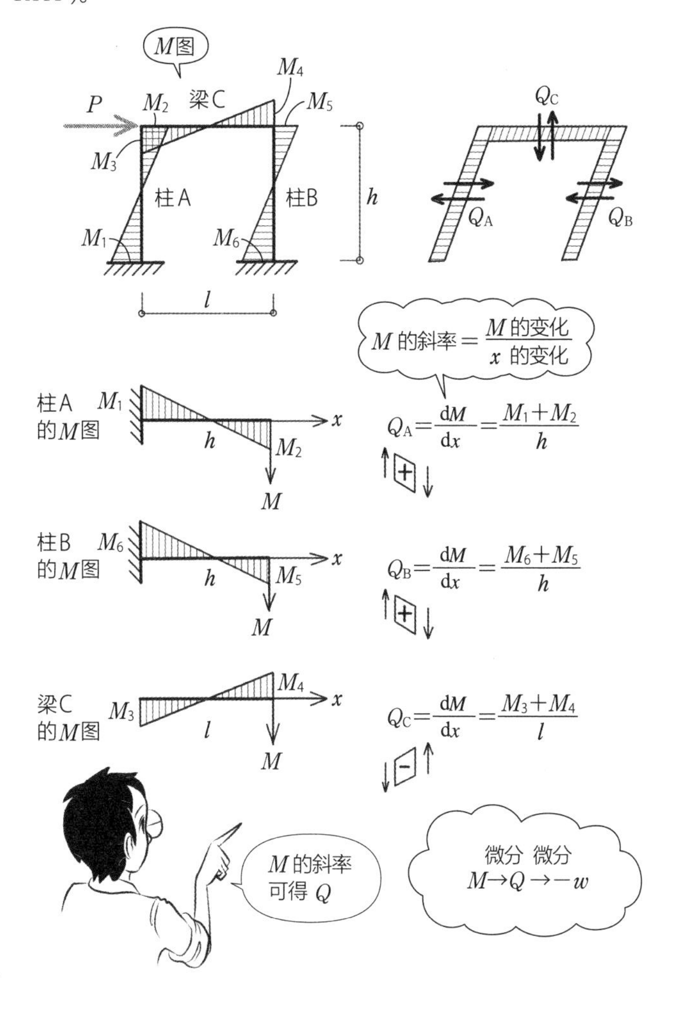

Q 从下图柱的弯矩 M 图来看，如何求得剪力 Q?

▼

A 使用反曲点的高度 h_1，从 M 的斜率求得 Q。

在知道 M 方向从凸变成凹的点（反曲点）的高度 h_1，以及柱脚为 M_1 的情况下，Q 为 M 的斜率，由 $\frac{M_1}{h_1}$ 即可求得。

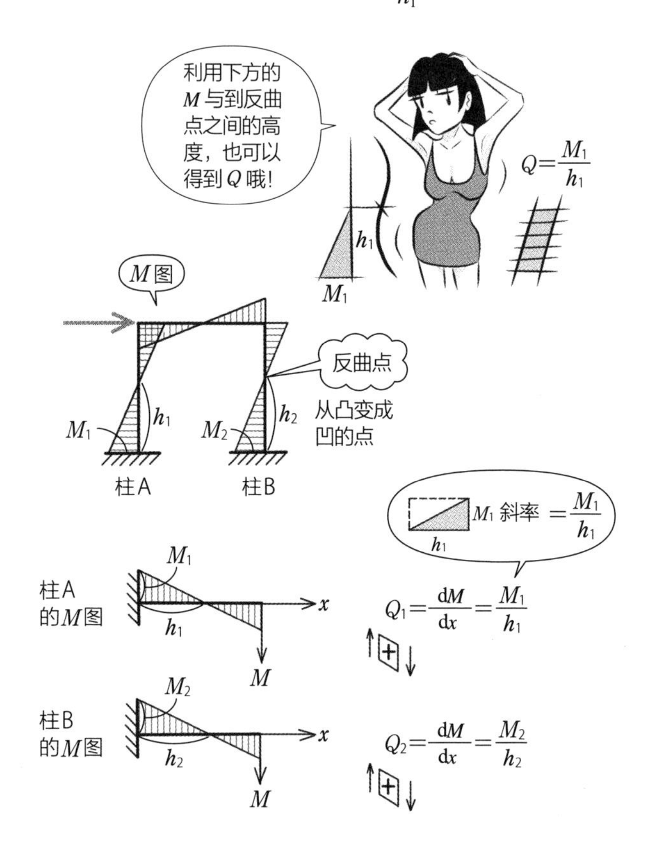

- $M=0$ 的点是 M 的作用方向从 ↺↻ 变成 ↻↺ 的点。M 的方向从 ↺↻ 变成 ↻↺ 时，变形也从凸变成凹。这样的点称为反曲点。只要知道反曲点的位置，就可如上述求得 Q。相反地，若是知道 Q_1、Q_2，从反曲点的高度 h_1、h_2，也可求得 M_1、M_2。

Q 在门形框架中，柱高度与反曲点高度的比（反曲点高比：inflection point height ratio），跟梁的弯曲难易度有什么关系？

▼

A 柱头若是铰接，反曲点高比为 1；梁的状态越固定，反曲点高比越接近 0.5；梁若是完全刚接，反曲点高比为 0.5。

■ $\dfrac{\text{反曲点高度}}{\text{柱高度}}$ 称为反曲点高比，常出现在承受水平力的框架结构。

梁越难弯折，表示柱上部的节点转动越受拘束，柱上部的弯曲也越大。

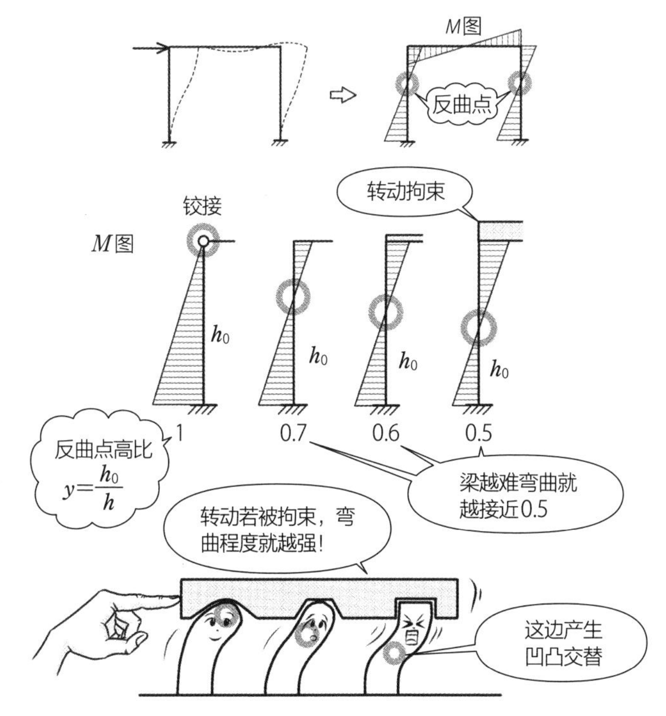

- 反曲点高比依据表面接合而不同，标准反曲点高比可以由梁的固定或楼层高度等，加入修正值之后求得。将水平力分配到各柱，求得各自的 Q，再求得 M。水平力所产生的应力可以概略计算，例如武藤清博士提出的 D 值法（武藤法）。D 值是从柱梁的劲度比（stiffness ratio，弯曲难易度的比，亦称刚度比）计算出的剪力分布系数，作为表示水平力如何分布的系数。D 是 distribution（分布）之意。

Q 承受水平力的框架结构，在知道柱的剪力 Q 的情况下，如何从反曲点高比 y 求得弯矩 M?

▼

A 用 Q 和 y，可求得柱上下端的 M。

只有水平力作用的 M 图为一条直线，用"M 的斜率 = Q"，就可以反过来求得 M。

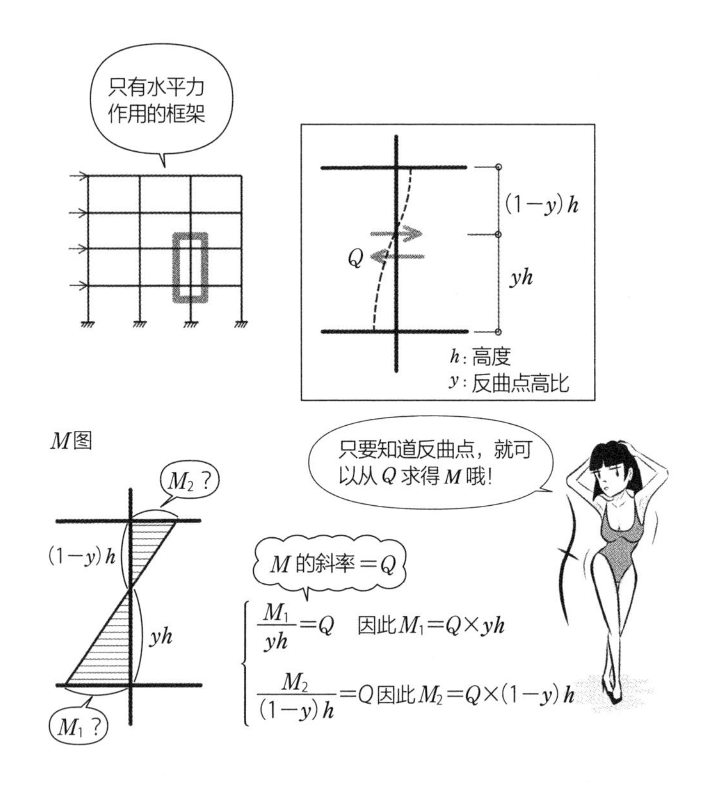

- Q 除以柱高度 h 的 $\frac{Q}{h}$ 就是 $M_1 + M_2$ 的值，如果不知道图解（M 的值）的哪里是 0，就无法算出 M_1、M_2。从 Q 求 M 时，要用微分的相反，也就是积分，若是无法得知在某高度下某特定点的 M 为多少，就无法算出 M。

Q 多层框架的反曲点高比因层的不同而有什么样的趋势?

▼

A 最下层比 0.5 大，最上层比 0.5 小，中间层约 0.5 。

对于最上层的柱，如下方图解的下部，柱头节点是一根柱接两根梁，柱脚节点是两根柱接两根梁，也就是每一根柱会有一根梁的转动拘束。因此，柱脚的转动拘束比柱头低，弯矩也比较小。

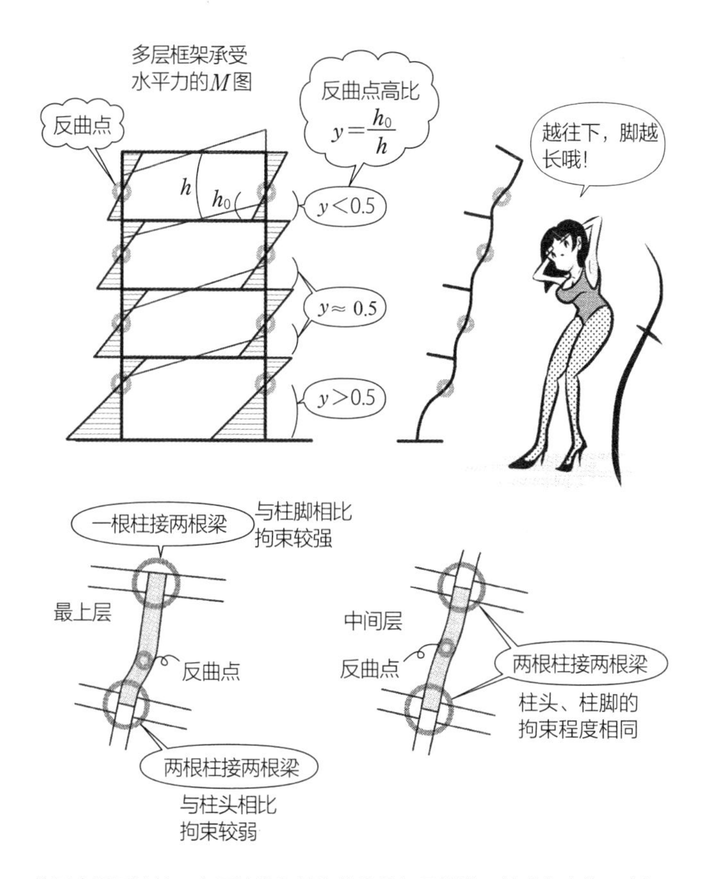

- 位于中间层的柱，由于柱头和柱脚的梁是相同接法，转动拘束的程度相同，因此弯矩的程度也相同。最下层的柱如前述，柱脚的固定端不会转动，所以会产生较大的弯矩。

Q 如图所示，承受水平力 P 的门形框架，柱的轴力 N 与梁的剪力 Q 的关系是什么？

▼

A $N = Q$。

切断柱与梁的中间，垂直方向的力只有 N 和 Q，因此，两者会互相平衡。

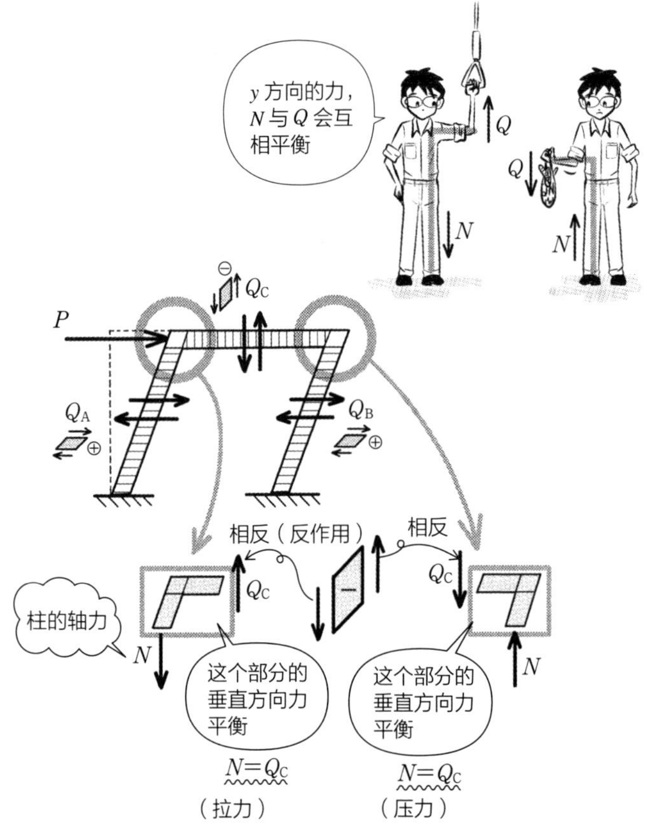

- 在只有水平力作用的情况下，柱、梁的弯矩 M 为直线变化，即斜率 Q 不管在哪里都一样。无论从柱、梁的哪里切断，Q 都是相同的。
- 所谓的反作用，举例来说，往墙壁压 100N 的力，相反地从墙壁也会有 100N 的力往回推，亦即两个物体之间作用的力。

Q 如图所示，承受水平力 P 的三层框架，柱的轴力 N 与梁的剪力 Q 的关系是什么？

▼

A $N_3=Q_3$，$N_2=N_3+Q_2$，$N_1=N_2+Q_1$。

下方柱的 N，除了上方柱的 N 之外，还要加上梁的 Q。切断各节点的四周，考虑垂直方向的力平衡，就可以得到这些关系了。

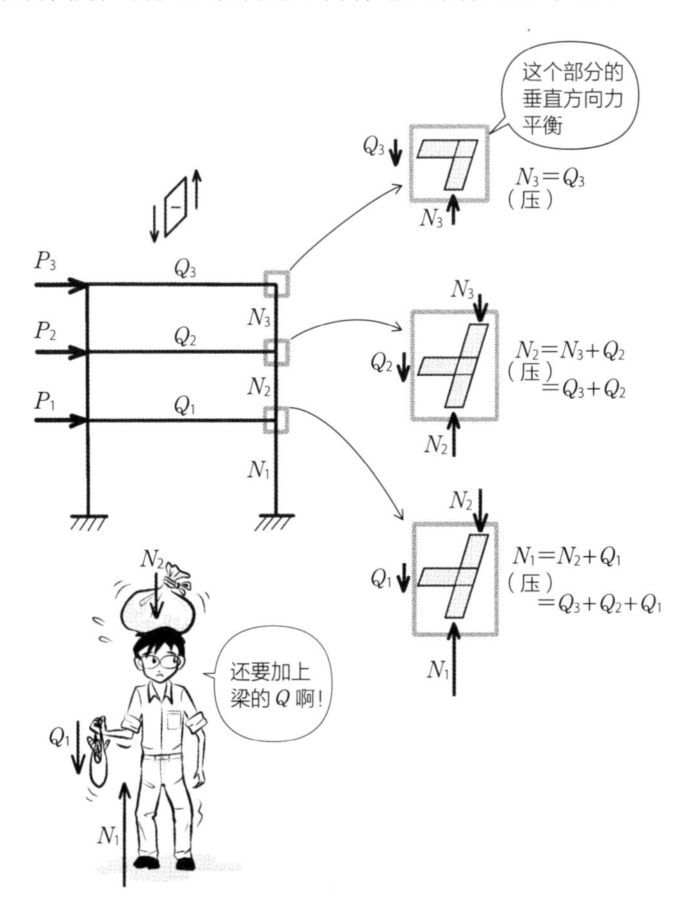

- 上述是只考虑水平力 P 的效果的内力，实际上还有重力作用，所以必须另外求出之后再加上去。

Q 如图所示，承受水平力 P 的三层框架，内侧柱的轴力 N 与梁的剪力 Q 的关系是什么？

▼

A $N_3=Q_{3A}-Q_{3B}$，$N_2=N_3+(Q_{2A}-Q_{2B})$，$N_1=N_2+(Q_{1A}-Q_{1B})$。

两侧的梁的剪力差，再加上轴力即可得。

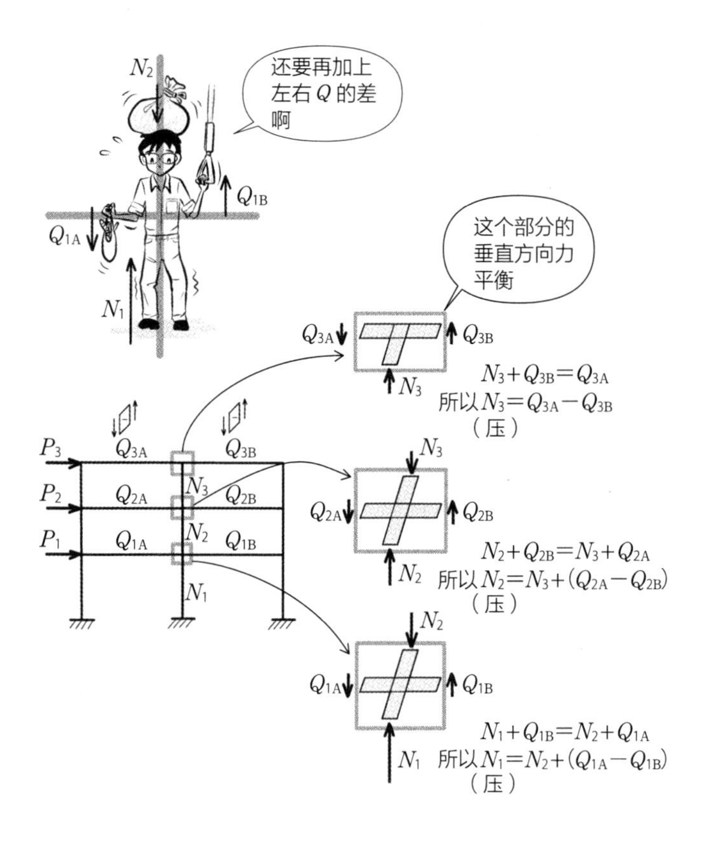

- 上图中，为了更容易理解，N、Q 都没有加上正负符号，只以大小表示。符号要统一时，N 以拉力为正，以压力为负，Q 以顺时针为正，以逆时针为负。

Q 地震时作用在柱的轴力变化，是角柱较大还是中柱较大？

▼

A 角柱较大。

中柱除了柱的轴力之外，要加上左右梁的剪力差。角柱只有右侧（或左侧）有梁，因此，这个剪力会直接加在柱的轴力上，形成比中柱更大的力。水平力从左移到右时，会从较大的拉力变成较大的压力，力的变化也很大。

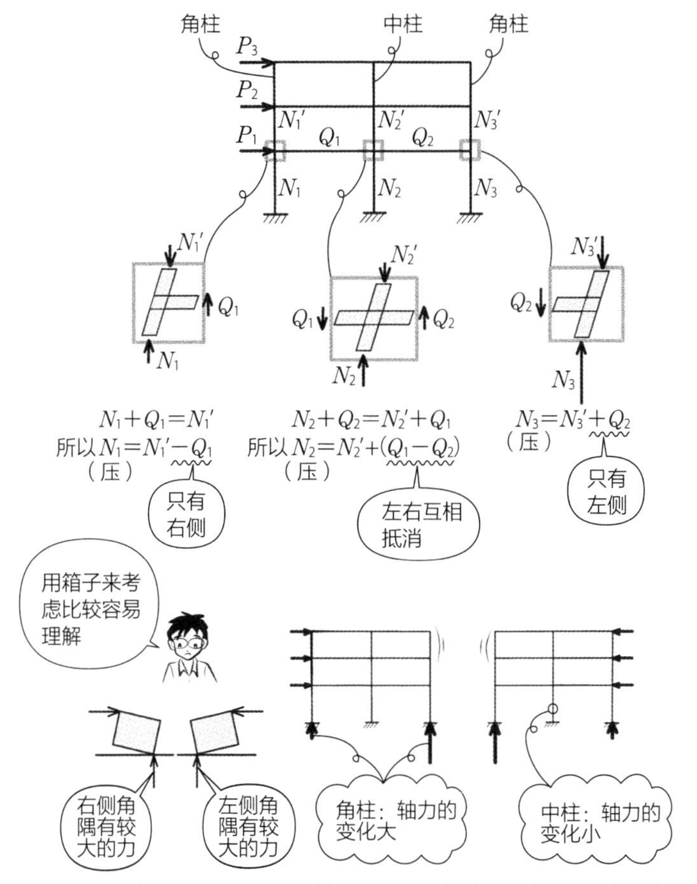

- 把框架想成一个箱子，感觉上就可以理解从左侧来的水平力，会让右侧受到最大压力；同样地，从右侧来的力会让左侧受到最大压力。

Q 考虑水平荷载时的内力之际，如何处理垂直荷载的内力?

▼

A 另外计算垂直荷载的内力，之后再将两者重合（合计计算）。

截至目前都是以忽略荷载的情况来考虑水平荷载。实际上，建筑物是两者同时作用的，因此要分别计算，最后再将两者组合起来。

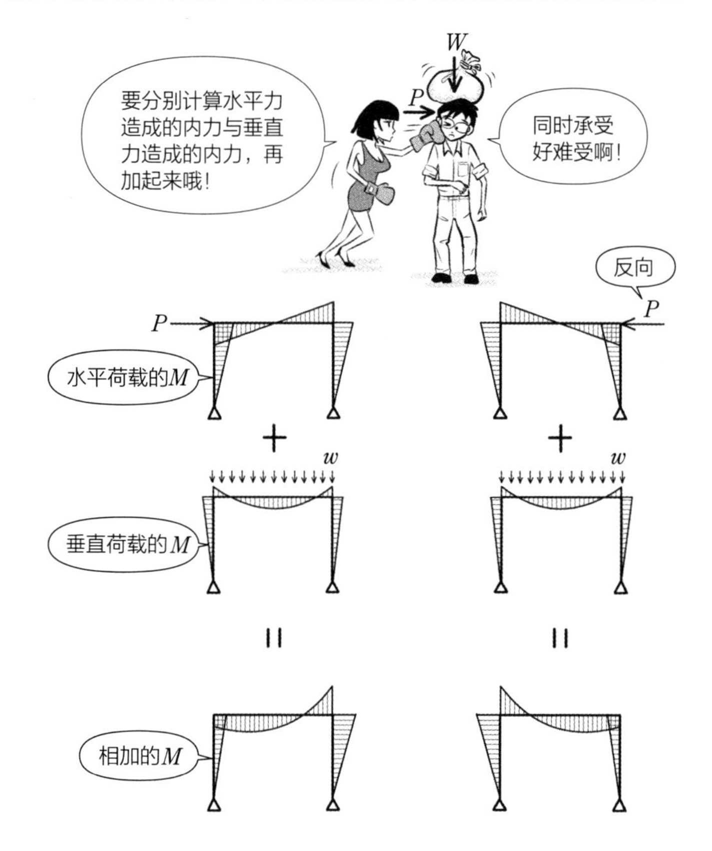

- 在日本的建筑师测验中，为了简化问题，常出现只有水平荷载的框架。实际的计算中，也常是分别计算水平荷载与垂直荷载，最后再将两者加起来。
- $P=P_1+P_2$ 时，将 P_1 造成的应力（变形）与 P_2 造成的应力（变形）加起来，会与 P 造成的应力（变形）相同。这就是叠加的原理。

Q 如何解开静不定的结构物?

▼

A 用变形等来求解。

由于静不定无法只用力平衡来求解，要由变形或能量等来求得应力。最一般的变形就是挠角。使用构件端部的挠角，就可以得到构件端点的力矩，进一步得出构件各部位的弯矩。弯矩分配法（moment distribution method）是从倾角变位法（slope deflection method）的基本公式推导出来的方法。倾角变位法的基本公式则是从共轭梁法推导而来。

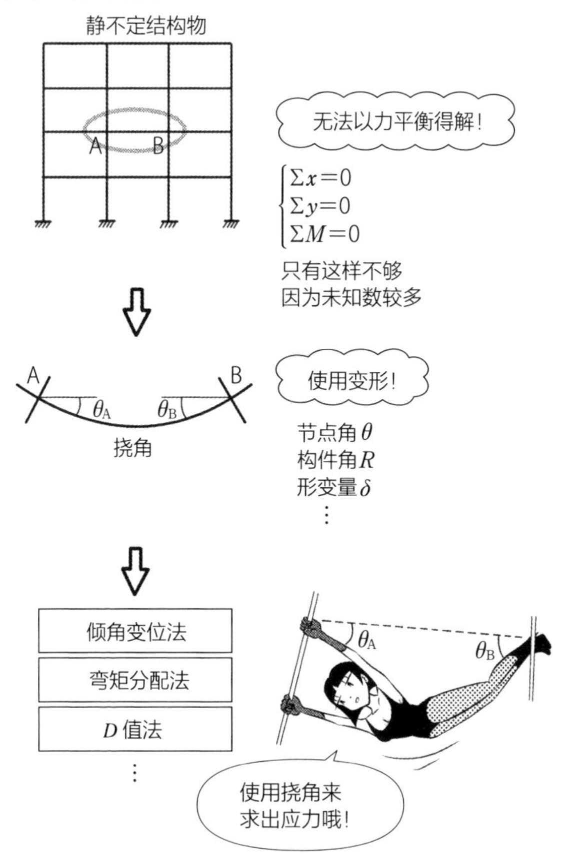

Q 什么是倾角变位法?

▼

A 将框架的节点角、杆端弯矩（end moment）等当作未知数，列出节点方程（力矩的平衡式）与剪力方程（横向力的平衡式），得到杆端弯矩，再求出应力的一种方法。

假设杆端弯矩等，列出联立方程，以算出杆端弯矩为目标。之后就可以由杆端弯矩计算出其他应力。

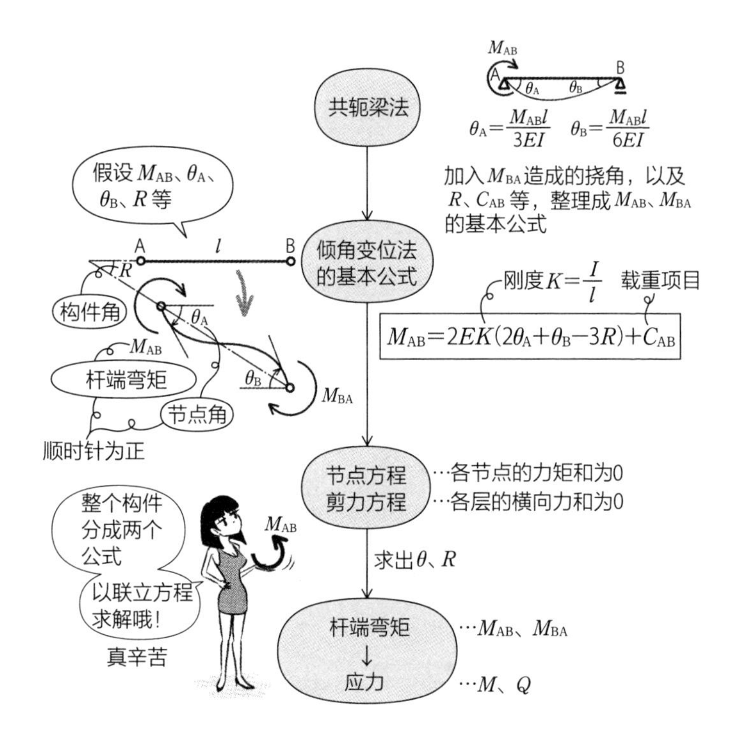

● 关于受杆端弯矩作用时的挠角$\theta_A=\frac{M_{AB}l}{3EI}$，$\theta_B=\frac{M_{AB}l}{6EI}$，请参见 R207。

Q 倾角变位法的简化公式是什么？

▼

A $M_{AB}=k_{AB}(2\theta_A'+\theta_B'+R')+C_{AB}$。

每次都要写出倾角变位法的基本公式有些麻烦，使用简化公式比较方便。先以某个构件的刚度为标准（标准刚度 K_0 ），与之相比而得刚度比。

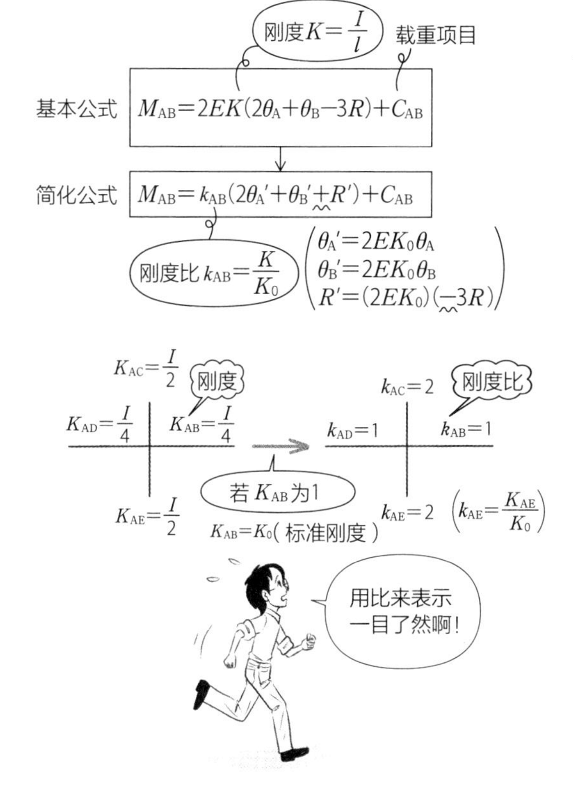

- 上图中，为了方便理解，是假设每个构件的截面二次矩 I 为相同的情况，但一般截面形状各有不同，I 也随之而异。先计算出$\frac{I}{l}$，以此为刚度比。
- 简化公式中的符号 θ' 也可以写成 φ，R' 可以写成 ψ。

Q 什么是杆端弯矩?

▼

A 作用在构件最外侧、端点的弯矩。

弯矩为作用在构件内部的应力，作用在端部的是使构件弯曲的力矩。以顺时针为正。

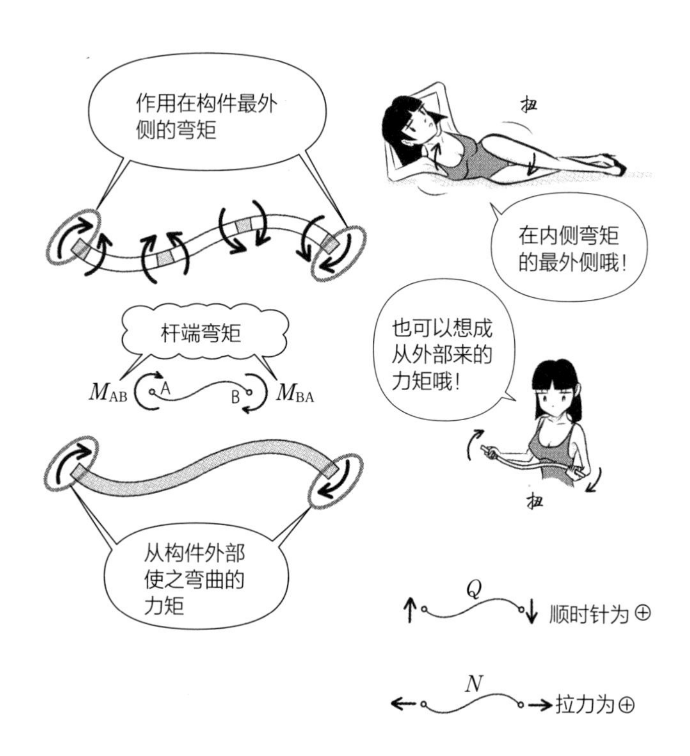

- 杆端弯矩也可以想成是从外部让杆端弯曲的力。
- 挠角（也称为节点的转动角、节点角）、构件角也是以顺时针为正。
- 端部的剪力 Q 与对侧端部合起来，以顺时针方向为正。轴力 N 以拉力侧为正。

Q 杆端弯矩的符号与弯矩的符号有什么关系？

▼

A 没有关系。

杆端弯矩是一个力的力矩，以顺时针为正。而弯矩是使构件弯曲的一对力矩。若为梁，弯矩以向下为正；若为柱，弯矩以向左为正，弯矩图要画在突出侧。两者的符号都不是一对一的关系。通过两者的变形来对应出符号。

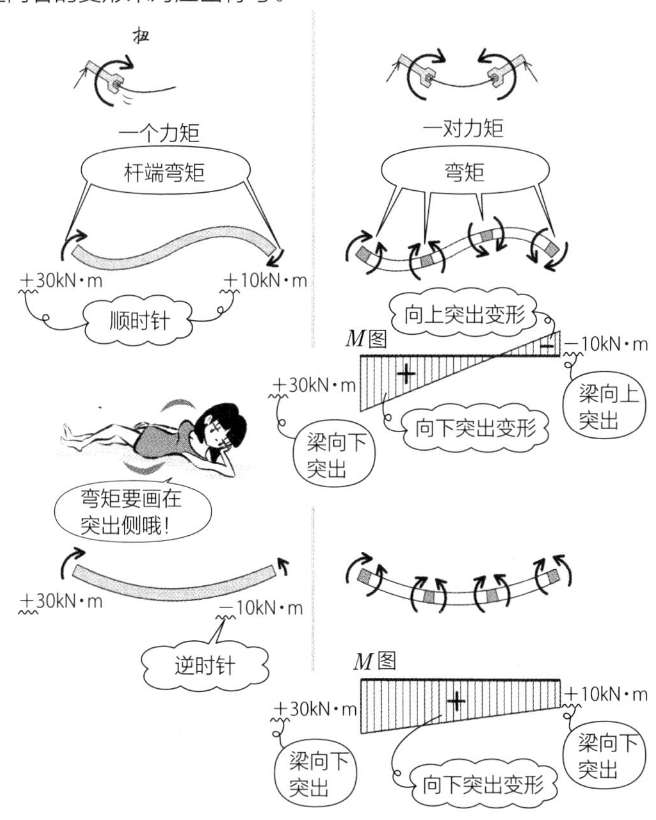

9
倾角变位法

Q 构件端部的杆端弯矩为＋ 30kN·m 时，节点对应的力矩是多少？

▼

A −30kN·m 。

杆端弯矩 M_{AB} 是从节点 A 开始，作用在构件 AB 端部的力矩，构件 AB 从节点 A 的反向有大小相等的 $-M_{AB}$ 作用。这是作用力与反作用力的关系。

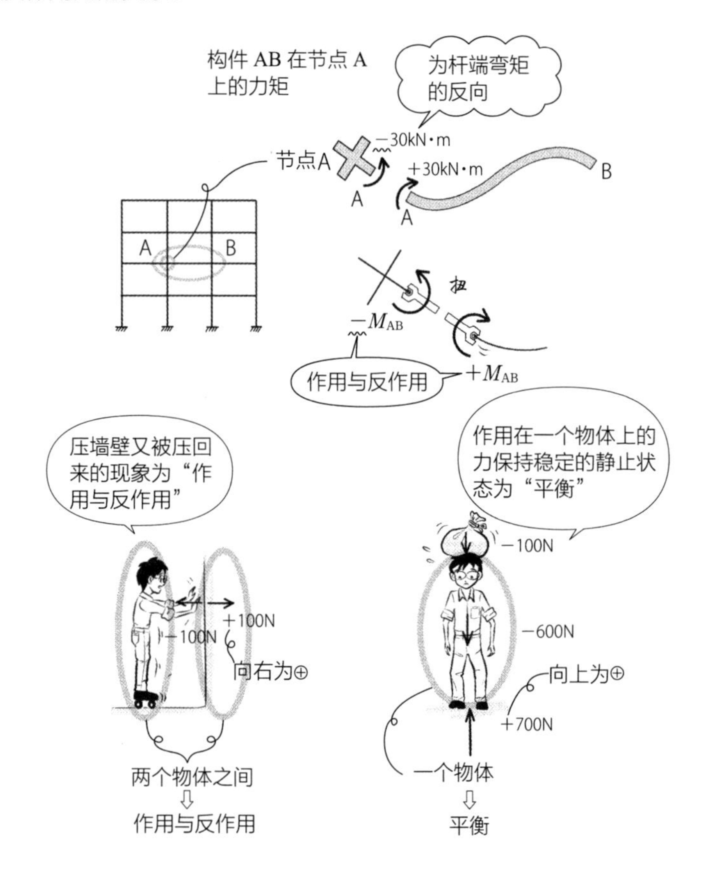

- 压墙壁又被压回来的现象为作用与反作用。平衡是指作用在一个物体上的力保持静止（正确来说是没有产生加速度），作用与反作用则是两个物体之间作用的力。就记住“平衡→一个物体”、“作用与反作用→两个物体之间”吧。

Q 什么是载重项目 C_{AB}？

▼

A 只以构件 AB 的中间荷载所决定的项目，两端固定时，会与固端弯矩的大小相等。

在倾角变位法的基本公式中，若 $\theta = R = 0$，则 $M_{AB} = C_{AB}$，$M_{BA} = C_{BA}$。

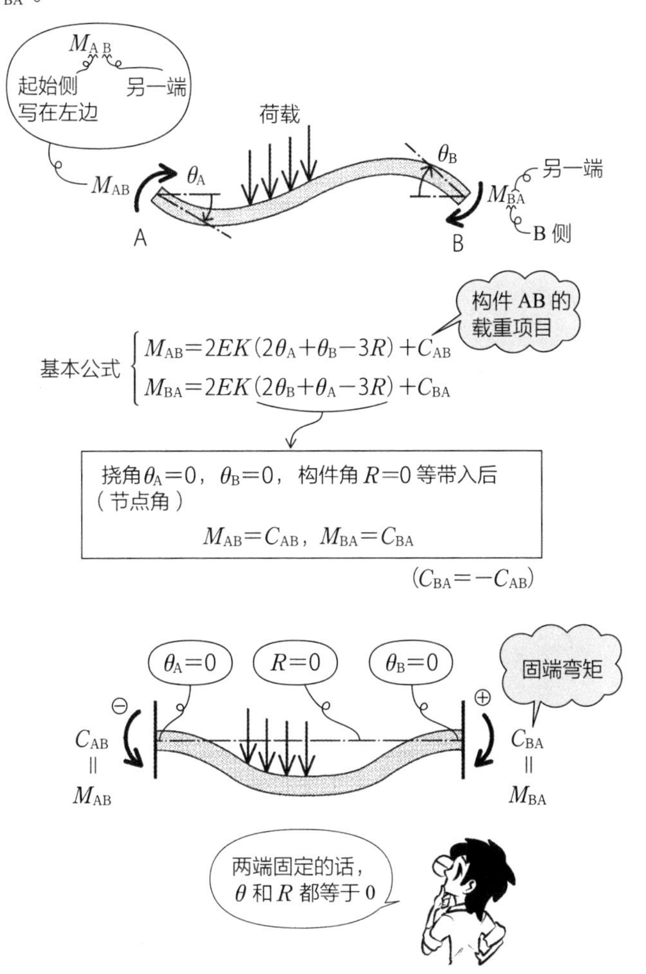

Q 中央有集中荷载 P、整体有均布荷载 w 作用的梁，其各自的载重项目 C_{AB} 是多少？

A $-\frac{Pl}{8}$、$-\frac{Wl}{12}$（$W=wl$）。

载重项目在杆端弯矩的挠角、构件角为 0 时，会等于固端弯矩。固定左侧端部的力矩为逆时针，符号为负。

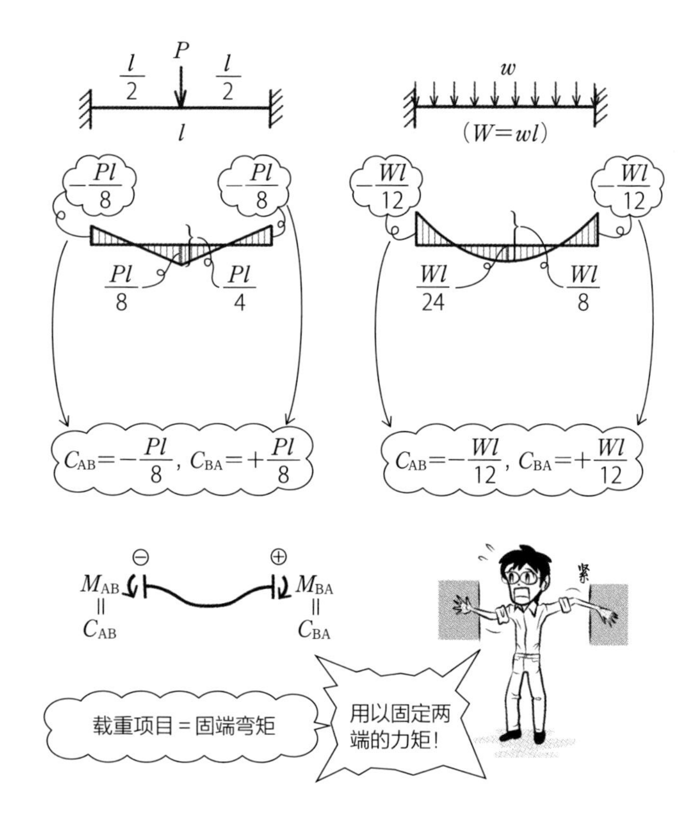

- 虽然载重项目可以由公式计算，但早点儿记下这些代表公式会比较轻松哦。弯矩图画在突出侧，以向下突出为正。杆端弯矩则以顺时针为正，符号必须以变形来确定。

Q 什么是刚度 K？

▼

A $K=\frac{I}{l}$（I：截面二次矩；l：构件长度），弯曲难易度的指标。

附在倾角变位法基本公式（　）前的 $2EK$ 的 K 就是刚度，是从$\frac{I}{l}$代换而来。若弹性模量 E 为定值，构件的弯曲难易度仅由刚度决定。力矩的分割也是依据刚度。

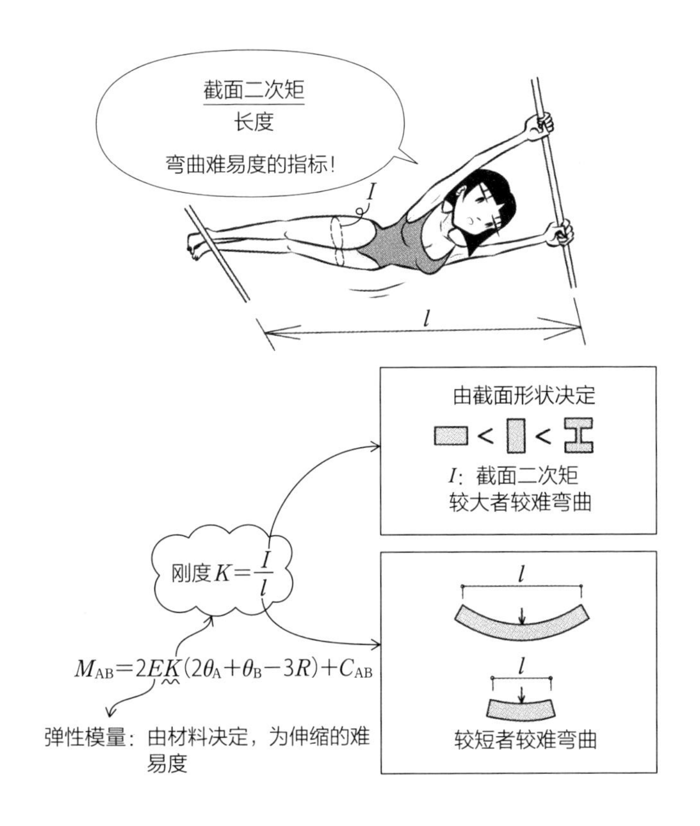

Q 什么是刚度比 k?

▼

A $k=\dfrac{K}{K_0}$（K_0：作为标准的刚度，标准刚度），表示刚度的比。

将刚度进一步表示成刚度比，公式就更简单了。要以哪一个刚度作为标准都可以，一般建议以最小刚度为 1 比较容易理解。作为标准刚度的构件，其刚度比就是 1。

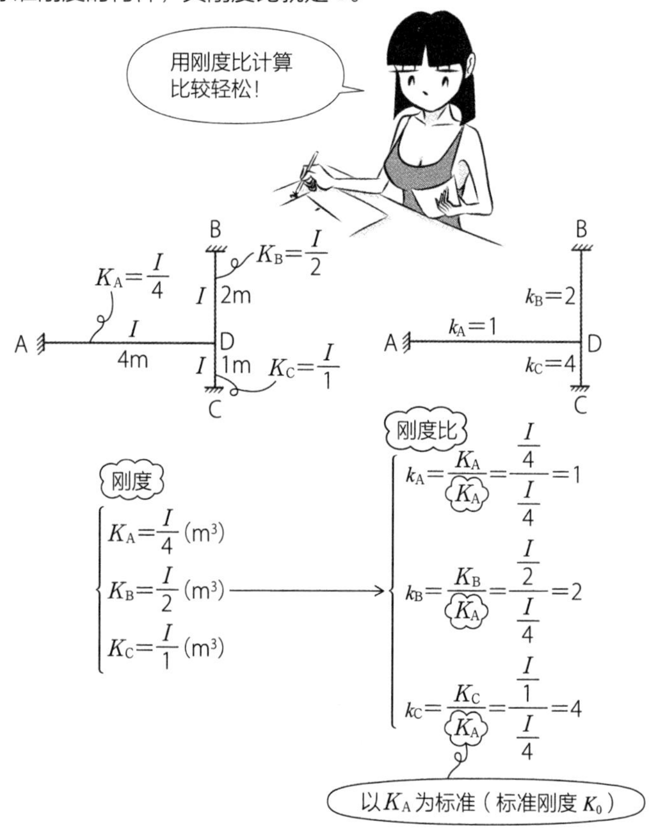

- 上图是以 $K_A=\dfrac{I}{4}$ 为标准，即 $k_A=1$；以 $K_C=I$ 为标准也可以，则 $k_C=1$。此时变成 $k_A=0.25$，$k_B=0.5$。

Q 什么是刚性增加率？

A 依据楼板或墙壁的接合方式，使梁或柱的截面二次矩 I 增加的比率。

刚性是指弯曲的困难度。若是梁与楼板为一体，与仅有长方形截面的梁相比，前者较难弯曲。截面二次矩的增加幅度，对应于弯曲难度增加的比率，就称为刚性增加率。

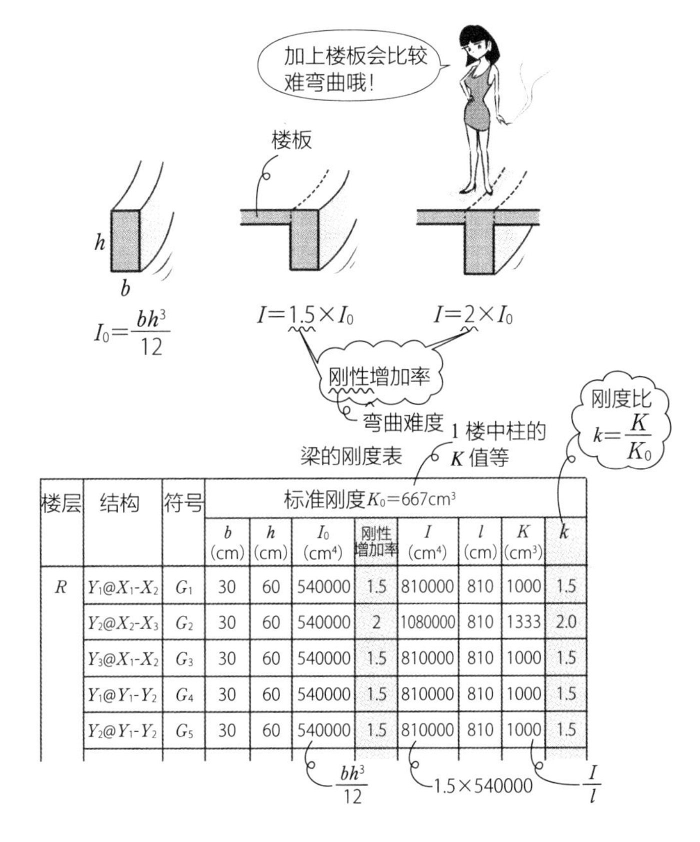

楼层	结构	符号	标准刚度 K_0=667cm³							
			b (cm)	h (cm)	I_0 (cm⁴)	刚性增加率	I (cm⁴)	l (cm)	K (cm³)	k
R	Y_1@X_1-X_2	G_1	30	60	540000	1.5	810000	810	1000	1.5
	Y_2@X_2-X_3	G_2	30	60	540000	2	1080000	810	1333	2.0
	Y_3@X_1-X_2	G_3	30	60	540000	1.5	810000	810	1000	1.5
	Y_1@Y_1-Y_2	G_4	30	60	540000	1.5	810000	810	1000	1.5
	Y_2@Y_1-Y_2	G_5	30	60	540000	1.5	810000	810	1000	1.5

- 刚度比只要按照上表计算就不会出错。之后再按照刚度比来分配各节点的力矩。
- 钢结构的梁也一样，若是以称为柱螺栓的金属零件焊接到梁上，与上部的混凝土楼板一体化，可增加梁的刚性。

Q 如图所示，承受力矩作用的框架，在节点 D 的各构件的杆端弯矩与刚度比成正比吗？

▼

A 相同材料下，弹性模量 E 相等时，就会成正比。

以倾角变位法的基本公式组合时，节点 D 的对向节点全都是固定端，因此，节点角为 0，构件角为 0，也没有中间荷载，形成简单的公式。以公式结果来看，各杆端弯矩与刚度及刚度比成正比。

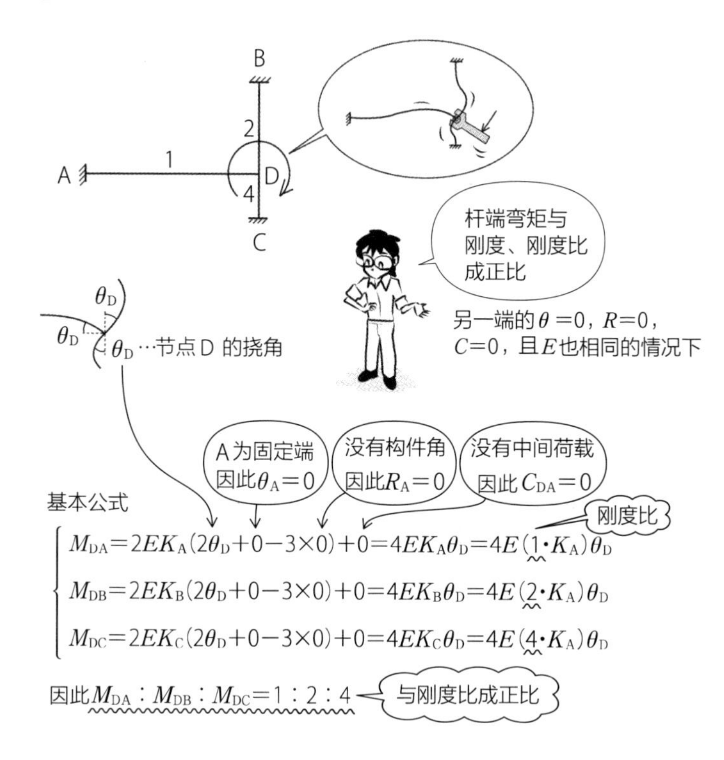

Q 什么是节点方程?

▼

A 各节点的杆端弯矩的和为 0 的方程。

作用在构件端部的杆端弯矩，会有大小相等的力矩作用在节点的对侧。由于节点没有转动，合计的力矩应该会互相平衡，总和必定等于 0。若集合在节点的构件杆端弯矩的和为 0，就是使节点转动的力矩和为 0。

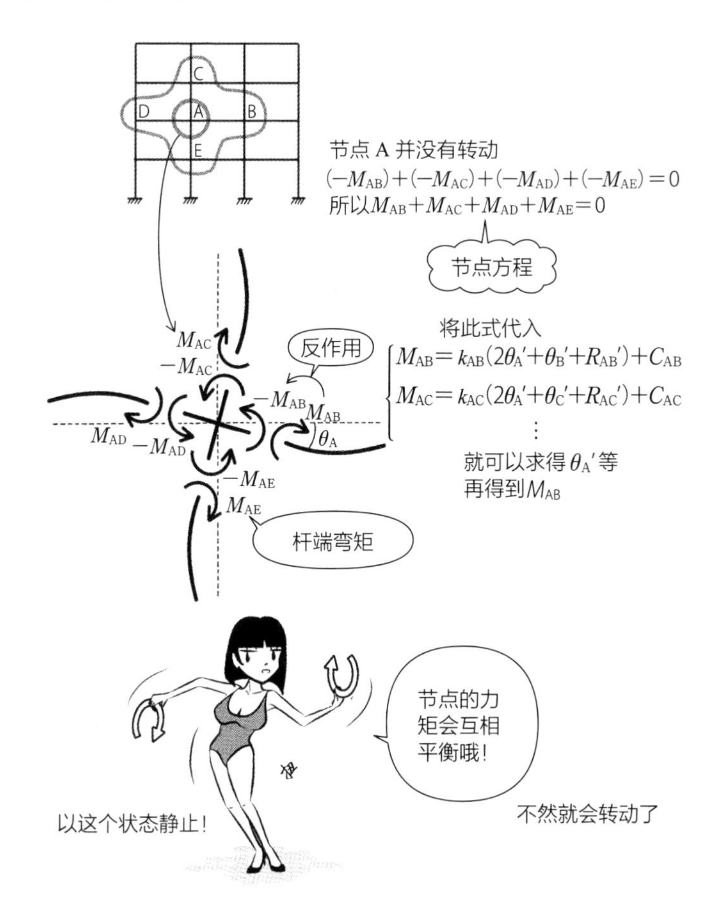

Q 如图所示，当节点 D 受到 70kN·m 的力矩作用时，节点 D 各构件的杆端弯矩是多少？

▼

A M_{DA}=10kN·m，M_{DB}=20kN·m，M_{DC}=40kN·m。

按刚度比的比例分配，即$M_{DA}=\frac{k_A}{k}\times M$，$M_{DB}=\frac{k_B}{k}\times M$，$M_{DC}=\frac{k_C}{k}\times M$ ($k=k_A+k_B+k_C$)。刚度比大、难以弯曲的构件会分配到较多力矩。

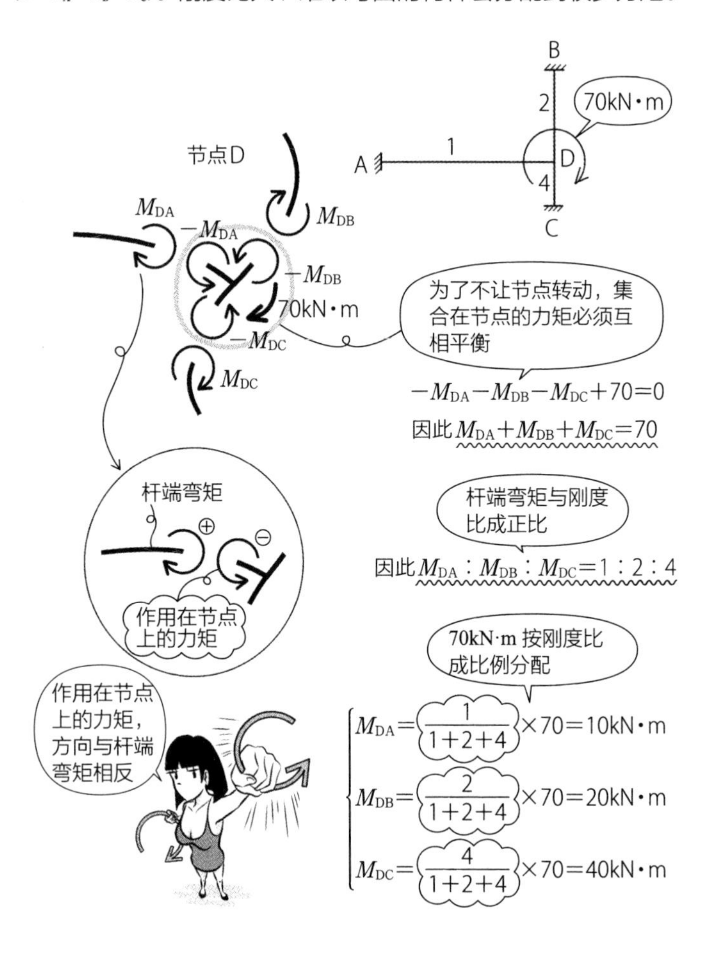

Q 如图所示，当框架受到 90kN·m 的力矩作用时，节点 F 各构件的杆端弯矩是多少？

▼

A M_{FA}=10kN·m，M_{FB}=20kN·m，M_{FC}=20kN·m，M_{FD}=40kN·m。

①由截面二次矩和构件长度求得刚度，再求出刚度比标示在图上；②列出节点的力矩平衡式，求出杆端弯矩的总和；③杆端弯矩的总和按刚度比成比例分配，便得出各个杆端弯矩。

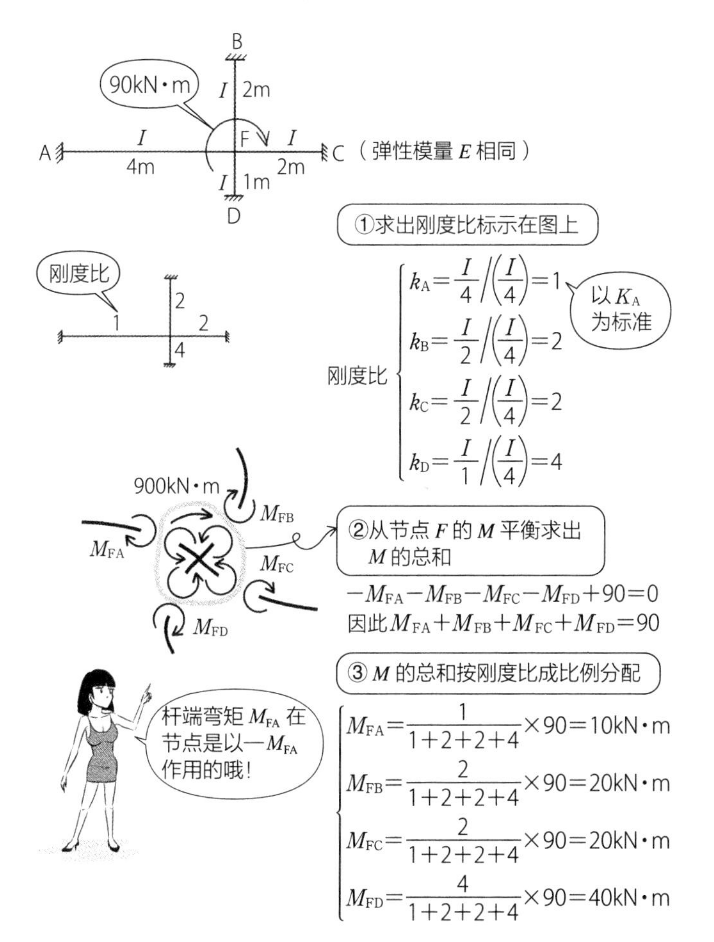

Q 如何从柱的弯矩求得梁的弯矩？

▼

A 利用节点的力矩平衡来求得。

作用在节点上的力矩有与上下柱的杆端弯矩方向相反的力矩，以及与梁的杆端弯矩方向相反的力矩，两者会互相平衡。以结果来说，将柱的杆端弯矩的总和依刚度比分配后，就会得到梁的杆端弯矩。

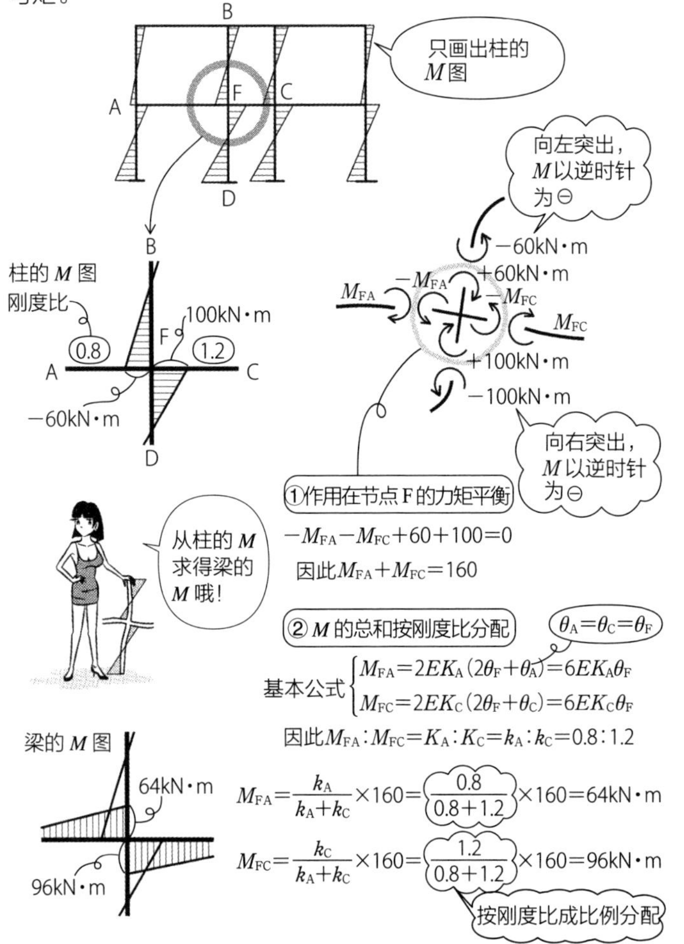

①作用在节点F的力矩平衡

$$-M_{FA}-M_{FC}+60+100=0$$

因此$M_{FA}+M_{FC}=160$

② M 的总和按刚度比分配

$\theta_A=\theta_C=\theta_F$

基本公式
$$\begin{cases} M_{FA}=2EK_A(2\theta_F+\theta_A)=6EK_A\theta_F \\ M_{FC}=2EK_C(2\theta_F+\theta_C)=6EK_C\theta_F \end{cases}$$

因此$M_{FA}:M_{FC}=K_A:K_C=k_A:k_C=0.8:1.2$

$$M_{FA}=\frac{k_A}{k_A+k_C}\times160=\frac{0.8}{0.8+1.2}\times160=64\text{kN·m}$$

$$M_{FC}=\frac{k_C}{k_A+k_C}\times160=\frac{1.2}{0.8+1.2}\times160=96\text{kN·m}$$

按刚度比成比例分配

Q 如图所示，只有支点 C 为铰接的框架，承受力矩作用时，节点 F 各构件的杆端弯矩的比是多少？

▼

A k_A ： k_B ： $0.75k_C$ ： k_D。

铰接的支点 C 产生挠角 θ_C，杆端弯矩 M_{FC} 会变小。柔软材料以相同角度弯曲时，与固定端相比，力矩可以较小。k_C 的 0.75 倍就是有效刚度比。若是使用有效刚度比，支点 C 可视为固定端，依据该比例来分配力矩。

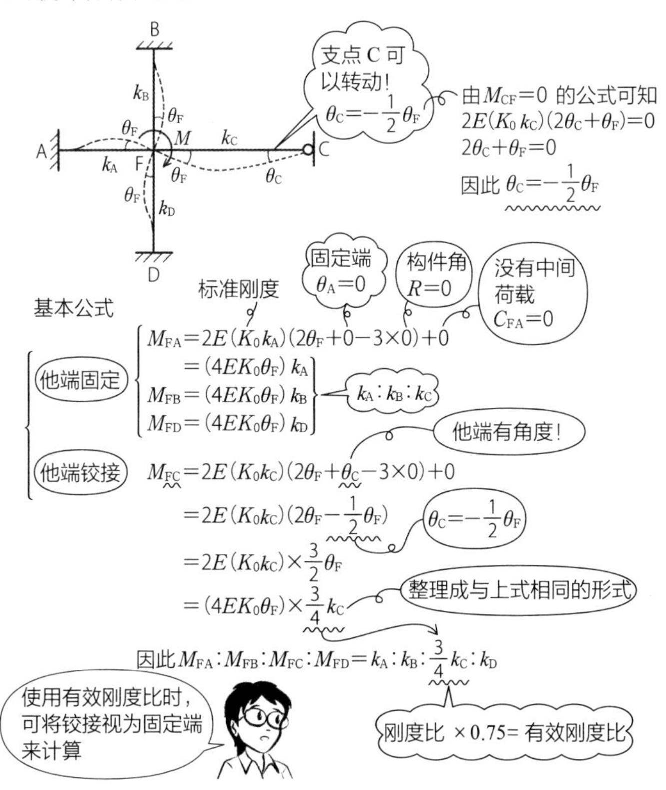

Q 如图所示，若为对称变形的框架，节点 F 各构件的杆端弯矩的比是多少？

▼

A k_A：k_B：$0.5k_C$：k_D 。

取 $0.5k_C$，表示可将节点 C 当作固定端，就可以分配力矩。$0.5k_C$ 即有效刚度比。

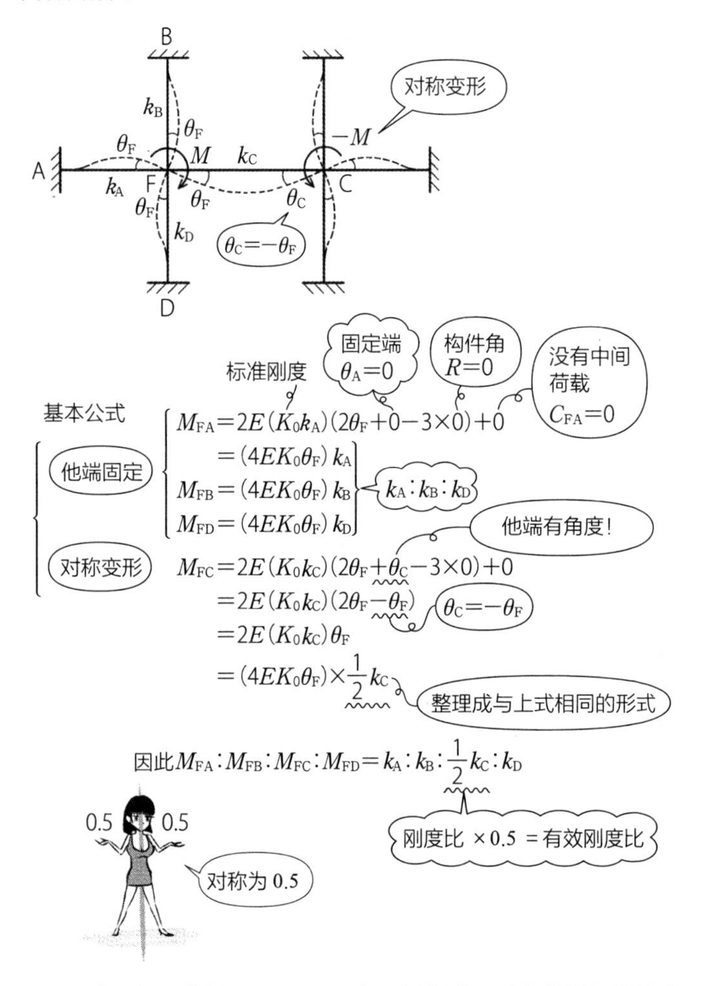

Q 如图所示，若为反对称变形的框架，节点 F 各构件的杆端弯矩的比是多少？

▼

A k_A：k_B：$1.5k_C$：k_D。

取 $1.5k_C$，表示可将节点 C 当作固定端，就可以分配力矩。

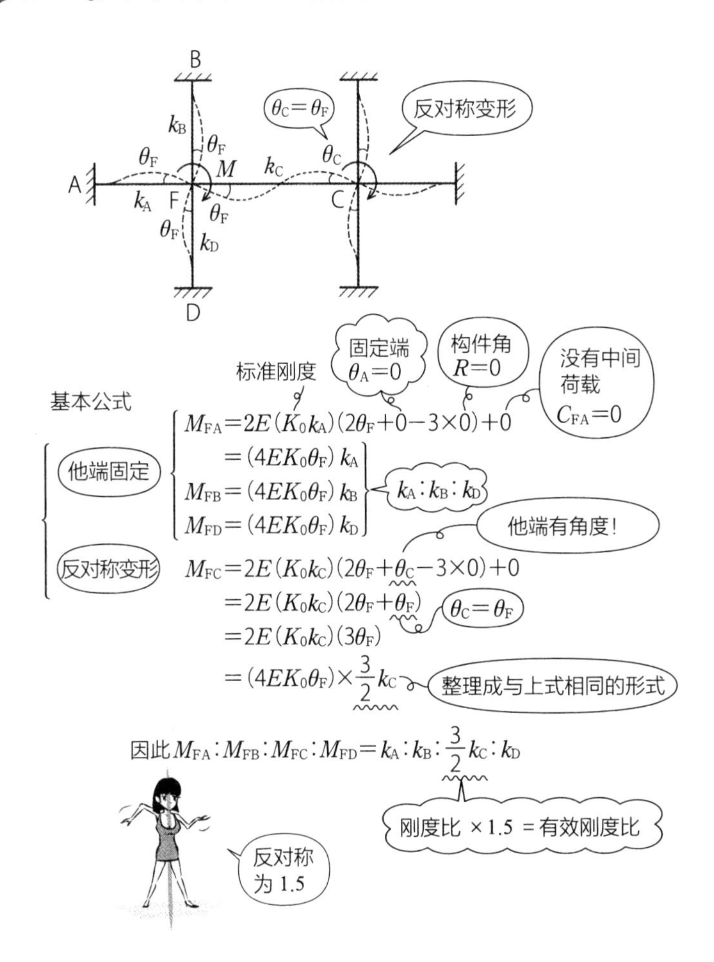

Q 1. 他端铰接的有效刚度比是多少?
2. 对称变形的有效刚度比是多少?
3. 反对称变形的有效刚度比是多少?

▼

A 1. 0.75 k 。
2. 0.5 k 。
3. 1.5 k 。

这里一并记下有效刚度比 k_e 吧。

有效刚度比 k_e、刚度比 k

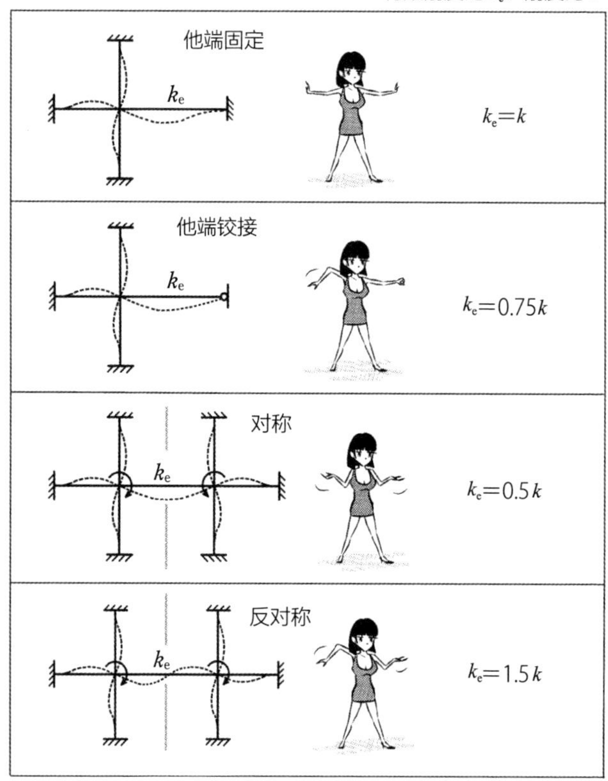

● 有效刚度比 k_e 的 e 是 effective（有效的）的首字母 e 。

Q 如图所示的框架，M_{AD} 与 M_{DA} 的关系是什么？

A $M_{AD}=\frac{1}{2}M_{DA}$。

在节点 D 分配的弯矩，只有 1/2 传递到对侧的固定端。这个只传递一半的力矩称为传递弯矩。

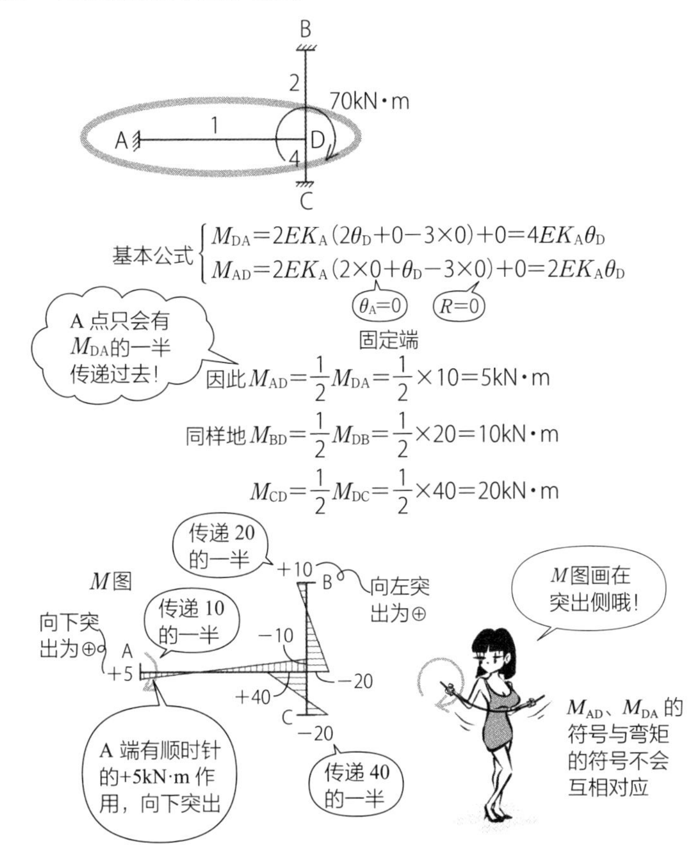

- $M_{AD}=\frac{1}{2}M_{DA}$ 的公式，可列出各构件的杆端弯矩公式，加入固定端的挠角 $\theta_A=0$，构件角 $R_A=0$ 整理一下，即可求得。。

Q 什么是剪力方程?

A 在各层将柱切断，外部的水平力与内部的剪力互相平衡的公式。

承受水平荷载的框架，水平力 P 与剪力 Q 互相平衡。各层只有一个未知数 R（柱的构件角）。

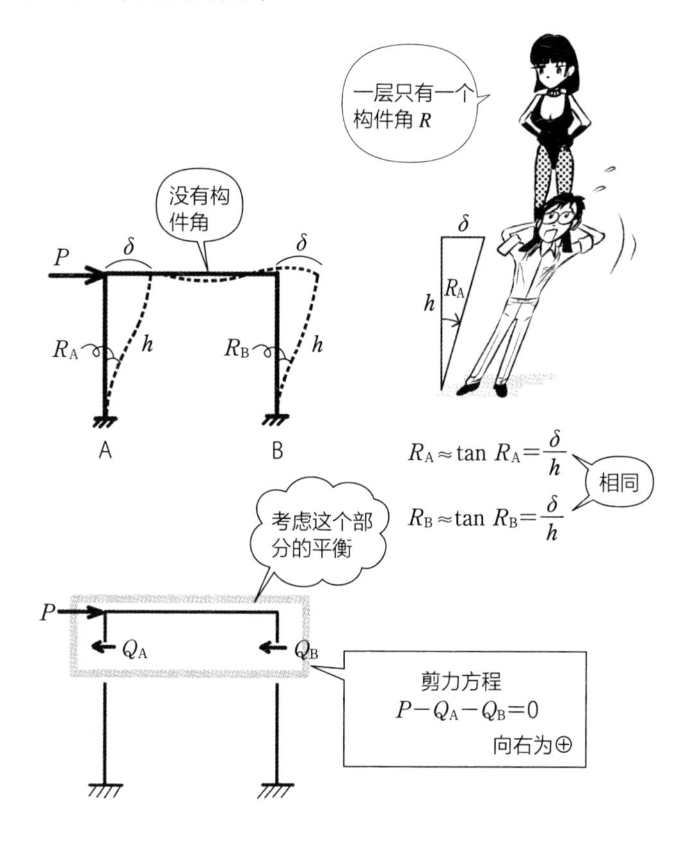

- 柱的构件角 R 用水平方向位移 δ 与柱高 h 表示。当 R 很小时，可用 $R \approx \tan R = \dfrac{\delta}{h}$ 表示，水平方向位移 δ 与柱高 h 相等时，各柱的 R 就会相等。
- Q_A、Q_B 可以用杆端弯矩与柱高列出公式（参见 R262）。

Q 柱高 h 不同时，构件角 R 会如何？

▼

A 使用长度和位移，各层可用一个未知数 R 来表示。

水平方向位移 δ，在梁不会缩短的情况下，即使柱的长度改变，也会保持一定。因此，各柱的构件角可以用一个未知数来表示。

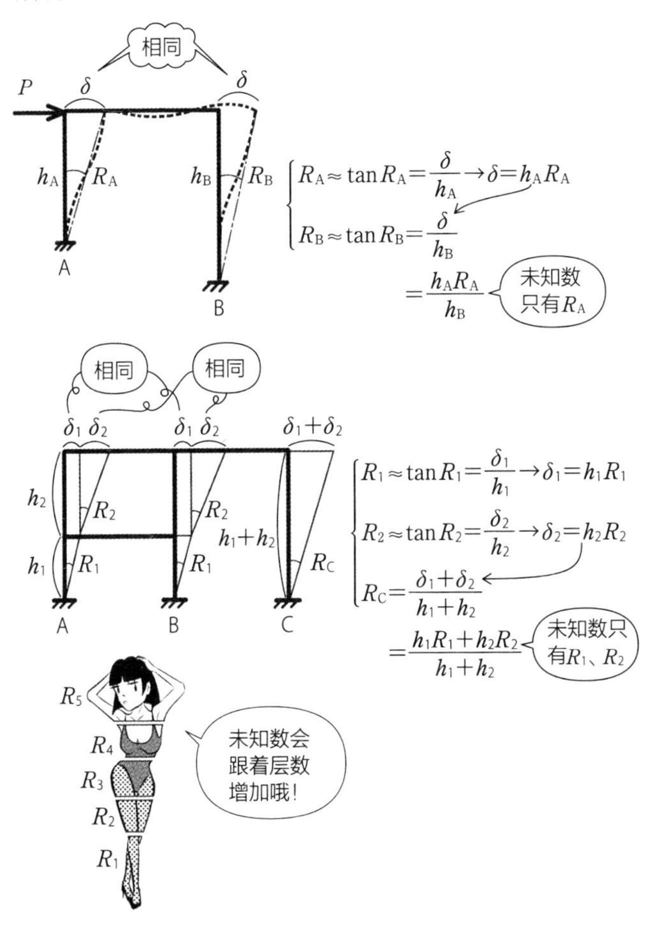

Q 如何从柱的杆端弯矩求得柱的剪力 Q？

▼

A 使用弯矩的斜率（微分）= Q。

以挠角 θ、构件角 R 为未知数，列出杆端弯矩的公式，再代入剪力方程中。此时必须将杆端弯矩替换成剪力。

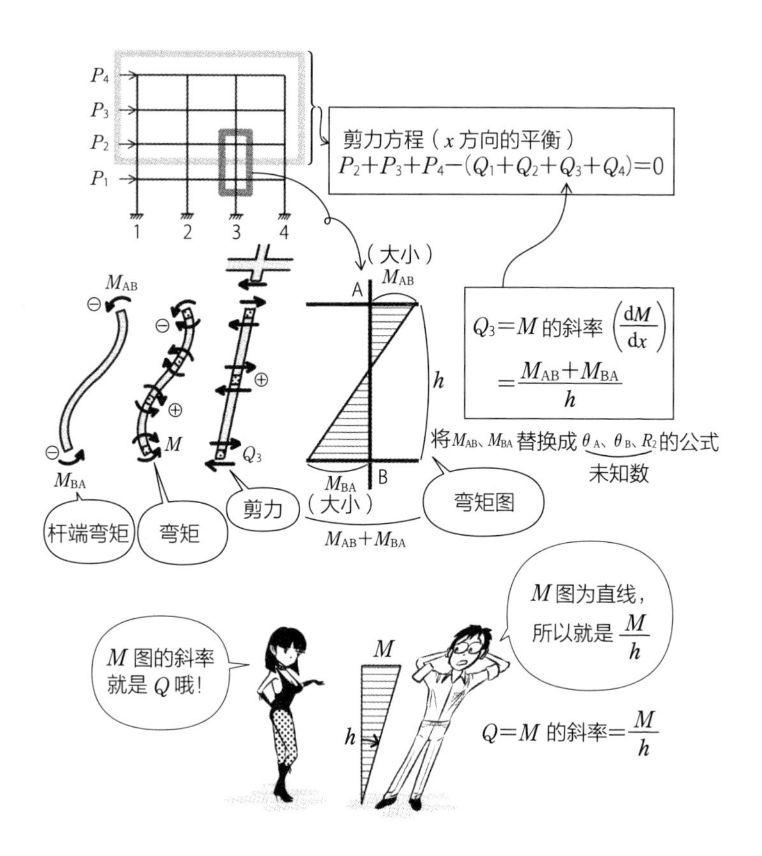

- Q 以杆端弯矩 M_{AB} 等表示，杆端弯矩则用倾角变位法基本公式的角度 θ、R 表示，剪力方程就变成以 θ、R 表示的方程。

Q 倾角变位法的未知数和方程的数量是多少？

A 节点数＋层数。

节点数表示节点的角度即挠角 θ 的未知数，层数表示柱的构件角 R 的未知数。此外，节点数也表示节点周围的力矩平衡式即节点方程，层数则表示剪力方程，如果未知数的数量等于方程的数量，就可以用联立方程求解。

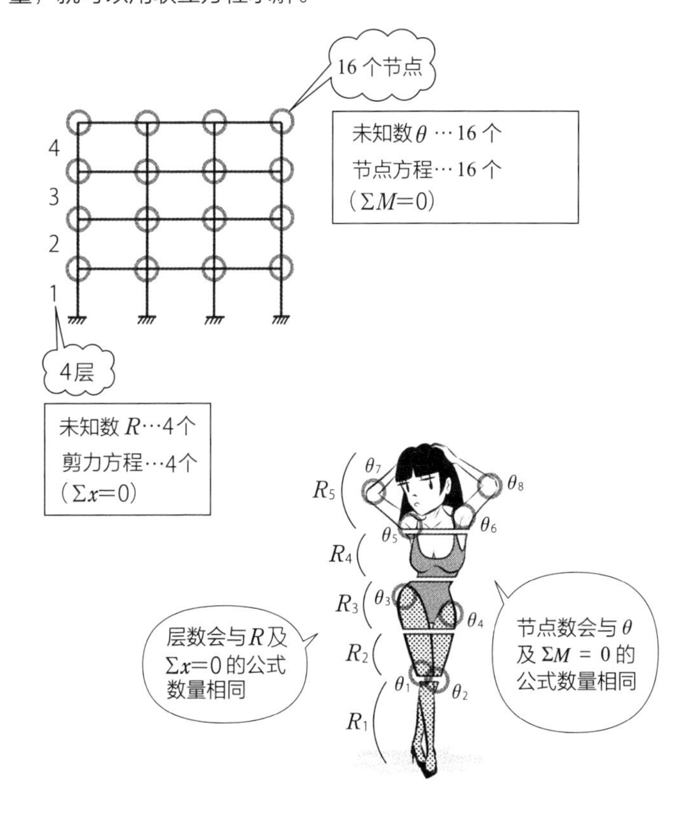

- 柱的高度 h 可以使用梁的中心至中心的结构楼高，梁的长度 l 可以使用柱的中心至中心的结构跨距。

Q 倾角变位法的列表是什么？

▼

A 如图所示，只提取出角度前的数字所形成的表。

省略了复杂的联立方程。

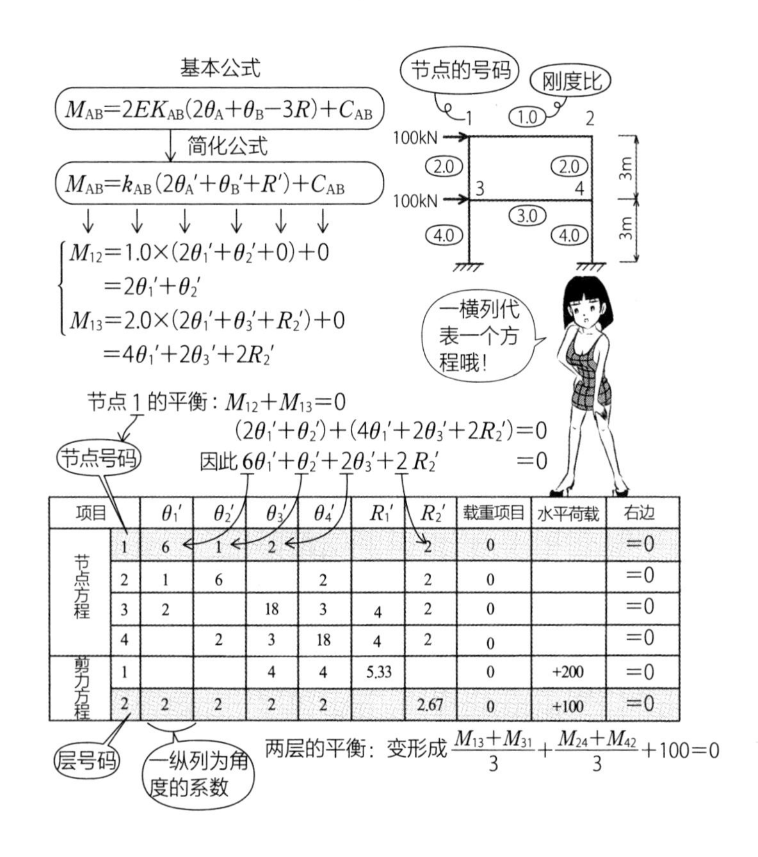

项目		θ_1'	θ_2'	θ_3'	θ_4'	R_1'	R_2'	载重项目	水平荷载	右边
节点方程	1	6	1	2			2	0		=0
	2	1	6		2		2	0		=0
	3	2		18	3	4	2	0		=0
	4		2	3	18	4	2	0		=0
剪力方程	1			4	4	5.33		0	+200	=0
	2	2	2	2	2		2.67	0	+100	=0

Q 求得杆端弯矩后，如何进一步求出构件各部位的弯矩？

▼

A 将框架构件替换成有杆端弯矩在作用的简支梁，再以应力平衡求出。

只要知道节点所承受的杆端弯矩，就可以替换成简支梁。框架的各个构件都可以视为端部转动被杆端弯矩拘束住的简支梁。

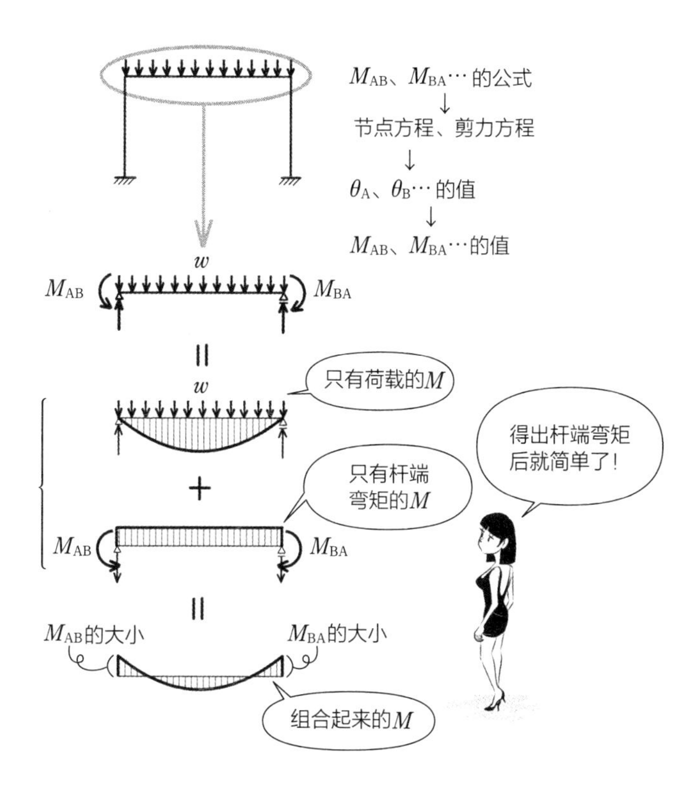

- 受到杆端弯矩作用的简支梁，将荷载作用的 M 图和杆端弯矩作用的 M 图重合（相加）后，就可以得到两者作用的 M 图了。

Q 什么是弯矩分配法？

▼

A ① 先将各节点的转动以固定弯矩固定；② 将该固定以解放弯矩解放，再各自将应力重合，从而求得应力的方法。

硬把节点固定的固定弯矩原本是没有力的，与后来加入的反方向解放弯矩相加后即为 0，两者一致。为了固定节点，若是加入 +60kN 的固定弯矩，就要再加入与之相抵消的解放弯矩 -60kN。

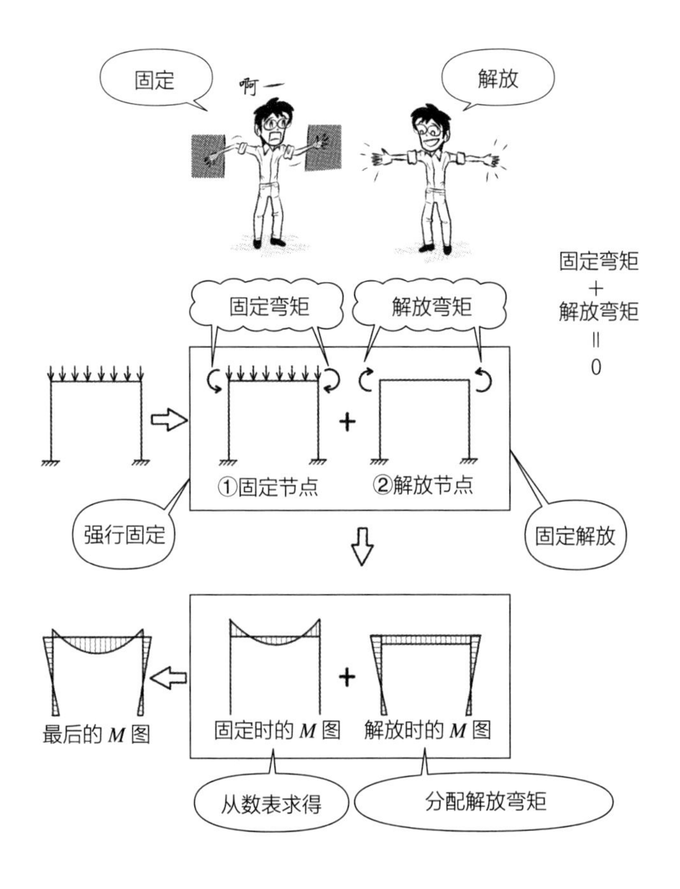

● 弯矩分配法是一种概算法，常用于承受垂直荷载的框架应力计算。

Q 若在节点加入解放弯矩，下一步要如何计算?

▼

A ①以有效刚度比分配；② 传递 1/2 至另一端。

弯矩作用在节点上时，会依据有效刚度比分配到各个构件。分配到的解放弯矩只会传递 1/2 至另一端，称为传递弯矩（参见 R259）

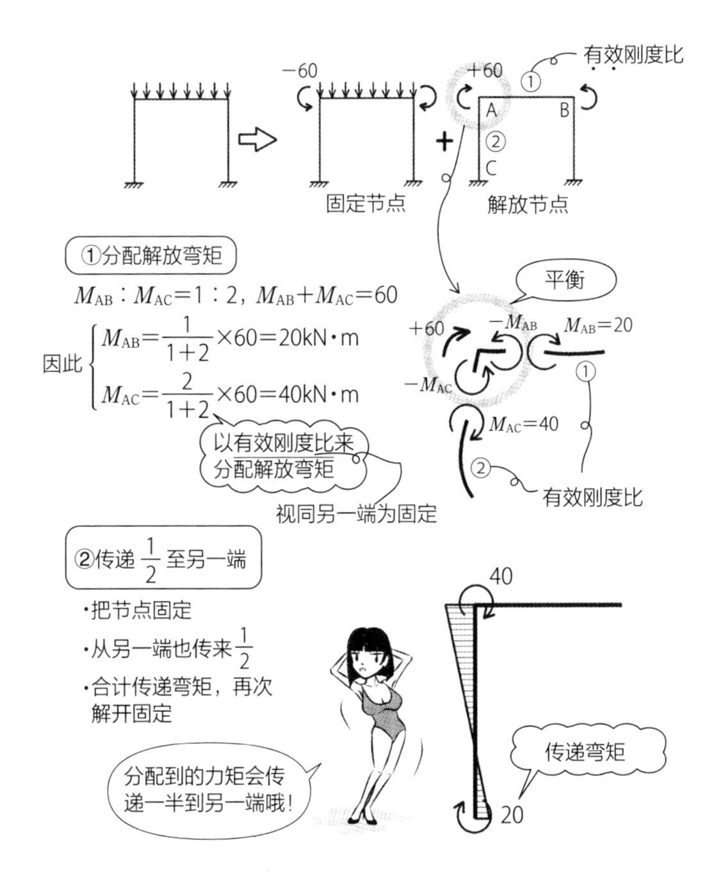

● 传递至另一端时，另一端应为固定。从另一端传来传递弯矩时，其本身也是固定的。合计节点上所有的传递弯矩，加上和其大小相等、方向相反的弯矩后，将该固定再次解放。重复这样固定→解放→固定→解放的程序，就可以逐渐接近实际的弯矩作用情形。

Q 什么是固定荷载、承重荷载?

▼

A 建筑物本体的重量为固定荷载(亦称静荷载),家具、物品、人等的重量是承重荷载(亦称活荷载)。

以人为例,体重就是固定荷载,手上拿的物品是承重荷载。

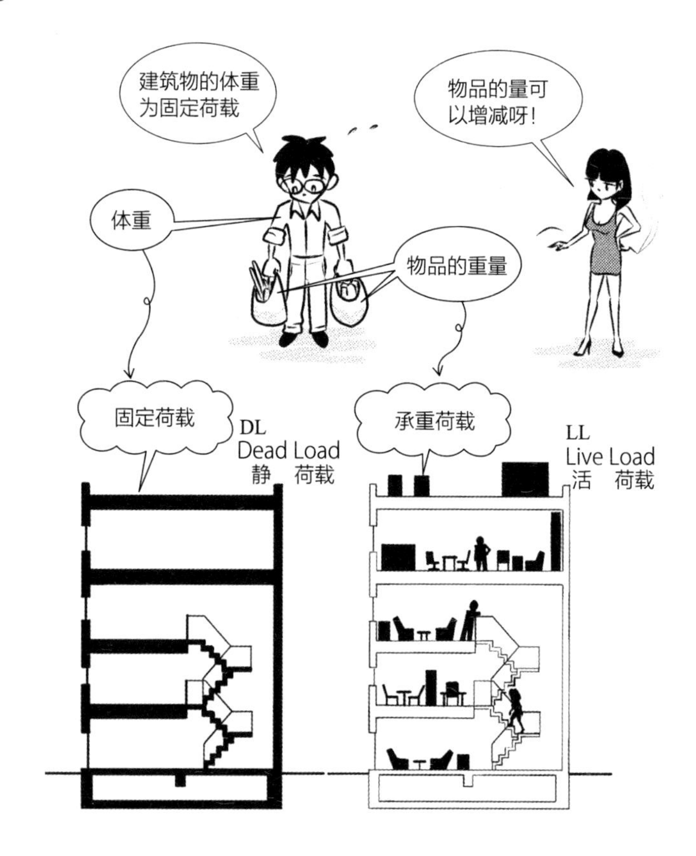

- 日本建筑标准法施行令 84 条为固定荷载,85 条为承重荷载,说明每平方米的数值。
- 日本建筑标准法中有专门讲"荷载与外力"的章节。物理所说的外力,是指从物体外侧所施加的力,荷载是由地心引力造成的,因此也算是外力的一种。此外,风荷载、地震荷载等的水平外力,也是荷载的一种,所以可以将外力与荷载想成同样的东西。

Q 厚度 1cm 的每 $1m^2$ 钢筋混凝土、混凝土、水泥砂浆的固定荷载是多少？

▼

A $0.24kN/cm \cdot m^2$、$0.23kN/cm \cdot m^2$、$0.2kN/cm \cdot m^2$。

与水的重量（$10kN/m^3$）相比，钢筋混凝土的相对密度为 2.4，混凝土为 2.3，水泥砂浆为 2。只要记住这些数字，之后就可以如下计算出来。

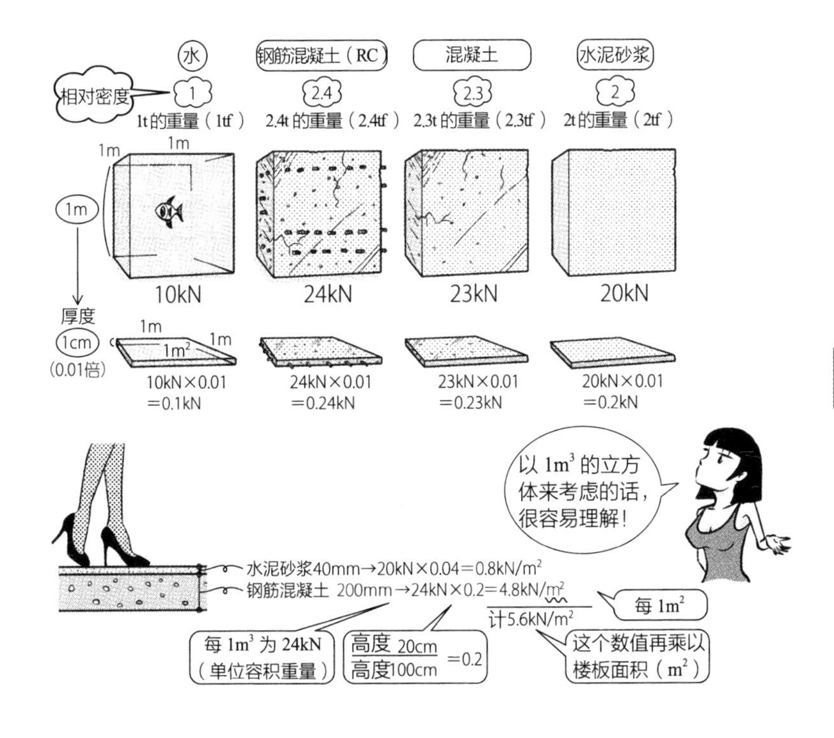

● 钢筋混凝土是在混凝土中加入钢筋（相对密度 7.85），比混凝土重。混凝土是在水泥砂浆中加入砾石，比水泥砂浆重。以 2.4 → 2.3 → 2 与相对密度来记比较方便。

Q 承重荷载分成哪三种？

▼

A 楼板、框架、地震力。

承重荷载的大小为楼板 > 框架 > 地震力。就算同样是住宅的房间，各自的承重荷载定为 1800N/m²、1300N/m²、600N/m²。

承重荷载（N/m²）

房间种类＼结构计算的对象	楼板	框架（大梁、柱、基础）	地震力
住宅的房间、住宅以外的建筑物的寝室或病房	1800	1300	600

要记下来

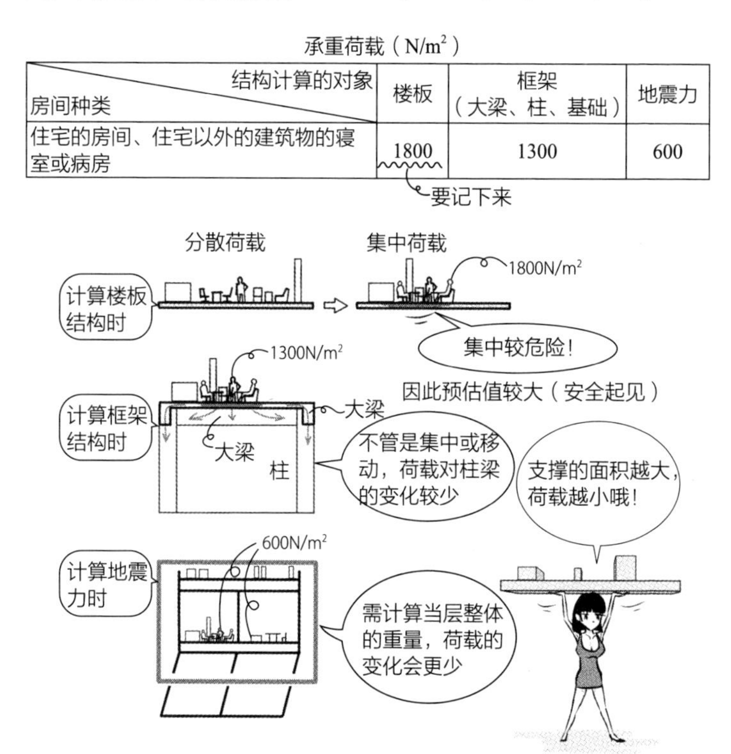

- 作用在 1m² 楼板的荷载，会依物品的位置而大有差异。对于支撑楼板的梁或柱，物品的位置没有太大影响。地震力是由当层的柱来承受该层以上的所有重量，因此会更加分散。要注意结构体支撑的楼板越大，荷载的影响越分散，危险性也随之降低。这样就可以预估风险降低的程度，将之转换成数值。

Q 哪些地方的楼板承重荷载是 2900N/m^2 呢?

▼

A 办公室、百货公司、店铺的卖场、剧场和电影院的观众席等。

相较于住宅的房间或教室等，上述地方的设定值比较大。

承重荷载（N/m^2）

房间种类 ＼ 结构计算的对象	楼板	备注
(1) 住宅的房间、住宅以外的建筑物的寝室或病房	1800	
(2) 办公室	2900	
(3) 教室	2300	
(4) 百货公司或店铺的卖场	2900	
(5) 剧场、电影院、会所等的观众席、会堂	固定席 2900	固定席的变动较少，故较小
	其他 3500	
通过 (3) ~ (5) 的房间的走廊、玄关、楼梯	3500	有荷载集中、冲击的可能性，故数值较大

- 日本建筑标准法施行令 85 条中，说明可以按实际情况计算，或是使用这些数字来计算，而一般实务上是直接利用这个表的数值进行计算。

Q 仓储业的仓库、车库的楼板承重荷载是多少？

▼

A 3900 N/m^2、5400 N/m^2。

仓库是放置物品的空间，还要承受放置时的冲击力，因此楼板承重荷载为 3900N/m^2，数值较高。此外，一辆车的重量大约是 1t（10000N），还会在地板上移动，在承重荷载表中是最大的数值。至于屋顶广场、阳台如表所示，分别为 1800N/m^2、2900N/m^2 。

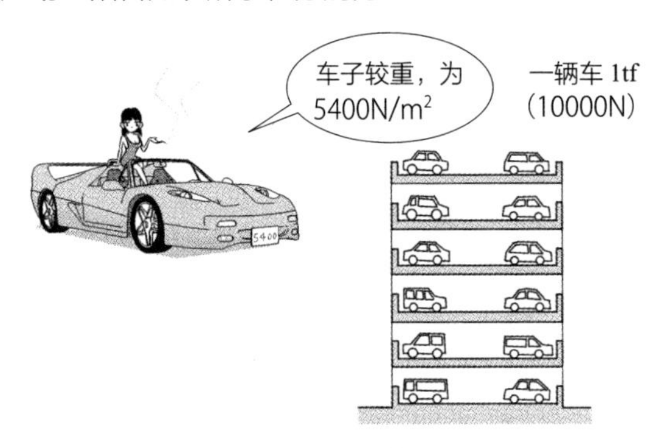

承重荷载（N/m^2）

房间种类 ＼ 结构计算的对象	楼板	备注
仓储业的仓库	3900	
汽车车库、汽车通道	5400	
屋顶广场、阳台	1800	
	学校、百货公司 2900	

● 若是仓储业的仓库，即使按实际情况计算出来的数值不到 3900N/m^2，为了安全起见，设计时仍必须使用 3900N/m^2。

Q 楼板荷载表是什么？

▼

A 列出固定荷载（DL）、承重荷载（LL）合计起来的合计荷载（TL）的表。

如图所示，列出楼板荷载表，整理出每 1m^2 的楼板重量。梁的重量是该梁所负担的楼板面积的平均值，只要将该数值乘以楼板面积，就可以计算出楼板面积的重量，非常方便。

楼板荷载表（kN/m^2）

房间		楼板	框架	地震力
R 楼屋顶	DL	6.10	6.10	6.10
	LL	1.80	1.30	0.60
	TL	7.90	7.40	6.70
办公室	DL	4.50	4.50	4.50
	LL	2.90	1.80	0.80
	TL	7.40	6.30	5.30
楼梯	DL	6.90	6.90	6.90
	LL	2.90	1.80	0.80
	TL	9.80	8.70	7.70

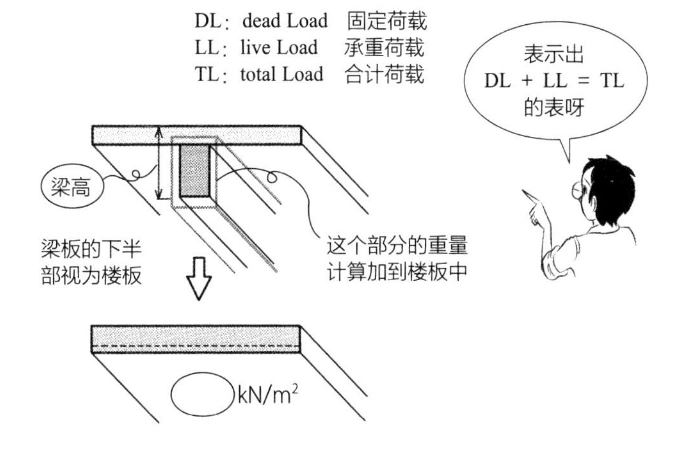

● 小梁设计用的承重荷载并未明确规定，使用楼板承重荷载、框架承重荷载或取平均值都可以。保守值当然还是使用楼板承重荷载的数值。

Q 什么情况下可以折减承重荷载？

▼

A 计算柱的压力时，下层的柱可以折减。

依据支撑的楼板数量来决定折减率。支撑的楼板越多，就整体来看，各构件所受物品集中的影响程度越小。

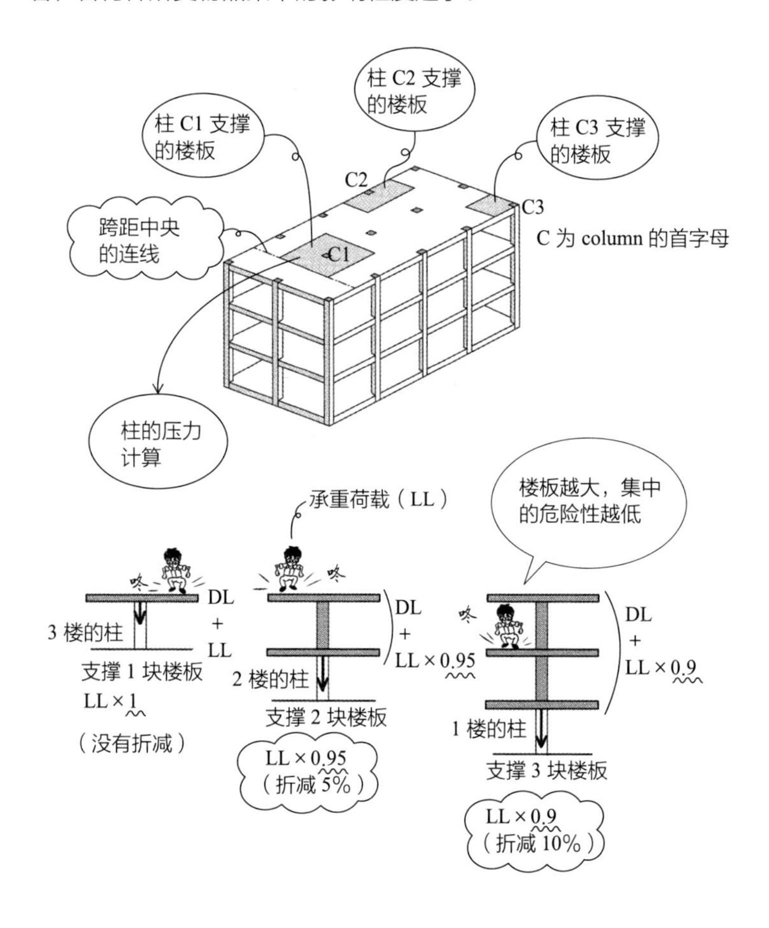

● 柱所支撑的楼板，可以从跨距中央切开。梁左右端的剪力不同时，若是从跨距中央切开，柱左右的压力会有微妙的不同，不过在荷载计算中可以忽略不计。

Q 如何决定大梁所负担的楼板荷载?

▼

A 如图所示，从梁的交点拉出二等分线（普通 45° 线），与梁的平行线相交后形成的梯形、三角形部分，就是其负担的楼板荷载。

大致将楼板分割成如图所示的形状。有小梁时，要先计算小梁负担的部分，该部分会形成集中荷载作用在大梁上。

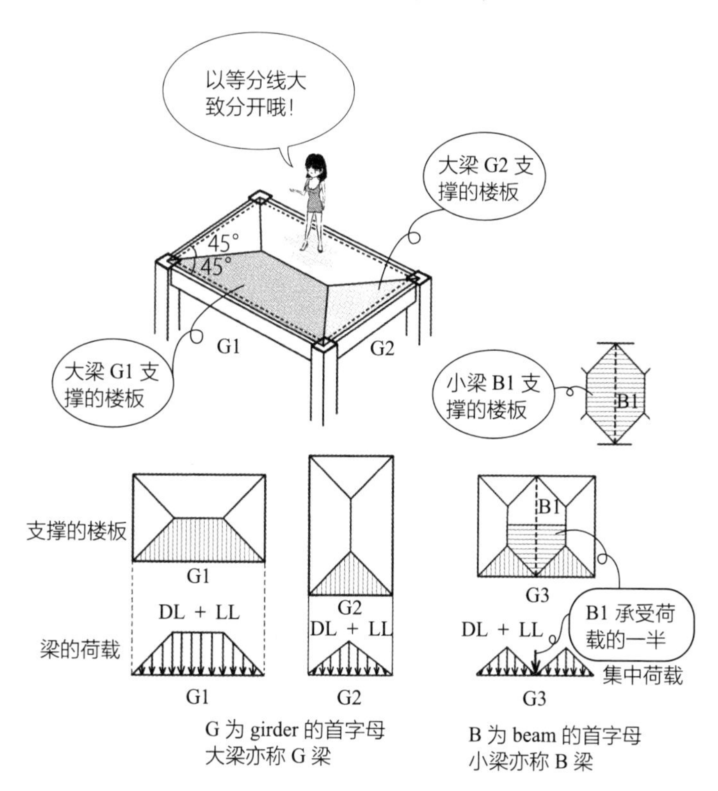

- 若是钢结构的钢承板（凹凸状弯折的钢板），重量的作用方向为单一方向。

Q 雪的重量如何估算?

▼

A 以 $1m^2$ 的 1cm 高度为 $20N/m^2$ 来计算。

刚降下的雪相对密度多为 0.05 左右，积雪再从上方挤压也才 0.1 左右，建筑物设计是偏向保守值的 0.2，以水的 0.2 倍重量来计算。$1m^3$ 为 $10kN \times 0.2 = 2000N$，修正成 1cm 厚度就是 $2000N \times 0.01 = 20N$。

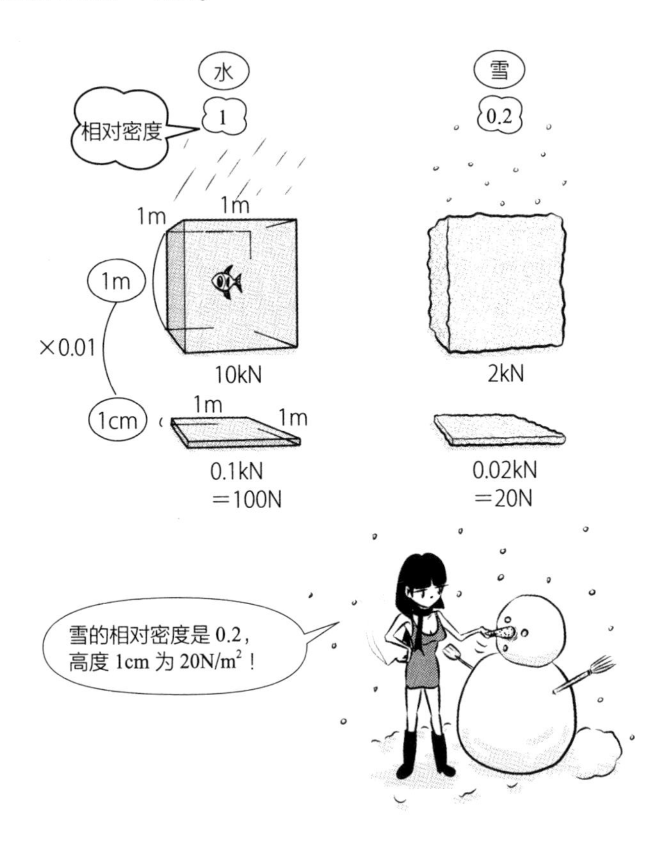

Q 可以折减积雪荷载吗？

A 可以利用屋顶斜率（斜屋顶）来折减。

屋顶斜率超过 60°，雪的重量即为 0；若斜率 β 在 60° 以下，则会折减 $\mu_b=\sqrt{\cos(1.5\beta)}$。折减率 μ_b 称为屋顶形状系数。

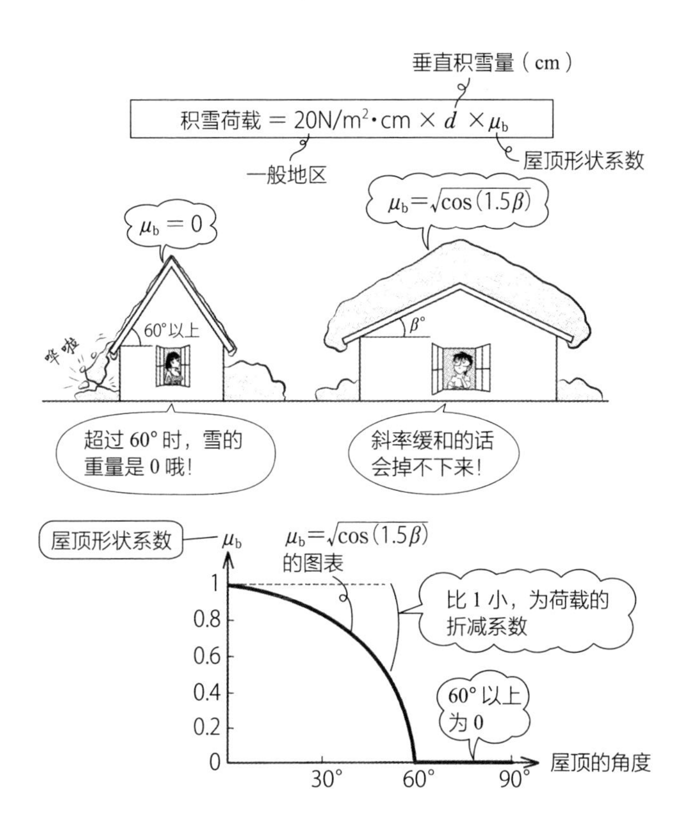

- 其他可以视下雪的实际情况，折减至积雪 1m。
- 用以计算的垂直积雪量（高度），各地区规定不同。积雪 1m 以上的地区就是多雪区域。一般地区 1cm 约为 20N/m²，多雪区域必须使用地区各自规定的数字。

Q 如何计算风荷载?

▼

A 以暴风时的风压力（N/m^2），配合建筑物各层的受压面积，以作用在各层的风压力合计计算而得。

得到风压力之后，以各层的风荷载（N）= 风压力（N/m^2）× 受压面积（m^2）来计算。这就是各层楼板在横向所承受的力。与之抵抗的是各层整体的柱或墙壁所产生的剪力（层剪力）。

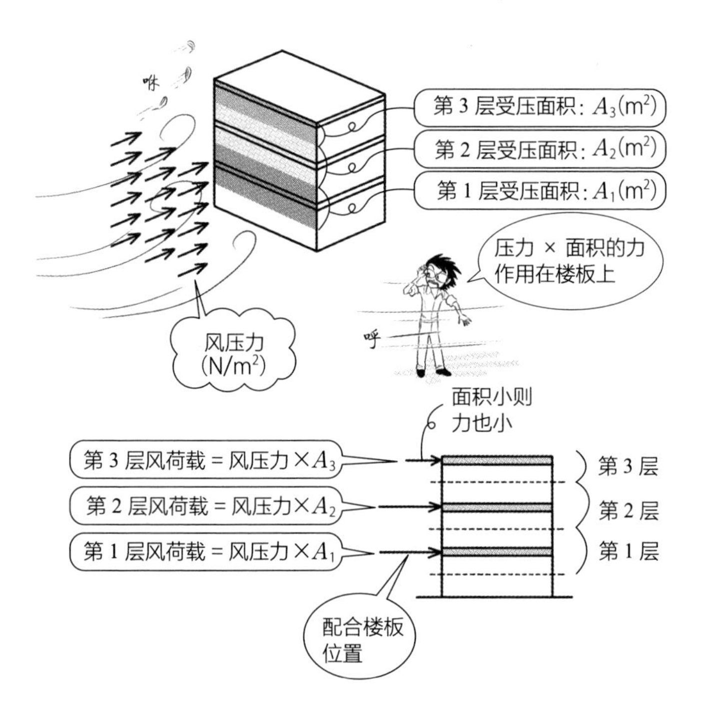

- 分别计算各层的风压力合计，乘以横向楼板面积，与地震力的计算相同。
- 将短期的水平荷载与地震荷载、风荷载做比较，取较大者进行计算。低层的情况常以地震荷载进行计算。

Q 风压力与风速的几次方成正比？

▼

A 与 2 次方成正比。

风压力由空气动能产生。质量 m、速度 v 的动能为$\frac{1}{2}mv^2$，因此与 v^2 成正比。

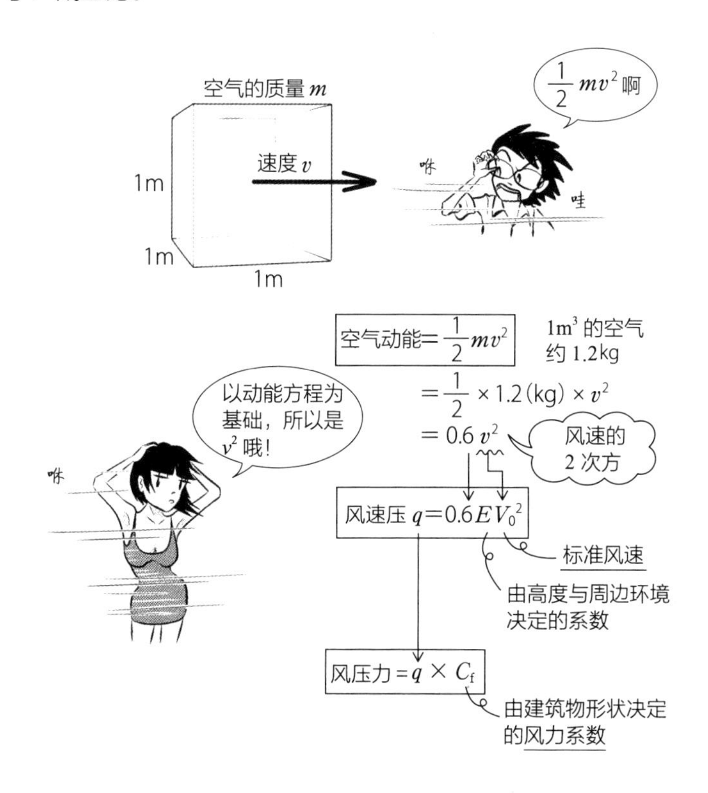

- 在日本建筑标准法中，风压力 = 风速压 × 风力系数，风速压中的速度有 2 次方。

Q 什么是地表面粗糙度类别?

▼

A 区分四周对于风的抵抗程度的一种分类方式。

从沿海等无障碍物的类别 Ⅰ，到大城市等城市化显著的类别Ⅳ，共分成四个阶段的类别。依据这些类别，得到 G_f、E_r 等系数，再由此求出 E。

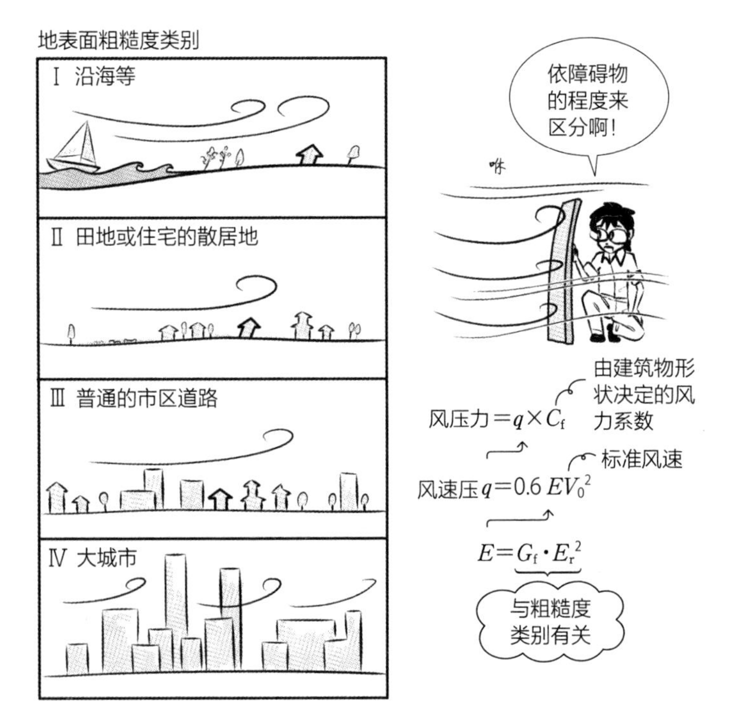

Q 标准风速 V_0、$E_r \times V_0$ 表示什么?

A 标准风速 V_0 是暴风发生时的平均风速，各地区的规定不同。$E_r \times V_0$ 则是随着高度方向分布的对象建筑物所承受的平均风速。

V_0 依地区决定。E_r 是由粗糙度类别与建筑物高度来决定的系数，也就是平均风速的高度方向的分布系数。各粗糙度类别的 E_r 大小为 Ⅰ > Ⅱ > Ⅲ > Ⅳ。

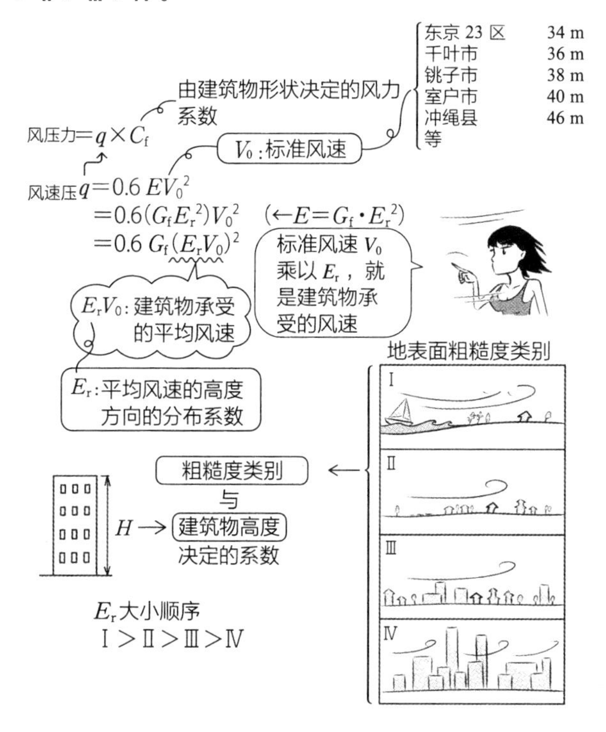

- 标准风速 V_0 是暴风发生时，与地上 10m、10 min 间的平均风速。以这个数字为标准，就可从四周状况（粗糙度类别）与建筑物高度的公式，得到建筑物在暴风时承受的平均风速。
- 求取 E_r 的公式，在 H > 10 时会以（高度 /10）的 0.27 次方 ×1.7 等相当复杂的公式来计算。

Q 什么是阵风反应因子 G_f（gust response factor）？

▼

A 受阵风的影响，而使平均风速增幅的因子。

周围的建筑物越多（粗糙度类别为Ⅲ、Ⅳ等），风速的变动越大，而建筑物的高度越高，形成的风压所承受的风流动的变动越小。各粗糙度类别的 G_f 大小为Ⅰ＜Ⅱ＜Ⅲ＜Ⅳ。

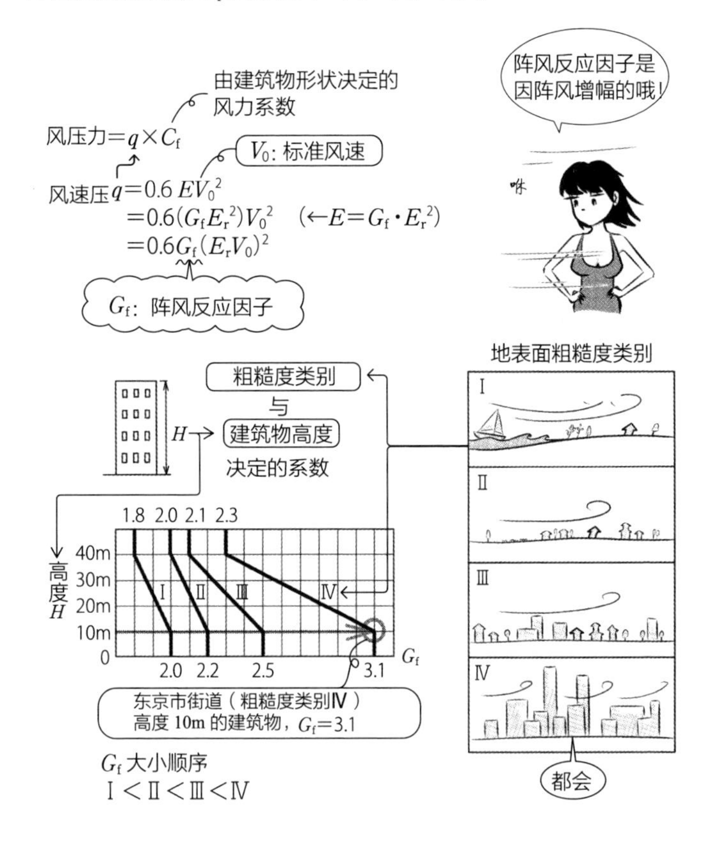

- 以粗糙度类别制成的 G_f 图表，是由纵轴的建筑物高度决定 G_f。正确地说，H 要取建筑物高度与屋檐高度的平均值。若是斜屋顶，就取其平均高度。

Q 什么是风力系数 C_f？

▼

A 由建筑物的形状与风向决定的系数。

即使是相同风速压、相同高度 H 的建筑物，风压力也会依形状与风向而改变。表示此变化的系数就是风力系数，随着形状与计算风压力的高度 Z 而变动。

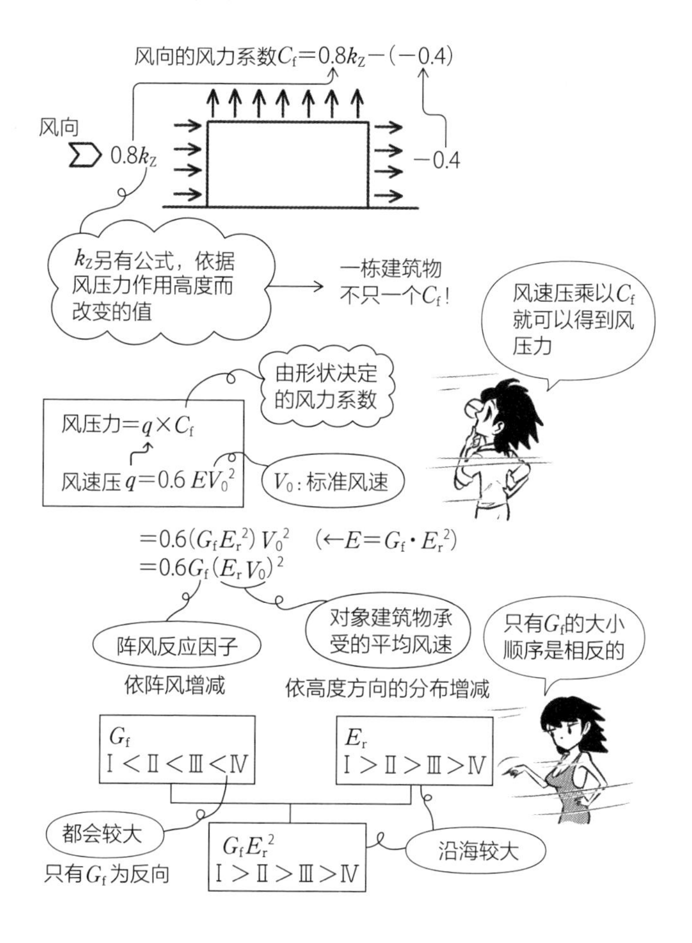

- 风力系数 C_f 会随着高度 Z 而改变，因此一栋建筑物不会只有一个数值。

Q 什么是震度与震度阶级（震度阶）?

▼

A 震度（seismic scale）是指地震的加速度为重力加速度的几倍的数值，震度阶则是日本气象厅配合人的体感和灾害状况，用以表示地震大小的分级方式。

电视、广播所发布的震度 3 等的震度，其实是指震度阶。震度是表示重力加速度 g（$9.8\text{m/s}^2 \approx 10\text{m/s}^2$）的几倍的数值，以 0.2 为标准。计算地震荷载时，以 $0.2g$ 的加速度为标准。

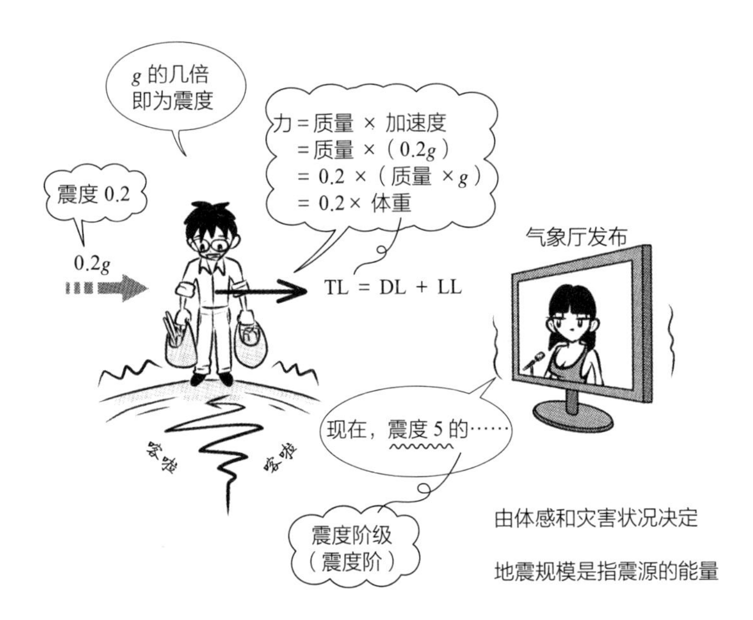

- 横向有 $0.2g$ 的加速度作用，就表示所受的横向力是体重的 0.2 倍。若是 100kg 重（100kgf）的人，横向就有 20kgf 的力在作用。地震加速度会时大时小，或从反向作用，不过不管是从哪个方向，都是用 $0.2g$ 来计算。
- 地震规模（magnitude scale）是指震源释放的能量。

Q 在结构计算中，地震力（地震荷载）的作用位置是哪里？

▼

A 作用在各层的楼板。

重量集中在楼板，水平的地震力作用在楼板上。地震力为加速度 × 质量 = $0.2g$× 各层的质量 = 0.2×（各层的质量 ×g）= 0.2× 各层的重量。

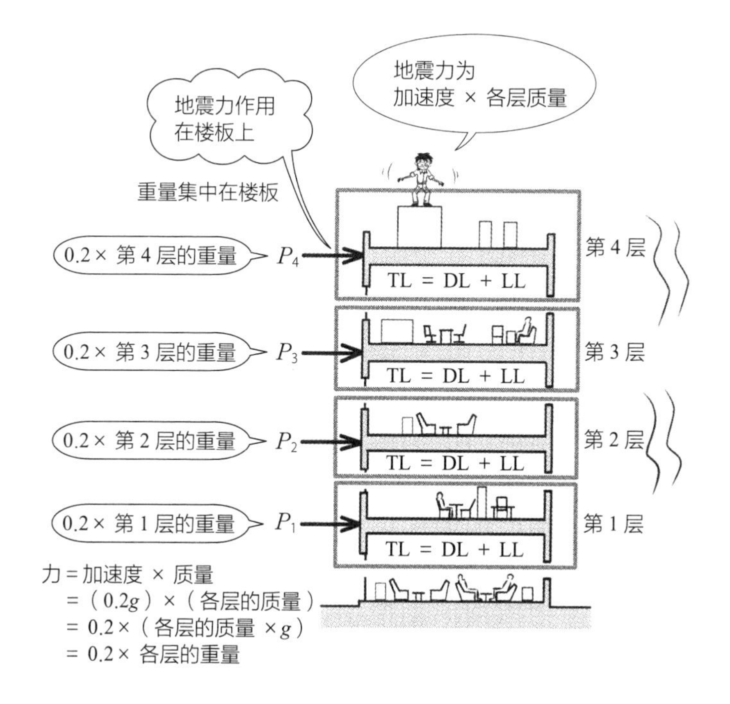

- 将柱和墙壁从中央切半，分别计入上下层的楼板重量。每层都以楼板中心作为参考，与风压力的计算相同。
- 地震的加速度 $0.2g$（$0.2 \times 9.8\text{m/s}^2$），是使用以高度增幅等修正后的数值。上述公式会比较复杂。
- 若为中低层建筑物，地震力的影响会比风压力大。若是中低层的重型钢筋混凝土结构建筑物，可以忽略风压力。此外，计算时都是假设大地震与台风不会同时侵袭（发生概率非常低）的状况。

Q 前述中的 1 楼的剪力合计是多少?

▼

A 0.2×(第 1 层的重量 + 第 2 层的重量 + 第 3 层的重量 + 第 4 层的重量)。

作用在各层柱的剪力合计等于层剪力，即为作用其上的外力 P 的合计(参见 R227)。因此，1 楼为 $P_1+P_2+P_3+P_4$，2 楼为 $P_2+P_3+P_4$。

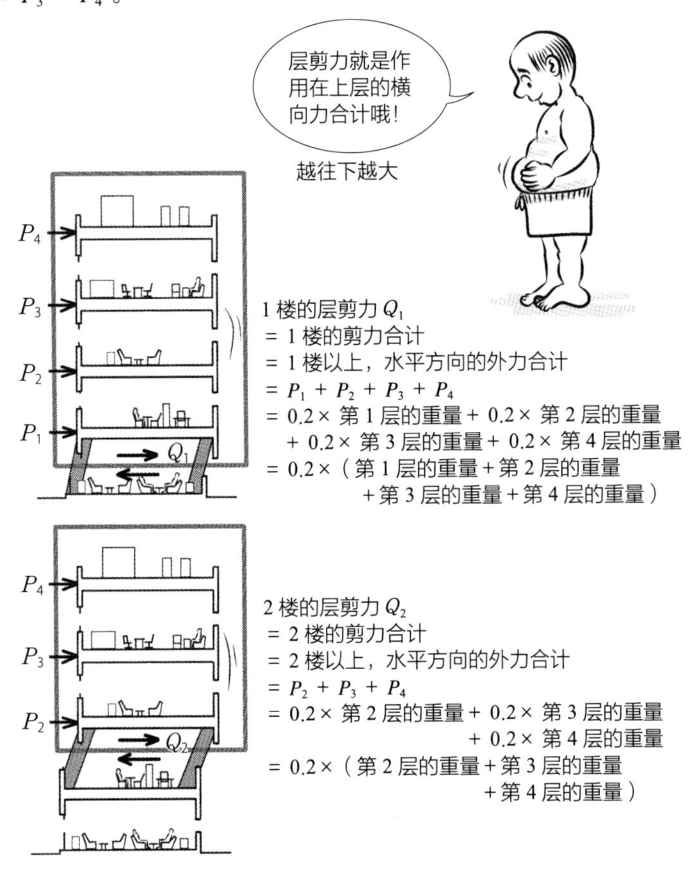

- 地震加速度为 $0.2g$ 时，为上述的简单式。若使用依日本建筑标准法将各层的 $0.2g$ 加以修正后的数值，就会变成较复杂的公式。

Q 什么是地震层剪力系数 C_i？

▼

A 各层用以修正标准震度 0.2 的数值。

以震度 0.2、地震加速度 $0.2g$ 为标准，为了修正各层的震度而加上的各种系数，就是地震层剪力系数 C_i 。C_i 是使用第 i 层以上的重量，来计算出第 i 层的层剪力。

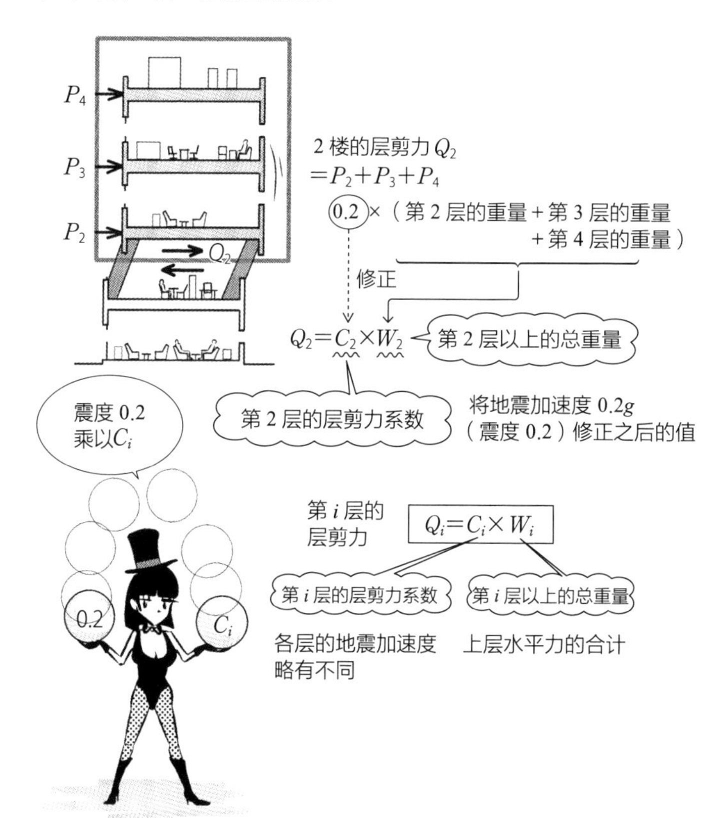

- 常与 Q_i 一起使用的符号 W_i，要特别注意是指第 i 层以上的总重量，不只是第 i 层的重量。$C_i\times W_i$ 所得到的 Q_i，是指第 i 层的层剪力，也是作用在第 i 层以上的地震力的总计。若要求出作用在各层的 P_i，可以利用 Q_i 之间的减法来计算。在应力计算中，各个 P_i 也可以用各自的地板重量加以计算。

Q 计算层剪力系数 C_i 的公式是什么？

▼

A $C_i = Z \cdot R_t \cdot A_i \cdot C_0$。

C_0 为标准剪力系数，通常是 0.2。这是以震度 0.2、地震加速度 0.2g（g：重力加速度）为标准的情况。配合地域系数 Z（参见 R289）、振动特性系数 R_t（参见 R290）、随高度方向增幅的分布系数 A_i（参见 R295），就可以得到 C_i。

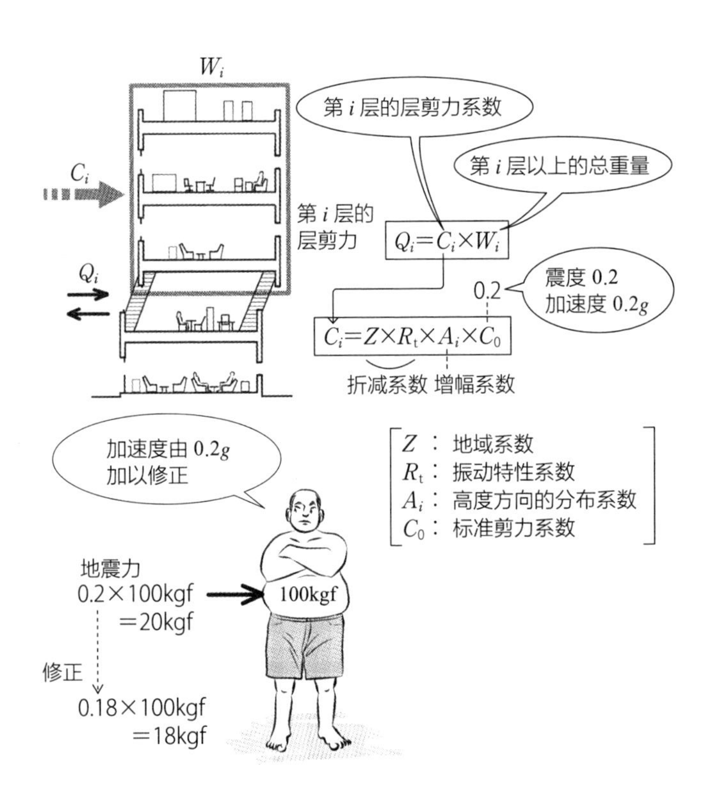

- C_0 在 0.2 以上者，例如位于软弱场地的木结构建筑物，是 0.3 以上。进行必要极限水平承载力的计算时，则是 1.0 以上。

Q 什么是地震地域系数 Z?

▼

A 依据各地区过去的地震统计资料所规定的折减系数。

没有发生过大地震的冲绳为 0.7，很少发生大地震的福冈为 0.8，札幌为 0.9，东京、名古屋、大阪、仙台则为 1，地域系数 Z 规定在 1 以下，为层剪力系数的折减系数。因此，常发生大地震的本州太平洋侧，不会有 Z 的折减情况。

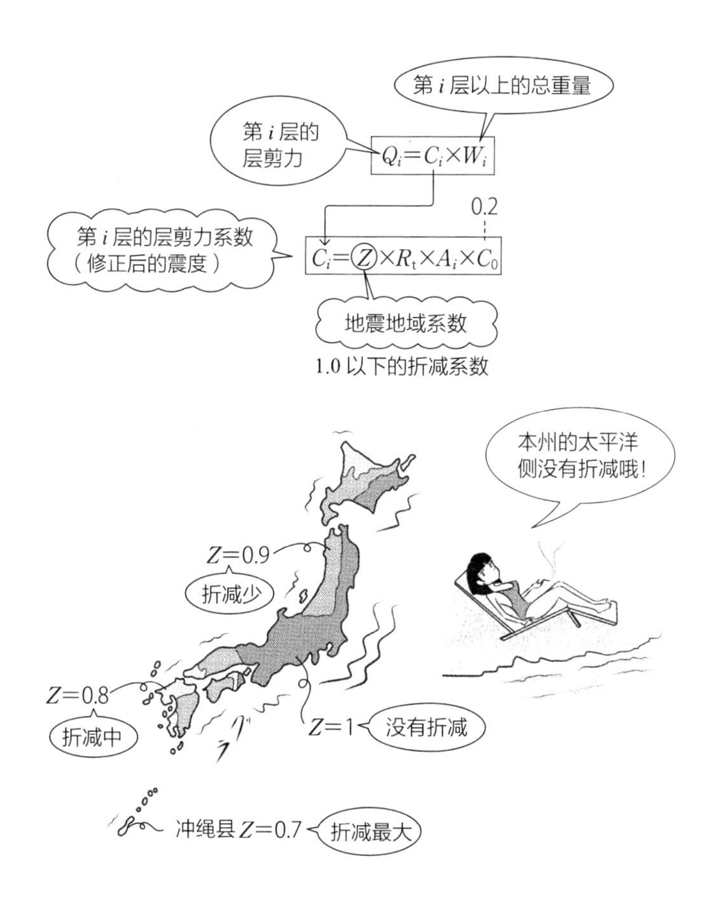

Q 什么是振动特性系数 R_t？

▼

A 由建筑物的固有周期与场地的振动特性所决定的折减系数。

固有周期较长的高层建筑物，与短周期的地震振动之间具有难以共振的性质。因此，固有周期较长的建筑物，其振动特性系数 R_t 较小，地震力会折减。也就是说，摇晃速度快的地震，与摇晃速度缓慢的建筑物，两者之间的振动难以配合。

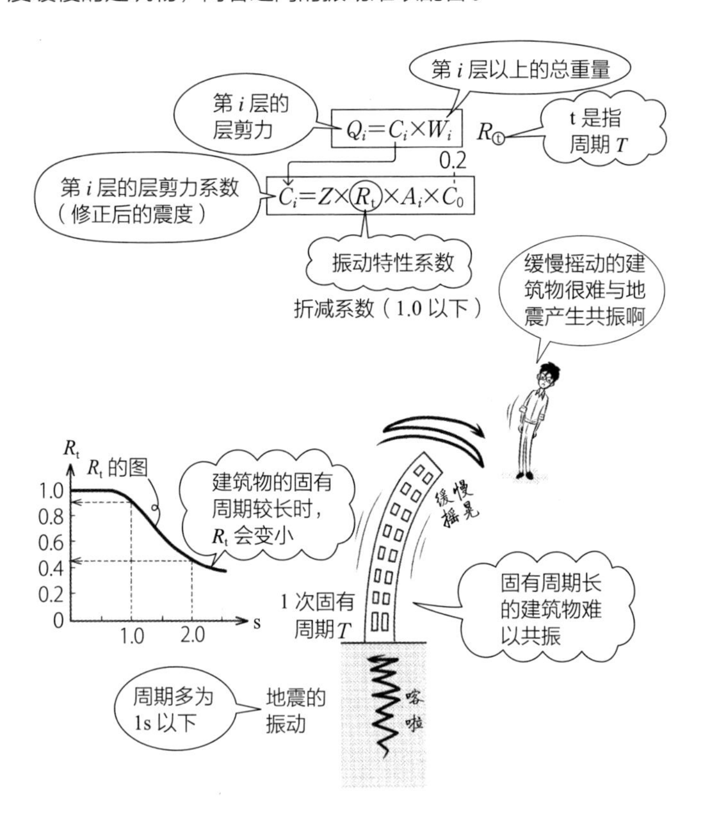

- 钟摆的周期由长度决定，不管摇晃幅度（振幅）如何，周期都是固定的。若为 1s 往复，该钟摆的周期就是 1s，不管摇晃程度大或小都一样。这是钟摆本来就有的特有周期，也就是固有周期的意思。建筑物和钟摆一样具有固有周期。

Q 什么是 1 次固有周期、2 次固有周期、3 次固有周期?

▼

A 如图所示，有多个质点的模型，依振动方式不同而改变的周期。

可以各自移动的质点越多，周期就会越短。3 个质点的 3 次固有周期，是最短周期的振动方式。求取振动特性系数 R_t、高度方向的分布系数 A_i 时，要使用最长的 1 次固有周期。

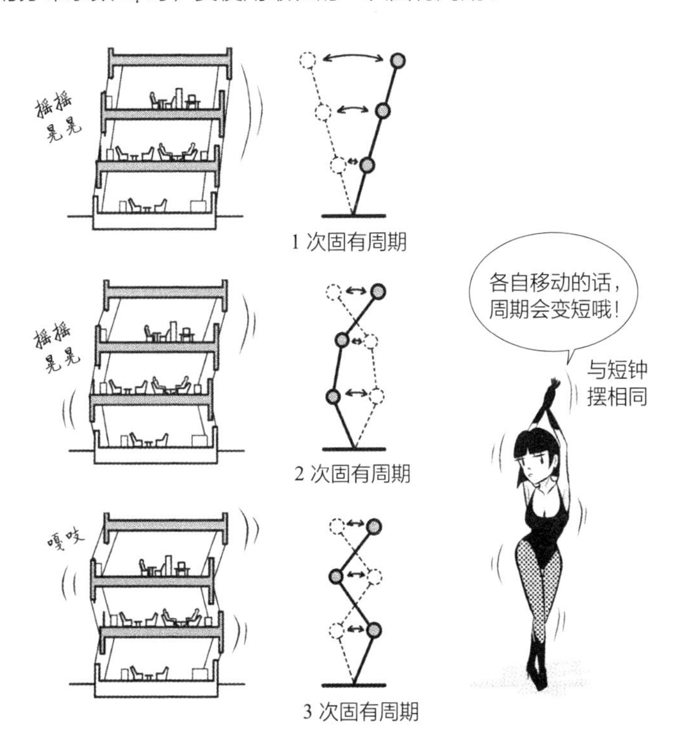

- 质量集中在一处的模型，只会有一个固有周期；若是多个质量，就会有相同数量的固有周期。1 次固有周期、2 次固有周期、3 次固有周期等，随着次数增加，周期会变短。一栋建筑物会有数个固有周期。利用 1 次固有周期可以求得 R_t 。
- 建筑物周期与地面震动周期相近时，会产生共振现象。地面以长周期摇晃时，可以对应到 1 次固有周期的摇晃，短周期的话就是 2 次、3 次固有周期的摇晃。
- 一般来说，中低层的 1 次固有周期在 0.5 s 以下，40 ~ 50 层楼的超高层建筑物的 1 次固有周期是 4 ~ 5 s。

Q 什么是卓越周期?

▼

A 在场地摇晃的周期中，最主要的周期。

场地摇晃时，会混杂许多不同的周期，其中最强、最显著的周期就是卓越周期（predominant period，亦称显著周期），也就是场地的固有周期。卓越周期与建筑物的固有周期一致时，建筑物会因为共振而产生大幅度的摇晃。最重要的是不要让建筑物的固有周期与场地的卓越周期一致。

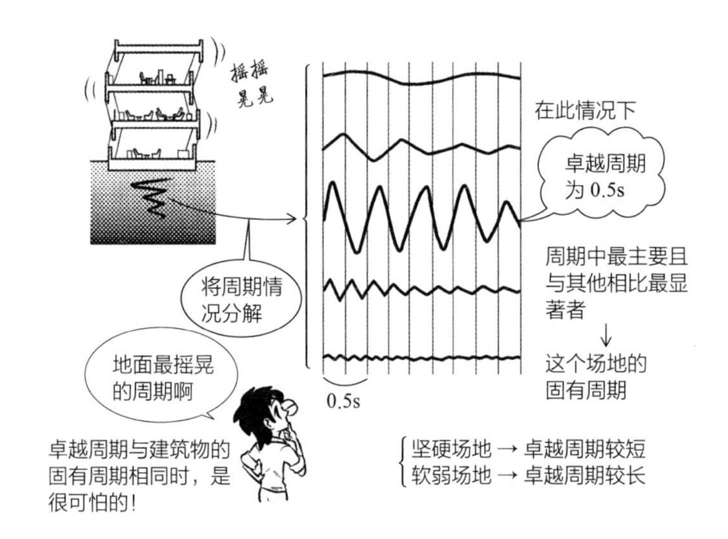

- 坚硬场地上卓越周期较短，软弱场地上卓越周期较长。
- 高架水槽或塔屋等屋顶突出物的固有周期，若与建筑物本体的固有周期一致，则会因为共振而产生大幅度摇晃。注意不要让屋顶突出物的固有周期与建筑物的固有周期一致。可以反过来借助调整水槽的水量，使两者的周期不一致，抑制建筑物的摇晃程度。

Q 高度 h（m）的建筑物，其 1 次固有周期 T 是多少？

A 钢筋混凝土结构为 $0.02h$（s），钢结构或木结构为 $0.03h$（s）。

由于钢结构、木结构较柔软，周期会较长。钢筋混凝土结构与钢结构混合的结构，周期为 $T = h\times(0.02 + 0.01\times\alpha)$，其中 α 为钢结构、木结构的楼层高度与整体高度 h 的比。公式中结合了钢筋混凝土结构的 $0.02h$ 与钢结构的 $0.03h$。

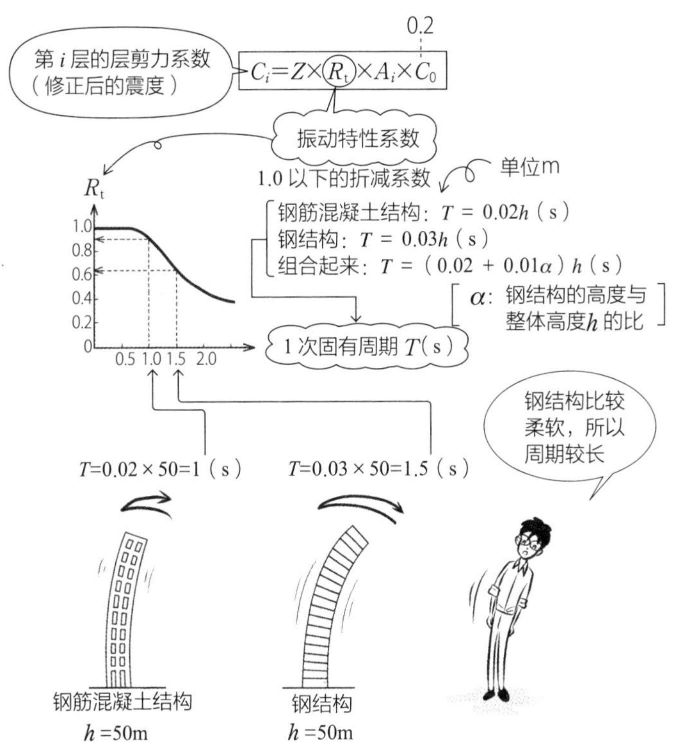

- 乘以 0.02、0.03 后，10m 会变成 0.2s、0.3s，R_t 的图从 1 开始，几乎是与低层建筑物没有关系的折减系数。

Q 场地较硬时，振动特性系数 R_t 会如何变化？

A 会变小。

依据硬质场地为第 1 种、普通场地为第 2 种、软弱场地为第 3 种，将曲线分成三段。岩石、硬土、密实的卵砾石层等坚硬场地，地震的振动较小，而泥土、腐殖土（humus）之类的软弱场地，振动的幅度会增加。

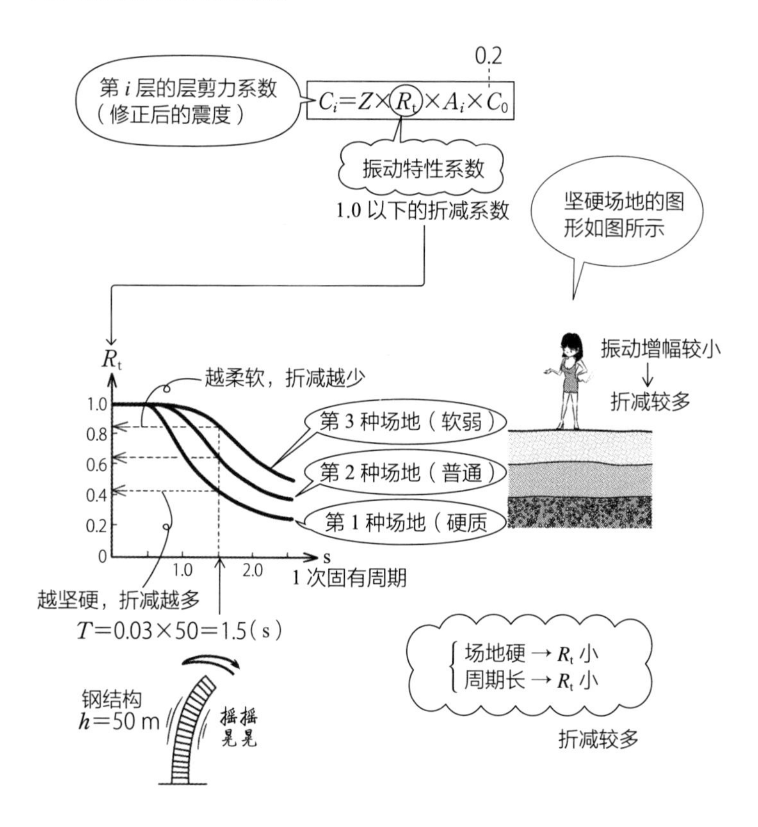

● 越坚硬或周期越长，R_t 越小，从而折减地震力的影响。

Q 什么是分布系数 A_i?

▼

A 地震层剪力系数 C_i 中随着高度方向分布的增幅系数。

建筑物若是越高越柔软，效果就像挥动鞭子一样，振动会较大。1 楼的 A_i 为 1.0，越往上层越柔软，数值就会越大。依据 A_i，地震加速度、震度会随之增加。

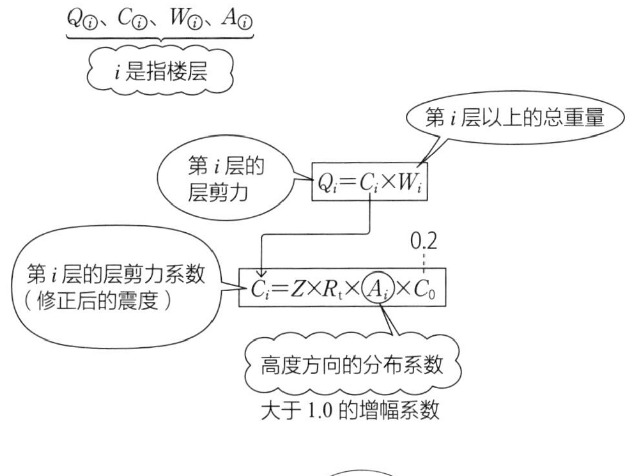

- A_i 的 i 与 Q_i、C_i、W_i 的 i 一样，都是指第 i 层的意思，数值随层数改变。
- 几乎所有中低层建筑物的 Z 都是 1，大部分的 R_t 也是 1，因此是由 $A_i\times C_0$ 决定 C_i。

Q 决定分布系数 A_i 的系数是什么？

▼

A $\alpha_i=\dfrac{\text{第 } i \text{ 层以上的总重量}}{\text{地上的总重量}}$ 与 1 次固有周期 T。

A_i 图的纵轴为 α_i，横轴为 A_i，依据 T 而产生不同的曲线。越往上层（建筑物越高），T 越长（越柔软），地震的加速度越大。若是 1 楼，周期皆为 1.0。

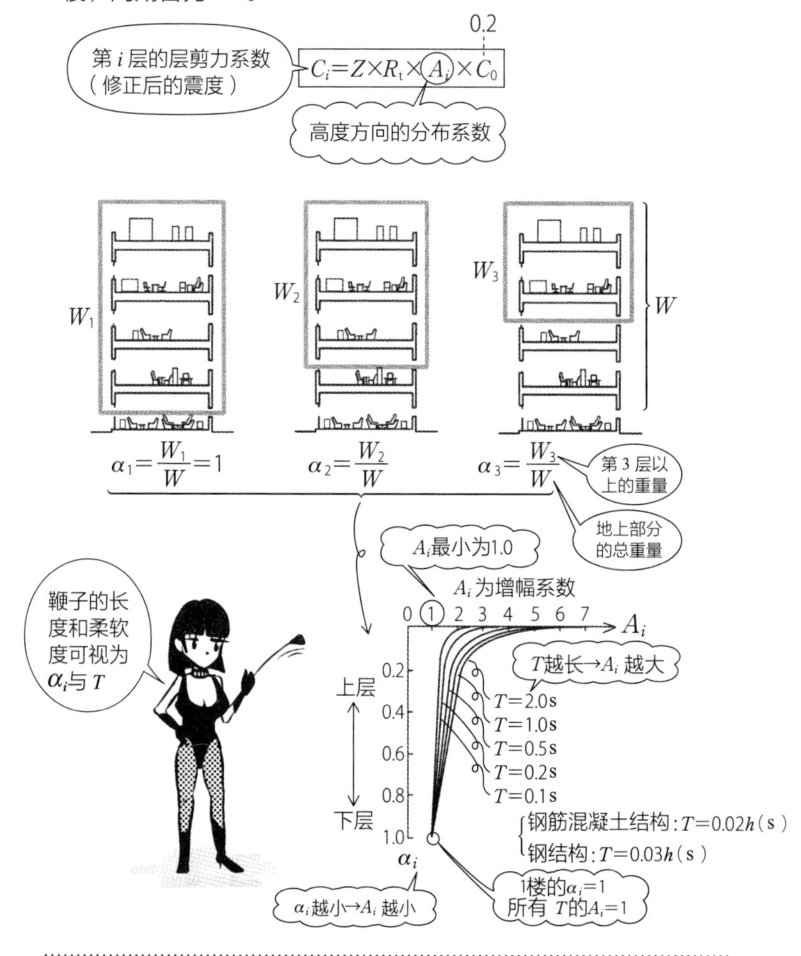

Q 东京的低层钢筋混凝土结构，其第 i 层的层剪力系数 C_i 是多少?

▼

A 大多是 $C_i = A_i \times C_0$ 。

东京位于 $Z = 1$ 的区域，而低层的振动特性系数多为 $R_t = 1$，因此几乎由分布系数 A_i 来决定。标准剪力系数（≈标准震度）$C_0 = 0.2$，则 $C_i = 0.2A_i$。

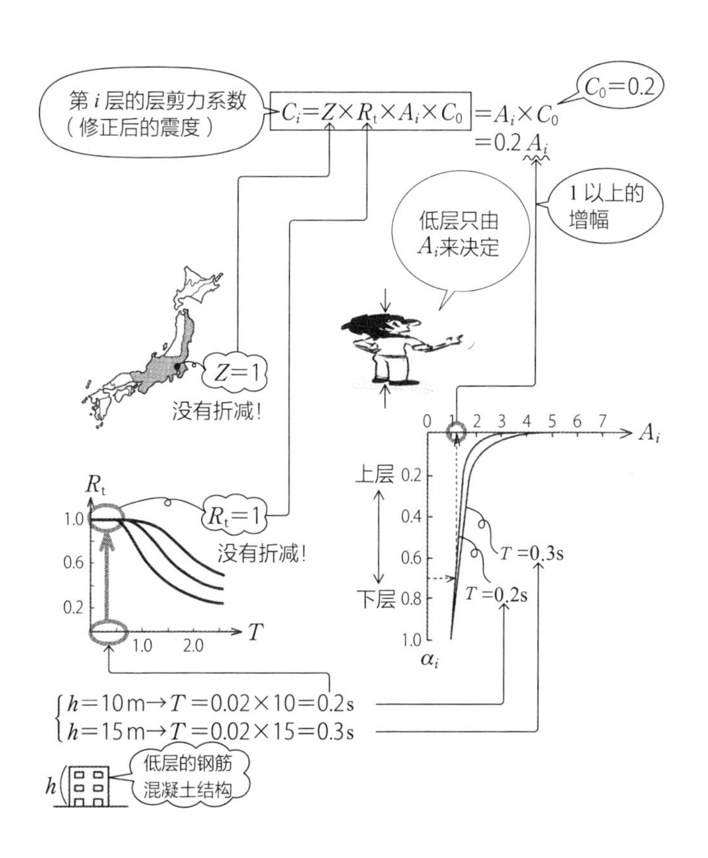

Q 地面下的水平震度 k 是多少?

▼

A $k \geqslant 0.1 \times (1-\frac{H}{40})Z$（$H$：地面以下的深度。超过 20m，以 H=20 计算）。

Z 为地震地域系数，与地面部分相同，依地区不同而折减。将此震度配合地面以下部分的重量，就能得出地面以下部分所受的地震力。

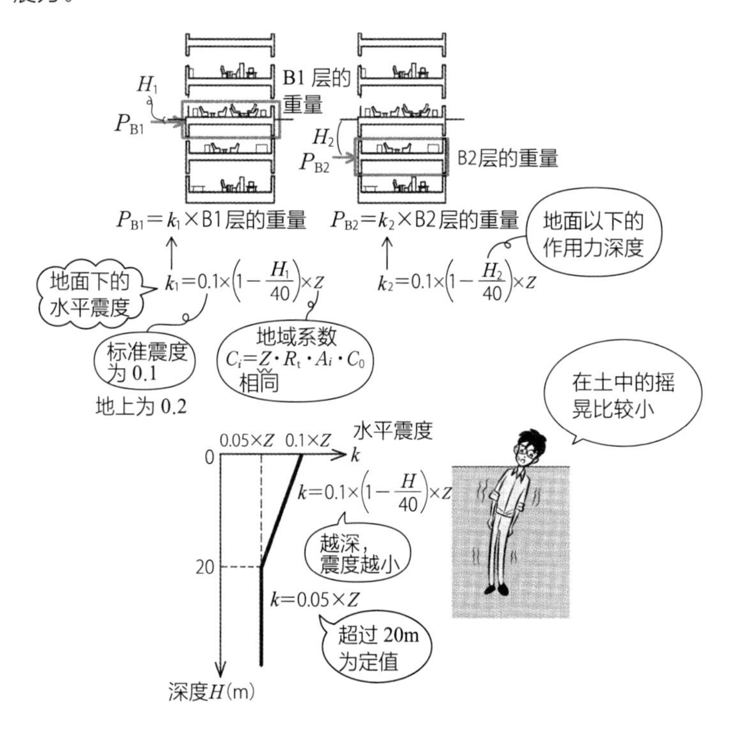

- 地震波在地面的摇晃度最大，越往地面以下越小。因为振动的能量会从边界面释放出来。在地下较深的地方，建筑物会与场地一起摇动，但不会像地上层一样有挥鞭子的增幅效果，也没有增幅系数 A_i 。

Q 作用在地下 1 层的柱的剪力合计（层剪力）是多少?

▼

A 地上 1 层的层剪力 Q_1 + k_1× 地下 1 层的重量（k_1：地下 1 层的水平震度）。

水平震度 × 重量，是只有作用在该部分的水平力而已。加上上方作用力合计而得的水平力，都是由地面下的柱抵抗，两者一定要互相平衡。

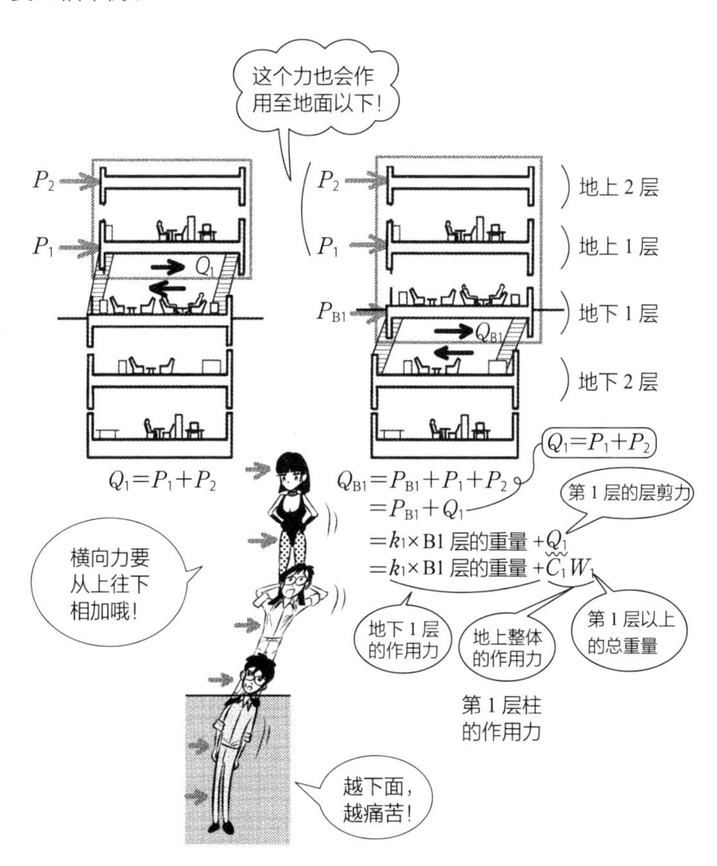

- 不管是地上还是地下，层剪力 Q 都是该层以上的水平力合计。地下的柱也会受到地上横向力的影响。

Q 1. 地上 2 层的层剪力 Q_2 的计算公式是什么?
2. 地下 1 层的层剪力 Q_{B1} 的计算公式是什么?

▼

A 1.$Q_2=C_2\times W_2=(Z\cdot R_t\cdot A_2\cdot C_0)\times W_2$ 。
2.$Q_{B1}=k_{B1}\times W_{B1}+Q_1=k_{B1}\times W_{B1}+(Z\cdot R_t\cdot A_1\cdot C_0)\times W_1$ 。

再次将求取层剪力的公式记下来吧。要注意 W_2 不是第 2 层的重量，而是第 2 层以上全部的重量。另外，地下的层剪力也要加上地上 1 层的层剪力 Q_1 ，再重新确认一次这些重点吧。

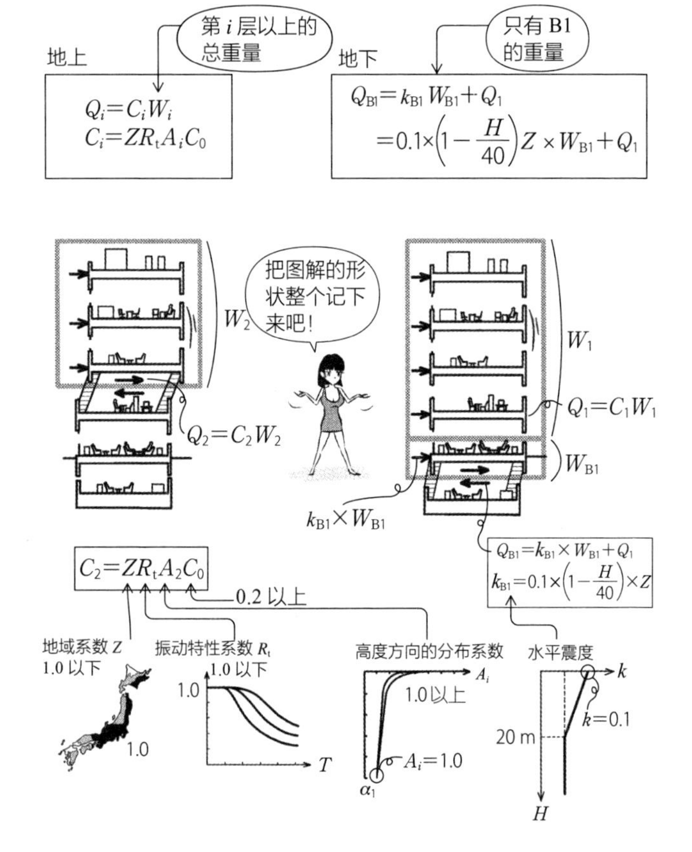

Q 作用在屋顶的塔屋、水槽、烟囱上的水平震度 k 是多少？

▼

A $1.0Z$（Z：地域系数）。

建筑物本体是 0.2 乘以修正后的震度（层剪力系数），屋顶则取 1.0。1g 的加速度作用，表示计算上有与塔屋相同重量的横向力在作用。

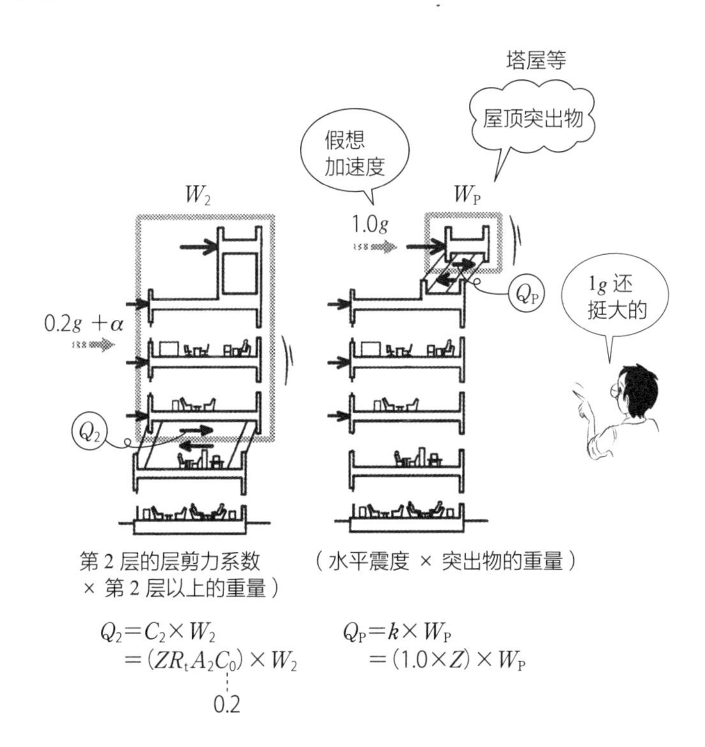

- 正确来说，塔屋、水槽、烟囱的前面要加上“地上层数 4 以上，或是高度超过 20m 的建筑物，屋顶超过 2m 者为突出”的状况。屋顶有突出物，会使建筑物摇晃增幅，因此震度 1.0 是相当大的，位于保守侧的设定。
- 作用在突出外墙的屋外楼梯上的地震力，其水平震度也是以 $1.0Z$ 来计算的。

Q 长期产生的应力会有什么样的组合变化?

▼

A 一般区域为 $G+P$，多雪区域为 $G+P+0.7S$。
（G：固定荷载产生的应力；P：承重荷载产生的应力；S：积雪荷载产生的应力。）

垂直荷载产生的应力一般都是长期作用。多雪区域则是在下雪的季节里，将长期荷载加上 $0.7S$，来进行应力计算。求得长期应力的顺序为先求得长期荷载→再计算长期应力。

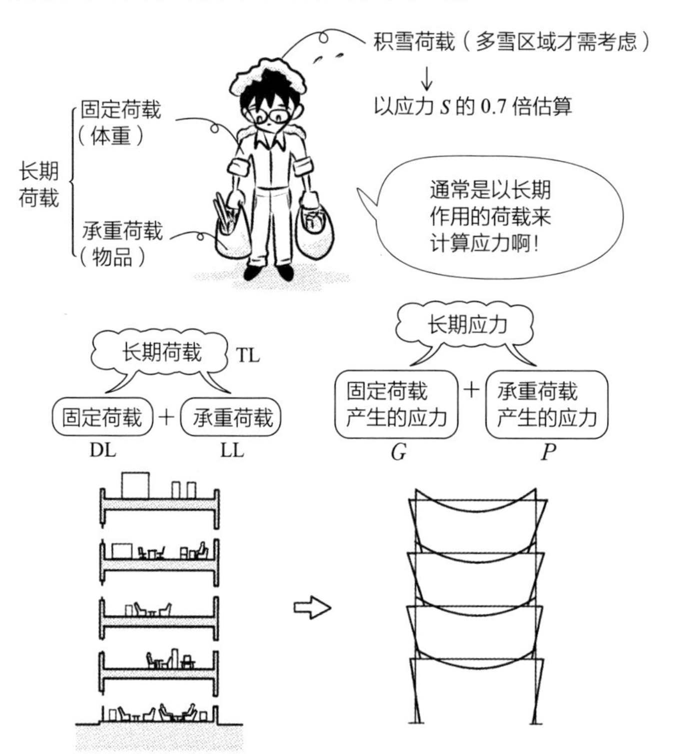

Q 一般区域短期产生的应力会有什么样的组合变化?

▼

A 积雪时为 $G + P + S$，暴风时为 $G + P + W$，地震时为 $G + P + K$。(G：固定荷载产生的应力；P：承重荷载产生的应力；S：积雪荷载产生的应力；W：风压力产生的应力；K：地震力产生的应力。)

垂直荷载产生的应力一般都是长期作用。多雪区域则是在下雪的季节里，将长期荷载加上 $0.7S$，来进行应力计算。长期荷载产生的应力 $G + P$，会加上短期荷载产生的应力 S、W、K。

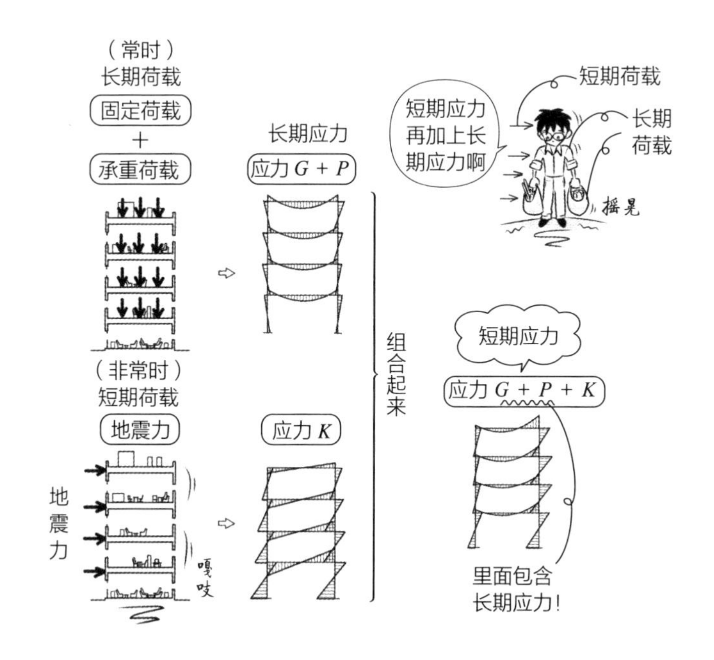

- 对于非常时作用的短期荷载，要考虑建筑物内部有多少应力。此时要注意还得加上长期的垂直荷载。固定荷载与承重荷载一般都是长期作用。不管是积雪时、暴风时或地震时都一样作用。先计算短期的非经常性应力，与垂直荷载的应力组合起来，就可以求得短期应力。

Q 多雪区域短期产生的应力会有什么样的组合变化？

▼

A 积雪时为 $G+P+S$，暴风时为 $G+P+W$、$G+P+W+0.35S$（两种状况），地震时为 $G+P+0.35S+K$。
（G：固定荷载产生的应力；P：承重荷载产生的应力；S：积雪荷载产生的应力；W：风压力产生的应力；K：地震力产生的应力。）

暴风时，在没有积雪的状况下，容易造成建筑物倾倒或柱连根拔起。因此，必须考虑有积雪和没有积雪两种状况。积雪＋暴风、积雪＋地震的情况下，S 要乘以 0.7 的一半 0.35。

项目	外力状态	一般区域	多雪区域
长期产生的应力	常时	$G+P$	$G+P$
	积雪时		$G+P+0.7S$
短期产生的应力	积雪时	$G+P+S$	$G+P+S$
	暴风时	$G+P+W$	$G+P+W$（两种状况）
			$G+P+0.35S+W$（两种状况）
	地震时	$G+P+K$	$G+P+0.35S+K$

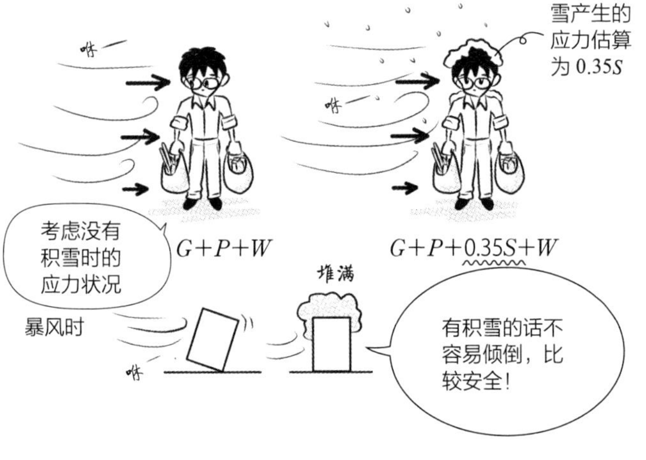

Q 什么是一次设计？

▼

A 允许应力的计算。

遭逢偶尔（十年一次）发生的中小规模的积雪、台风、地震（震度 5 左右）等外力作用时，能让建筑物不受损伤（不会破坏）的设计。求出荷载，计算应力，各截面的应力都要在允许应力以下。

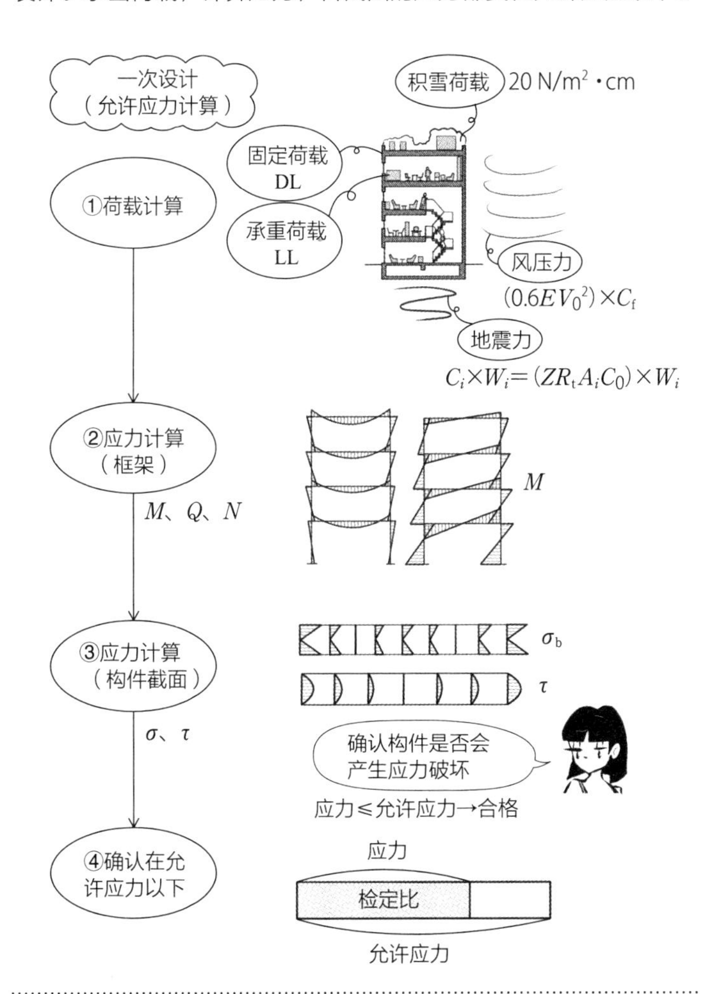

Q 什么是二次设计?

▼

A（路径 2）层间位移角→ 刚性模数、偏心率的计算，（路径 3）层间位移角→极限水平承载力的计算。

在极少（一百年一次）发生的大地震（震度 7 以上）的外力作用下，建筑物不会倾倒、崩坏，可以确保生命安全的设计。要考虑平行四边形的变形、硬度的平衡、大地震的层剪力等。建筑物虽然会变形至不可使用的状态，但仍能有保护生命安全的设计方式。

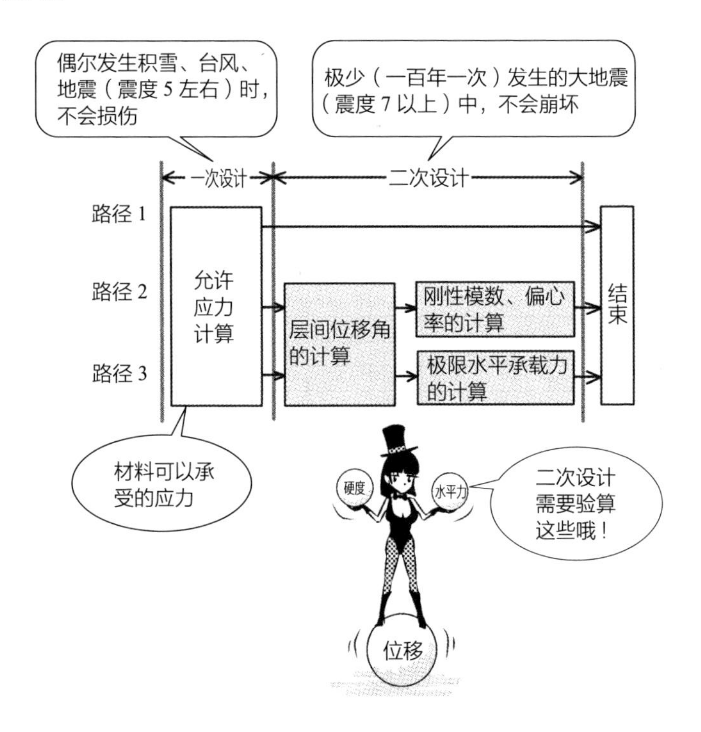

- 路径 1 只适用于低层的小规模建筑物。31m 以下的建筑物，用路径 2 或路径 3 计算都可以。超过 31m 且低于 60m 的建筑物用路径 3。分界点的数字 31m，是从前 100ft（建筑物高度禁止超过 100ft）所留下的规定，还有应急电梯（建筑物超过 31m 就需要设置，日本建筑物标准法第 34 条）所留下的规定。

Q 什么是层间位移角？

▼

A $\dfrac{\text{层间最大水平位移}}{\text{楼高}}$。

层间位移角 γ 的角度很小时，$\gamma \approx \tan\gamma = \dfrac{\delta}{h}$。各层的层间位移角规定为 1/200 。

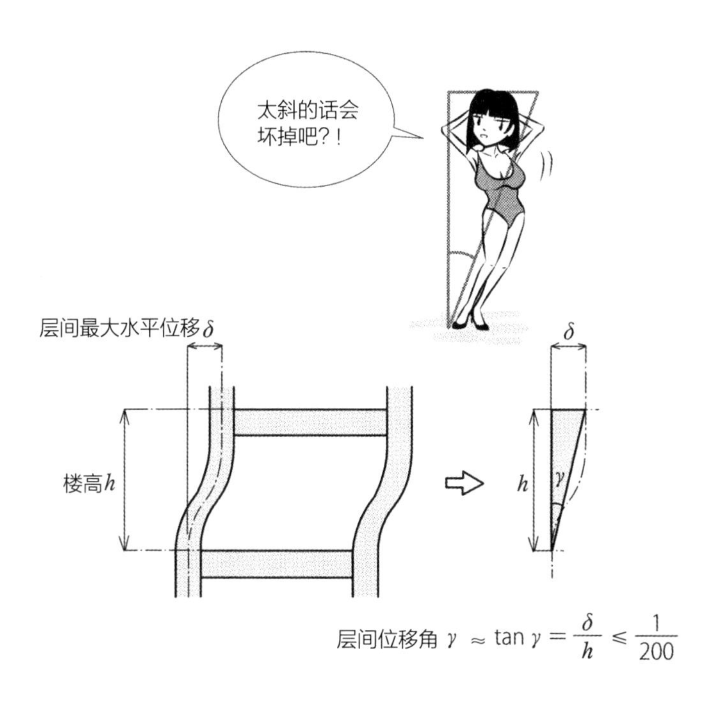

- 相较于结构体本身，装设在结构体上的装饰材料更容易随着建筑物摇晃而掉落、损伤，因此有预防的相关规定。在帷幕墙（curtain wall：不承担重量的墙）、内外装饰材料、各种设备产生显著的损害之前，可以允许层间位移角为 1/120，作为破坏前的缓解。
- 柱的高度不是节点之间的距离，而是使用上下楼的地板间隔（即楼高）。通常下层的梁高较大，梁中心间的高度会比楼高大，层间位移角就变小（危险侧）。

Q 什么是刚性模数 R_s？

▼

A 高度方向的刚性比。

坚硬程度 r 以层间位移角 γ 的倒数表示，平均值为$\bar{r}$ ，则 i 层的硬度 r_i 与平均值 $\bar{r}$ 的比，即$\frac{r_i}{\bar{r}}$，就是其刚性模数。依照规定，刚性模数要在 0.6 以上。高度方向的硬度比维持在一定值以上，就算某部分的楼层较柔软，也不会发生往该方向破坏的情况。

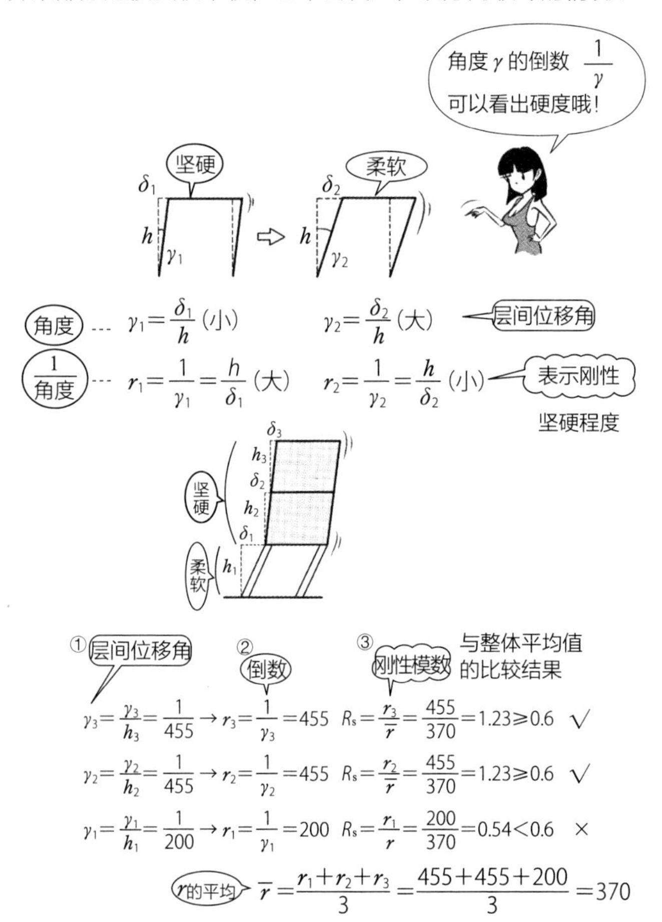

Q 什么是偏心率 R_e？

▼

A 可以看出平面硬度均衡度的系数。

力会作用在重心，扭转振动（torsional vibration）会以作为硬度中心的刚心（center of rigidity）为中心进行转动。当重心与刚心非重合时，刚心的四周会有相当大的力矩作用，引起扭转振动。

偏心率 = $\frac{\text{偏心距离}}{\text{弹力半径}}$，此系数依规定要在 0.15 以下。

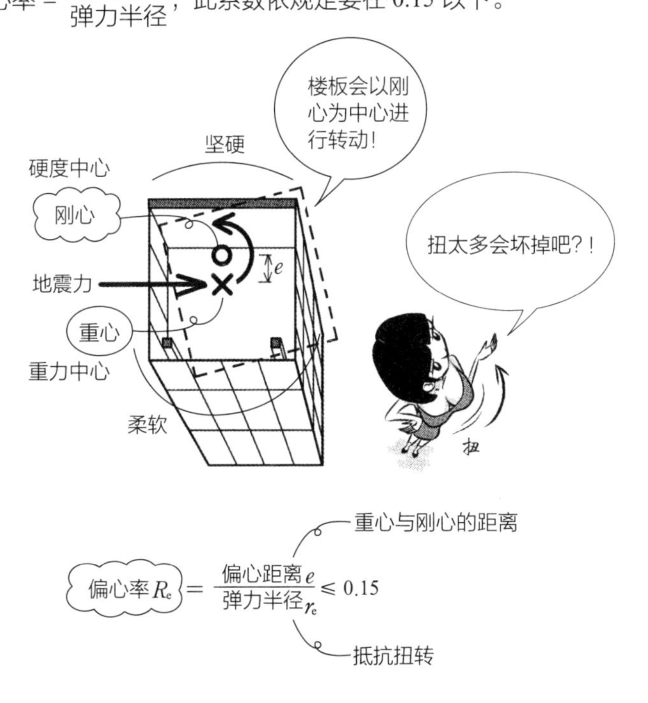

- 为了让刚心接近重心，可将剪力墙、斜撑等均衡配置。另外，为了防止平面的扭转、转动，与其将剪力墙和斜撑设置在中央部分，不如设在周边部分效果更好。

Q 什么是高宽比？

▼

A $\frac{高度 H}{宽度 D}$。

高宽比是指建筑物呈现塔状的程度、长细度。路径 2（参见 R306）的高宽比在 4 以下。路径 3 在高宽比超过 4 的情况下，要计算桩基础的压力与拉力的极限支撑力，以确认建筑物不会倾倒。

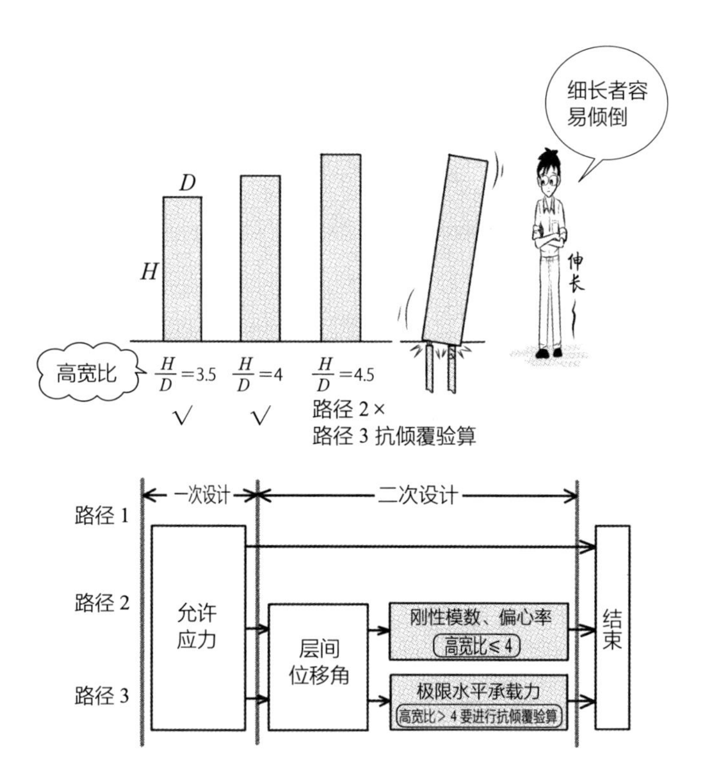

Q 什么是极限水平承载力 Q_u？

▼

A 建筑物所能承受的最大限度层剪力。

极限水平承载力（horizontal load bearing capacity）可以由各层的柱、承重墙、斜撑所负担的水平剪力的总和求得。法则规定，极限水平承载力必须在一定数值以上，称为“必要”极限水平承载力。

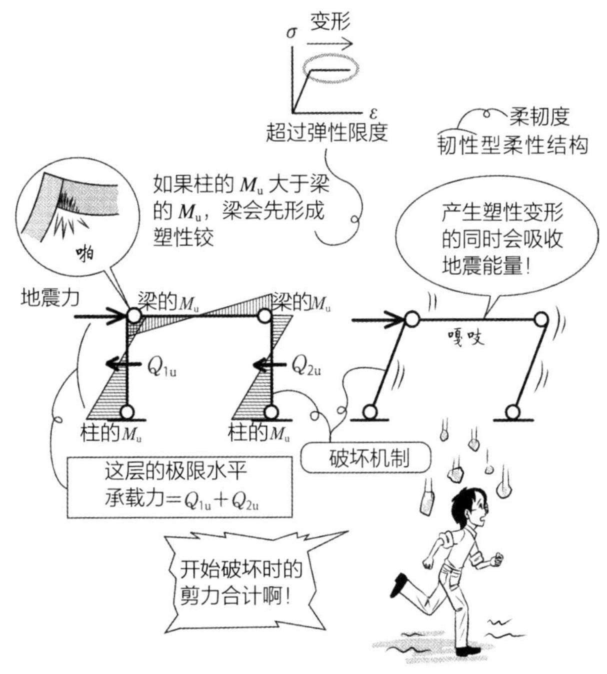

- 建筑物整体或一部分达到破坏机制（decay mechanism）的时间，可从各个塑性铰（屈服铰）的极限弯矩 M_u、全塑性弯矩 M_p 等计算而得。即该层于“极限”时的“水平”方向“承载力”。
- 计算允许应力时，各构件于弹性范围内维持在一定的应力以下，为“强度型刚性结构”。极限水平承载力则超过弹性范围，不过在塑性区域中的变形会吸收能量，为可以抵抗崩坏的“韧性型柔性结构”。路径 2 的最后会分成 2-1、2-2、2-3 等路径，前两个为强度型，最后一个为韧性型。结构计算的路径就是从强度型、韧性型两者的组合考虑而来。

Q 法则规定的极限水平承载力最大值、必要极限水平承载力 Q_{un} 要如何进行计算?

▼

A $Q_{un} = D_s \cdot F_{es} \cdot Q_{ud}$ 。

[D_s：结构特性系数；F_{es}：形状系数；Q_{ud}：标准剪力系数 C_0 在 1.0 以上计算而得的地震力（层剪力）。]

D_s 是衡量韧性（柔韧度）、衰减性（吸收振动）的折减系数。F_{es} 是对应于刚性模数、偏心率的增幅系数。标准剪力系数 C_0 为 1 时，表示水平震度为 1，地震加速度为 1g，也就是有与建筑物相同重量的横向力在作用。将 C_0 配合地域系数 Z、振动特性系数 R_t、增幅系数 A_i，进行震度的修正后，再乘以重量 W_i，就可以得到层剪力了。

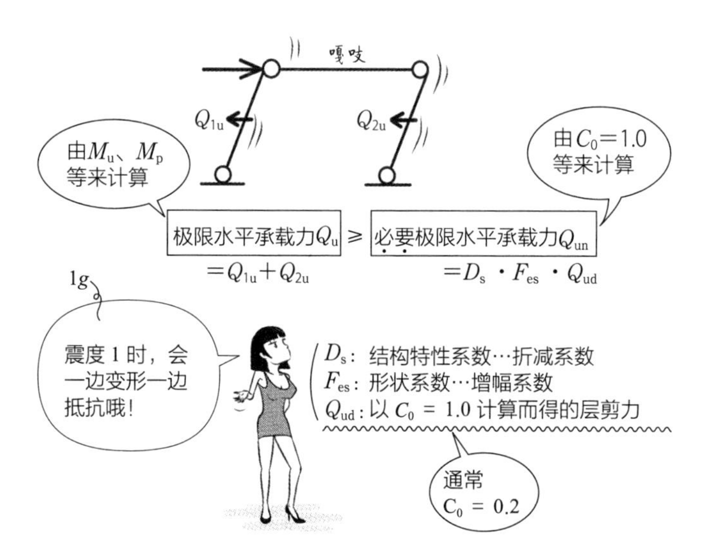

Q 什么是临界承载力计算?

A 使用安全界限时的层剪力与变形、发生大地震时所产生的加速度等，确认耐震性能的计算法。

当不超过大地震时的“安全界限”，不需要经过振动解析就能确认的方法。

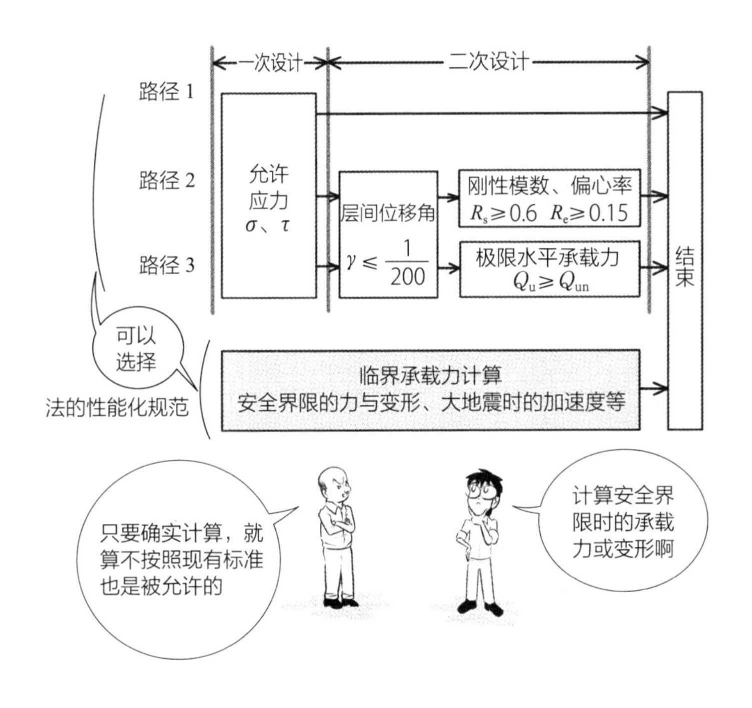

- 日本在 2000 年修正的建筑标准法中导入性能规范，使用可以直接计算力与变形的临界承载力计算，变成可自行选择计算路径。相对于需要特别进行高度验证法的历时反应分析，临界承载力计算是较一般化的验证法。

Q 什么是历时反应分析?

▼

A 输入地震波的资料等，确认建筑物每一个时刻的历时反应，从而确认结构体是否能够承受的分析法。

只要将实物大的模型放置在振动台上摇晃，就一定不会出错，但这样成本太高，大型建筑物无法采用这种方式。这时可以利用电脑模拟，输入地震波的数据资料进行摇晃，通过时间顺序记录建筑物反应，这种分析法就是历时反应分析（time-history response analysis）。

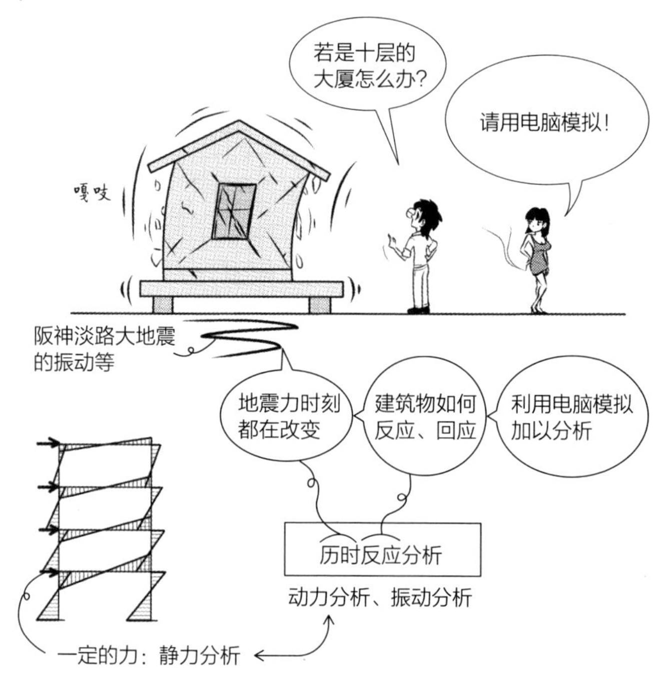

- 由专门的结构解析小组与结构设计小组共同合作进行的特别验证法。常用于超过 60m 的超高层建筑物分析等。
- 考虑承受无变化、一定力作用的内部应力，为静力分析；加入随着时间变化的力，考虑其反应，为动力分析、振动分析。随着计算机技术的进步，瞬间即可处理大量计算，可以进行动力分析。